KB115705

# 크루즈여행
# 가이드북

# 크루즈여행 가이드북

발행일 2020년 5월 8일

지은이 김대은
펴낸이 손형국
펴낸곳 (주)북랩
편집인 선일영
편집 강대건, 최예은, 최승헌, 김경무, 이예지
디자인 이현수, 한수희, 김민하, 김윤주, 허지혜
제작 박기성, 황동현, 구성우, 장홍석
마케팅 김회란, 박진관, 장은별
출판등록 2004. 12. 1(제2012-000051호)
주소 서울특별시 금천구 가산디지털 1로 168, 우림라이온스밸리 B동 B113~114호, C동 B101호
홈페이지 www.book.co.kr
전화번호 (02)2026-5777
팩스 (02)2026-5747

ISBN 979-11-6539-098-3 03980 (종이책) 979-11-6539-099-0 05980 (전자책)



이 도서의 국립중앙도서관 출판예정도서목록(CIP)은 서지정보유통지원시스템 홈페이지(http://seoji.nl.go.kr)와 국가자료공동목록시스템(http://www.nl.go.kr/kolisnet)에서 이용하실 수 있습니다.
(CIP제어번호: CIP2020018281)

자유여행자를 위한

# 크루즈여행 가이드북

김대은 지음

**※ 일러두기**

이 책에서 설명하는 크루즈사에 대한 설명은 저자의 조사와 경험을 바탕으로 기재되었으며, 변경될 수 있음을 밝힌다.

또한 이 책에 사진을 사용할 수 있도록 허락해주신 (주)투어마케팅코리아(로얄캐리비안 인터내셔널, 셀러브리티 크루즈, 아자마라 크루즈 한국 총판) 등 많은 업체 관계자분들께 감사의 말씀을 전한다.

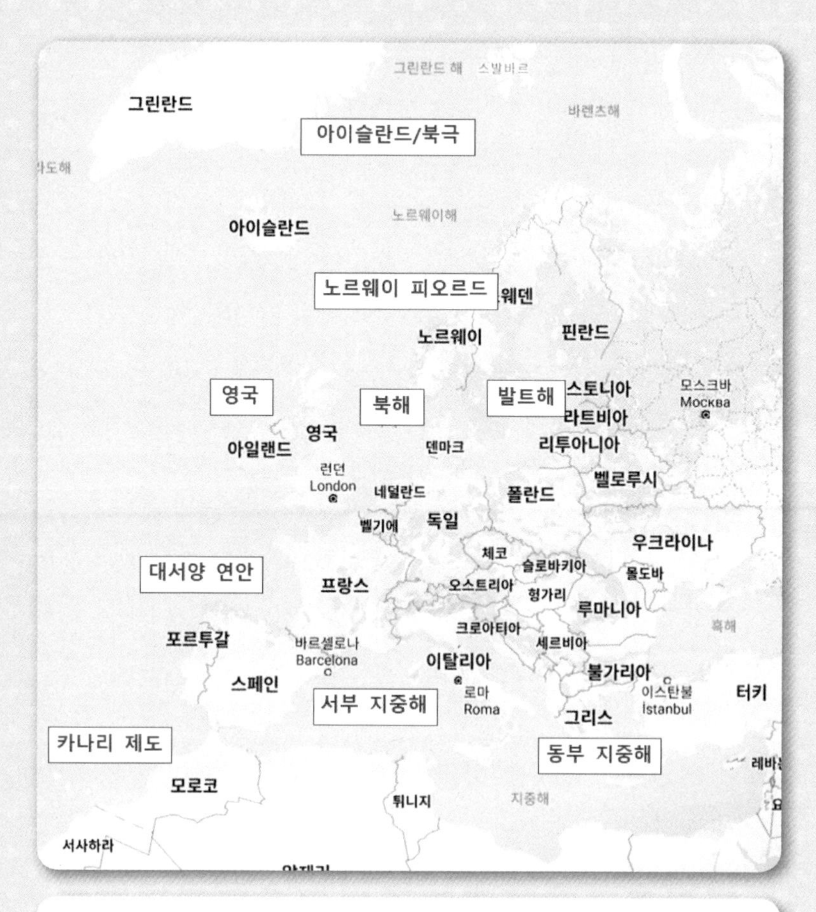


유럽의 크루스는 크게 남부와 북부로 나눌 수 있습니다. 남부는 다시 서부 지중해와 동부 지중해, 카나리 제도 크루즈로 나뉘며, 북부는 발트해, 노르웨이 피오르드, 아이슬란드·북극, 영국 크루즈 등으로 나눌 수 있습니다. 또한 남부와 북부를 모두 여행할 수 있는 대서양 연안 크루즈도 운항합니다.

## 이 책을 만들게 된 이유

그저 여행이 좋아서, 크루즈가 좋아서, 18년 동안 다녔던 대기업을 그만두고 언젠가는 실현하려 했던 세계 일주를 크루즈로 다녀온 지도 1년이 넘는 시간이 흘렀습니다.

많은 사람들이 저에게 묻는 말은 항상 똑같았습니다. "왜 회사를 그만두냐?"고, "왜 크루즈에 빠져 있냐?"고 말이죠. 저는 아주 간단하게 답을 합니다. "세계 일주를 하려면 회사를 그만둬야 했다."고, "크루즈를 타보면 알게 될 거다."라고 말이죠.

제가 처음 외국이란 곳을 여행한 것은 대학교 4학년 때인 1997년이었습니다. 약 한 달간의 유럽 배낭여행을 다녀왔을 때만 해도 여행은 좋았지만 제 주위 사람들처럼 '젊었을 때 이런 경험을 해보는' 정도로 생각했었죠. 하지만 사회생활을 하고 신입사원 시절의 혹독한 트레이닝 후 여유가 생기자 가장 먼저 떠오른 것이 '다시 여행을 하고 싶다'라는 마음이었습니다. 다행히 제가 몸담았던 백화점이란 곳은 국내외 시장 상황과 트렌드 등을 항상 접해야 하는 환경이었고 해외 출장뿐만 아니라 휴가 사용도 비교적 자유로워 마음만 먹으면 외국을 자주 방문할 수 있었습니다.

그렇게 틈나는 대로 여행을 하다가 2004년 북유럽 배낭여행 때 제 인생의 전환점이 될 '크루즈'라는 것을 목격하게 됩니다. 당시 8박 10일의 짧은 기간에 발트해의 스톡홀름, 헬싱키, 코펜하겐과 노르웨이의 오슬로, 베르겐, 송네피오르까지 여행을 했는데 비용은 차치하고 도시 간의 이동이나 숙박, 기차 시간을 맞추기 위한 노숙 등 체력적으로 너무 힘든 일정 탓에 지쳐 있던 순간이었죠. 크루즈를 처음 본 순간 '와… 진짜 크다…', '저런 호화 여행을 하려면 엄청난 부자겠지?'라는 막연한 생각과 두 손 가볍게 기항지 여행을 떠나는 크루즈 승객들을 보며 부럽다는 마음이 들었고, 귀국 후 크루즈에 대해 알아보기 시작했습니다.

제가 가장 놀랐던 것은 생각보다 크루즈여행이 많이 저렴하고, 다양한 시설을 갖추고 있으며, 비용에 식비가 모두 포함되어 있어 일반 자유여행과 엇비슷한 비용으로 같은 기간 동안 편안하고 맛있는 음식과 시설물을 즐기며 여행할 수 있다는 점이었습니다.

그래서 2006년 동부 지중해로 제 인생 첫 크루즈여행을 떠나게 되었고, 제가 경험한 크루즈여행은 기대보다 훨씬 편한, 맛있는, 즐거운, 저렴한 여행이었습니다. 그 후로 저는 크루즈의 매력에 빠지게 되어 가족 여행뿐만 아니라 혼자서도 크루즈여행을 즐겼고, 주위 사람들에게도 크루즈라는 것을 알려 많은 사람들이 크루즈를 경험할 수 있도록 했으며, '내가 세계 일주를 한다면 꼭 크루즈로 하겠다.'라는 마음을 가졌습니다.

크루즈로 6차례 여행을 하고 세계 일주를 준비하며 느낀 것은 '우리나라에는 크루즈여행에 대한 자료나 정보가 너무 없다.'라는 것이었습니다. 크루즈를 경험한 대다수의 우리나라 사람은 인솔자나 가이드가 포함된 여행사나 상조회사 등을 통해 여행을 하기에 큰 불편함을 느끼지 못했을 수도 있으나, 저 같은 크루즈 자유여행자들에게는 예약 방법부터 모항지나 기항지의 크루즈 터미널과 항구에서의 교통편, 여행지 접근 방법 등에 대한 각종 정보가 필요했습니다. 국내에서 출간 중인 여행지별 가이드북에는 항공이나 기차 등을 이용한 예약 및 여행지 접근 방법은 자세히 안내되어 있으나 크루즈를 이용한 여행의 경우 예약, 접근 방법뿐만 아니라 주로 기항하는 도시에 대한 안내나 소개조차 없는 경우도 많았습니다.

저는 크루즈로 세계 일주를 하며 제가 직접 다니고 조사한 곳에 대한 정보를 공유해 앞으로 그곳을 여행할 크루즈 자유여행자들에게 조금이나마 도움이 될 수 있는 것들을 만들고 싶었습니다. 세계 일주 중에는 블로그에 업로드를 하며 정보를 공유했고, 다녀와서는 유튜브 채널을 개설해 크루즈에 대한 다양한 주제와 기항지 정보를 다루는 중이며, 각 지역의 인재개발원이나 백화점 문화센터 등에서는 크루즈 강의를 하며 크루즈 전도사 역할을 하고 있습니다.

하지만 블로그는 여행 중에 작성한 내용이라 보강해야 할 부분이 많았고, 유튜브는 영상이라는 특성상 원하는 자료를 검색하는 데 한계가 있으며, 강의는 소수의 인원을 대상으로 하기 때문에 한계가 있었습니다. 결국 평생 논문 한 번 써보지도 않은, 글재주가 없는 사람이 '크루즈 전도사'라는 자신만의 사명감에 빠져 용기를 내 이렇게 책이라는 수단을 선택하게 되었습니다.

이번에 정리한 내용은 크루즈에 대한 기본적인 개념과 유럽을 중심으로 제가 여행했던 기항지들에 대한 정보를 다루고 있습니다. 유럽은 제가 처음 해외여행을 했던 곳이자 처음 크루즈를 경험한 곳이며, 크루즈를 비롯해 수차례 자유여행을 했던 곳이라 다른 지역보다 더 자세히 설명드릴 수 있기 때문입니다. 남미 등 아직 제가 가보지 않은 곳은 계획 중인 두 번째 크루즈 세계 일주 후 제작될 크루즈 자유여행 가이드북 2편에서 더욱 자세히 다루도록 하겠습니다.

마지막으로 집에서, 출퇴근길에서, 도서관에서, 비행기에서, 그리고 크루즈의 썬 베드에서 여행을 꿈꾸고, 준비하고, 다녀오고, 회상하며 이 책을 읽을 모든 크루저들과 여행에 미쳐 주위를 돌보지 못했음에도 끝까지 저를 응원해주시는 가족, 지인분들께 심심한 감사의 말씀을 드립니다.

C · O · T · E · N · T · S

## PART 1

### chapter 1. 크루즈여행이란?



### chapter 2. 크루즈여행 준비하기

## chapter 3. 크루즈여행 하기



# PART 2

## chapter 4. 남부 유럽



## chapter 5. 북부 유럽

# PART 1

# chapter 1.

# 크루즈 여행이란?

한국관광공사에서는 크루즈여행을 운송보다 관광을 목적으로 하며 숙박, 음식, 위락 등의 시설을 갖추고 수준 높은 관광지를 안전하게 순항하는 여행이라고 정의하고 있습니다.

# 크루즈여행의 장점

## 1. 짐에서의 해방

강의 중 "해외여행을 하면서 가장 힘들었던 것이 무엇이었나?"라고 질문하면 대다수의 사람으로부터 "짐을 싸고 풀고 이동하는 것이 가장 귀찮고 힘들다."라는 답을 가장 많이 들었습니다. 필자 역시 여러 곳을 다니는 것을 선호하는 여행 스타일 때문에 자유여행을 하면 이 부분이 가장 힘들었습니다.

크루즈는 이러한 불편함이 없습니다. 크루즈는 이동하는 숙소로 승선한 후 한 번 짐을 풀면 하선할 때까지 짐을 다시 쌀 필요가 없습니다. 출항 후 새로운 기항지에 도착하면 카메라, 선글라스 등 해당 지역을 여행할 때 필요한 물품만 챙겨서 두 손 가볍게 관광을 하고 다시 크루즈로 돌아와 선내 생활을 즐기며 다음 기항지까지 이동하면 됩니다. 이것이 크루즈여행의 기본적인 개념입니다.

또한 항공사처럼 짐의 무게나 수량의 규정이 엄격하지 않아 충분한 양의 짐을 가지고 여행을 할 수 있습니다.

## 2. 특급 호텔 수준의 숙박과 식사

크루즈의 선실은 크게 선박의 안쪽에 위치해 외부를 볼 수 없는 인사이드 선실, 열리지 않는 창문이 있는 오션뷰 선실, 발코니가 있는 발코니 선실, 다양한 규모와 별도의 서비스를 제공하는 스위트 선실로 구분합니다. 선실의 가격은 보통 인사이드 선실이 가장 저렴하고 오션뷰, 발코니, 스위트의 순으로 비싸지며, 스위트 선실을 제외한 나머지 선실은 모두 같은 수준의 서비스가 제공됩니다.

**CRUISE TALK** 선실별 특징

**인사이드**

- 저렴한 비용
- 밖이 보이지 않아 답답함
- 빛이 없어 낮에 숙면을 취하기 좋음

**오션뷰**

- 대부분 저층부에 위치해 뷰가 좋지 않으나 바다 생물 출현 시 가장 가깝게 볼 수 있음

**발코니**

- 발코니 공간 활용 가능(휴식, 식사 등)
- 대부분 중층~상층부에 위치

**스위트**

- 별도의 레스토랑 및 라운지 공간 이용 가능
- 승하선 등에서 우선순위 배정
- 욕조가 있는 욕실

크루즈 비용에는 기본적인 숙박, 음식, 시설 이동 등이 모두 포함되어 있습니다. 선사별로 차이는 있지만 숙소는 4성급 호텔 수준 혹은 그 이상의 시설과 서비스를 제공하고, 음식 또한 숙소와 마찬가지의 퀄리티로 조, 중, 석식을 포함해 브런치, 야식 등을 뷔페나 정찬 레스토랑 등에서 즐길 수 있습니다.

**CRUISE TALK** **크루즈 선실 서비스(인사이드, 오션뷰, 발코니 선실)**

① 1일 2회 이상 선실 정리(침구류 정돈, 선실 및 욕실 청소, 타올 교체 등)
② 조식 룸서비스(일부 선사는 유료 이용)
③ 욕실 어메니티(비누, 바디젤 등) 제공
④ 기타: 헤어드라이어, IPTV(신형 크루즈), 선내 WIFI(유료), 미니바(대부분 유료), 금고, 세탁(유료), 여행 가방 정리(유료) 등

인사이드 선실

오션뷰 선실

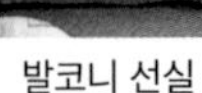

발코니 선실

스위트 선실

**CRUISE TALK** **크루즈 내 유료 음식**

① 스페셜 티 레스토랑 및 추가 비용 메뉴
② 주류, 소다류(일부 선사 및 선박의 경우 모두 크루즈 비용에 포함되어 있음)
③ 스타벅스, 쟈니로켓, 벤앤제리스 등의 체인형 카페, 디저트, 패스트푸드 매장

## 3. 다양한 시설

크루즈는 이동하는 리조트입니다. 이 리조트에는 대규모 공연장, 피트니스 센터, 실내외 수영장, 스파 및 사우나, 카지노, 키즈 클럽, 컨퍼런스룸, 면세점, 스포츠 코트 등을 비롯해 크루즈의 규모에 따라 워터파크, 아이스링크, 볼링장, 범퍼카, 전망대, 서바이벌 게임, 방 탈출 게임, 암벽 등반, 서핑 및 스카이다이빙 체험 시설, 롤러코스터 등 즐길 것들이 넘쳐나죠.

이 밖에도 다양한 이벤트와 프로모션, 파티, 강좌, 게임 등에 참여할 수 있고 자쿠지나 썬 베드에서 힐링을 하며 여유를 느낄 수도 있습니다.

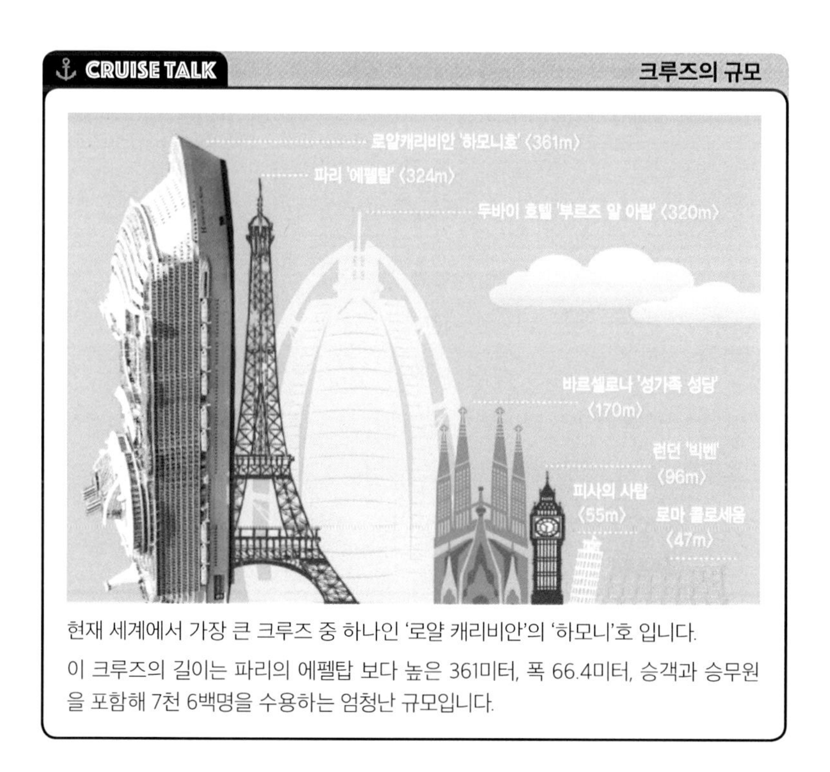


현재 세계에서 가장 큰 크루즈 중 하나인 '로얄 캐리비안'의 '하모니'호 입니다.

이 크루즈의 길이는 파리의 에펠탑 보다 높은 361미터, 폭 66.4미터, 승객과 승무원을 포함해 7천 6백명을 수용하는 엄청난 규모입니다.

## 4. 모든 목적에 적합한 여행

크루즈는 혼자나 커플, 가족, 단체 등 모두에게 적합한 여행입니다. 일부 선사와 선박에는 솔로 여행자를 위한 별도의 선실과 라운지를 운영하며 대부분의 크루즈에서는 솔로 여행자만을 위한 별도의 모임이나 파티 등을 진행합니다. 커플이나 가족 역시 연령대와 상관없이 승객의 취향에 따라 게임이나 시설, 이벤트 등을 즐길 수 있고 단체 관광 시에는 컨퍼런스룸을 이용하거나 추가 비용을 들여 별도의 연회나 시설을 독점 사용할 수 있도록 배려해주는 등 다양한 즐길 거리를 제공하고 있지요.

성인 2인이 어린이를 동반 시 어린이는 선실 비용을 무료로 책정하는 선사도 있습니다. 또한 자격증을 가진 전문 보육사가 근무하는 선내의 키즈 클럽은 모든 프로그램이 영어로 진행되기 때문에 아이들의 영어교육에도 도움이 됩니다. 아이를 이곳에 맡기고 기항지 여행이나 부부 둘만의 시간을 가질 수도 있어 어린이를 동반한 가족에게는 더욱 장점이 많은 여행 방식이라고 생각합니다.

앞서 인사이드, 발코니 등 기본적인 선실의 등급에 대해 언급했는데, 조금 더 세부적으로 보면 패밀리 선실, 방이 연결된 커넥팅 선실 등 인원수에 따라 선실의 형태, 규모를 선택할 수 있으며 일반 선실은 2인을 기본으로 최대 4인까지 사용할 수 있습니다.

크루즈를 이동 목적으로 이용할 수도 있습니다. 대부분의 크루즈는 출발지와 도착지가 같은 라운드 트립으로 항차를 운항하지만, 일부 크루즈는 출발지와 도착지가 다른 원웨이 운행을 하기도 합니다. 길게는 2~3주 기간이 걸리는 대륙 간 이동부터(이를 리포지셔닝이라 칭합니다), 짧게는 1~3일 기간의 도시 간 이동까지 다양한 형태로 운항을 하는데,

**CRUISE TALK** 리포지셔닝 크루즈란?

리포지셔닝 크루즈란 말 그대로 위치를 조정한다는 뜻인데 유럽에서 대서양을 건너 아메리카 대륙으로 이동하는 등의 크루즈를 의미합니다.

이렇게 리포지셔닝을 하는 이유는 크루즈는 연중 가장 여행하기 좋은 지역을 중심으로 운항하기 때문입니다.

북유럽이나 알래스카 등 여름철에만 운항하는 크루즈는 시즌이 끝나면 지중해, 카리브해, 남미, 아시아 등 날씨가 좋은 곳으로 이동하게 되고, 다시 여름철이 다가오면 반대의 코스로 이동하게 됩니다.

리포지셔닝 크루즈는 지역에 따라 짧게는 일주일, 길게는 3주에서 한 달 이상의 시간이 소요되는데, 이러한 일정을 이용하면 아주 저렴한 가격에 크루즈를 즐길 수 있다는 장점이 있습니다.

이렇게 긴 기간 동안 크루즈를 이용하기에 크루즈 라이프를 제대로 즐길 수 있는 것 또한 장점이고, 리포지셔닝을 적절히 활용하면 저처럼 크루즈로 세계 일주 계획을 짜는 데 많은 도움이 됩니다. 단점이라고 하면 태평양이나 대서양 횡단, 수에즈운하를 통과할 때 크루즈에서만 5~6일 이상을 보내야 한다다는 것과 여행 기간이 오래 걸린다는 점인데 저렴한 비용에 훌륭한 음식, 숙박 시설 등을 즐기면서 이동하니 오히려 장점이라는 생각이 드네요.

이러한 일정을 잘 활용하면 저렴한 비용으로 크루즈를 즐기면서 이동까지 할 수 있습니다. 필자의 경우 세계 일주를 할 때 이러한 원웨이 크루즈를 활용해 크루즈를 타며 지역별 이동을 할 수 있었습니다.

크루즈의 운항 지역은 바다가 있는 곳이면 전부라고 해도 무방할 정도로 다양합니다. 지중해에서 역사적인 도시를 방문하거나 알래스카에서 대자연을 느낄 수도 있고, 카리브해의 태양 아래서 휴식을 취할 수도 있으며, 시간이 충분치 않다면 가까운 동북, 동남아시아에서 3~5일간의 짧은 크루즈여행을 즐길 수도 있습니다.

크루즈는 지역별로 여행하기 좋은 시즌에만 운영하는데, 연중 따뜻한 기온인 카리브해, 서부 지중해 등은 사계절 모두 운항을 하고 북유

CRUISE TALK

## romek의 2018년 크루즈 세계 일주 루트

| 항차 | 이동 수단 | 내용 | 구간 |
|---|---|---|---|
| 1 | 셀러브리티 컨스텔레이션호 | 인도양 횡단 크루즈 (리포지셔닝) | 싱가포르 - 아부다비 |
| 2 | 셀러브리티 컨스텔레이션호 (백투백) | 수에즈 운하 통과 크루즈 (리포지셔닝) | 아부다비 - 로마 |
| 3 | MSC 오페라호 | 서부 지중해 크루즈 | 나폴리 출도착 |
| 4 | 코스타 퍼시피카호 | 유럽 대서양 연안 크루즈 (리포지셔닝) | 사보나 - 함부르크 |
| 5 | MSC 메라비글리아호 | 노르웨이, 북극 크루즈 | 함부르크 출도착 |
| 6 | MSC 메라비글리아호 (백투백) | 아이슬란드, 스코틀랜드 크루즈 | 함부르크 출도착 |
| 7 | 코스타 마지카호 | 발트해 크루즈 | 스톡홀름 출도착 |
| 8 | NCL 스타호 | 동부 지중해 크루즈 | 베니스 출도착 |
| 9 | 로얄캐리비안 오아시스호 | 동부 카리브해 크루즈 | 포트커내버럴 출도착 |
| 10 | NCL 썬호 | 쿠바 크루즈 | 포트커내버럴 출도착 |
| 11 | 카니발 글로리호 | 서부 카리브해 크루즈 | 마이애미 출도착 |
| 12 | MSC 씨사이드호 | 동부 카리브해 크루즈 | 마이애미 출도착 |
| 13 | 홀랜드 아메리카 잔담호 | 알래스카 크루즈 | 시애틀 출도착 |
| 14 | 로얄캐리비안 익스플로러호 | 미국 서부 연안 크루즈 | 시애틀 출도착 |
| 15 | 로얄캐리비안 익스플로러호(백투백) | 태평양 횡단 크루즈 (리포지셔닝) | 시애틀 - 시드니 |
| 16 | 로얄캐리비안 래디앙스호 | 뉴질랜드 크루즈 | 시드니 출도착 |
| 17 | 로얄캐리비안 익스플로러호 | 남태평양 크루즈 | 시드니 출도착 |
| 18 | 프린세스 썬호 | 호주 단기 크루즈 (원웨이 크루즈) | 브리즈번 - 시드니 |
| 19 | 홀랜드 아메리카 노르담호 | 호주 동남부 크루즈 | 시드니 출도착 |

럽이나 알래스카의 경우 5월부터 9월까지만 운항을 합니다.

이렇게 크루즈는 여행하기 좋은 시즌에 여행지나 구성원, 이동 목적 등의 다양한 니즈를 충족시켜 줄 수 있는 여행입니다.

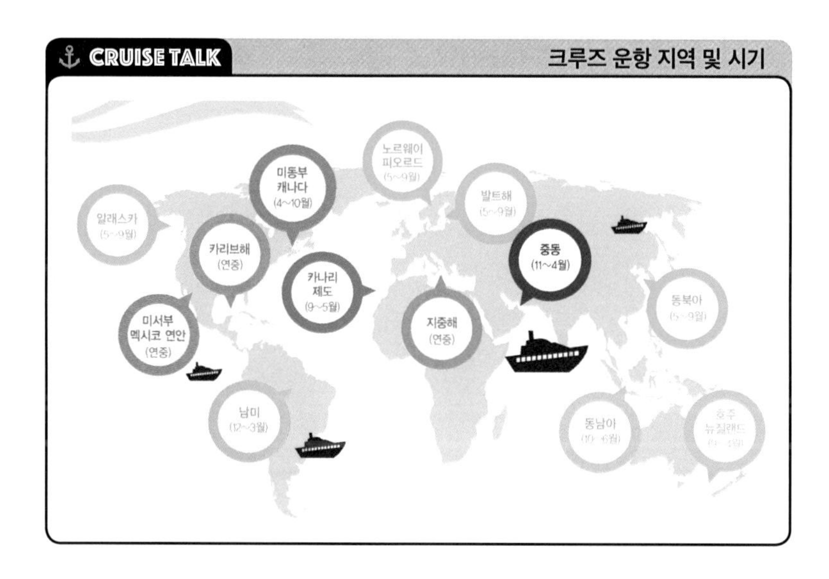


## 5. 어떤 교통수단보다 안전한 여행

많은 사람들이 필자에게 가장 많이 하는 또 다른 질문 중 하나는 '크루즈는 안전한가?'입니다. 그렇게 생각하는 이유를 보면 '타이타닉', '세월호' 등 선박 사고 때문인데, 타이타닉은 100년도 넘은 1912년에 침몰한 배이고 이후 안전규정 강화 및 기술의 발전으로 현재 이러한 사고는 일어나지 않습니다. 세월호의 경우 규정을 지키지 않은 인재이며, 비교적 최근인 2012년 발생한 코스타 콩코르디아호 좌초 사고 역시 인재로 타이타닉이나 세월호와는 다르게 승선 인원 대부분이 구조되었습니다.

2017년 미국에서 조사한 자료에 의하면 여행 거리 1억 마일(약 1억 6천㎞)당 크루즈 승선 인원 사망률은 0.02명입니다. 반면 항공기는 73명, 승용차는 4명, 기차는 8명으로 그 어떤 교통수단보다 크루즈가 안전하다는 것을 의미합니다.

모항지에서 크루즈에 승선하게 되면 출항 30분 전에 크루즈의 모든 시설은 운영이 중지되고 승무원을 비롯한 모든 인원이 비상대피 훈련에 참여하게 됩니다. 비상대피 훈련은 비상시 내가 대피해야 할 곳에서 진행되며, 기본적인 안전교육 후 종료됩니다. 만약 훈련에 참가하지 않으면 해당 선실로 안내문을 보내고 다음 날 미참석자를 대상으로 별도의 훈련을 진행합니다. 승무원들은 출항일 비상대피 훈련뿐만 아니라 화재 진압 훈련, 구명보트 사용 방법, 비상시 대처 훈련 등을 수시로 진행하게 됩니다.

태풍이 불거나 기상 상태가 좋지 않을 경우 크루즈는 해당 지역을 우회하거나 안전한 지역에 정박을 하며 예정된 기항지에 가지 못할 경우 일부 금액을 환불해줍니다.

**CRUISE TALK** **크루즈에서 사망사고가 발생하면?**

크루즈는 모든 연령대의 승객을 대상으로 운영을 하지만, 시간적인 여유와 편리성 때문에 고령자의 비중이 상당히 높습니다. 따라서 크루즈여행 중 사고가 아닌 노환으로 별세하는 승객들이 가끔 발생하는데, 크루즈 내에는 이러한 상황에 대비하기 위해 냉동설비를 갖춘 안치 시설도 있습니다.

**CRUISE TALK** **romek의 아덴만 통과 경험담**

저의 세계 일주 크루즈여행의 두 번째 항차는 두바이의 아부다비를 떠나 아덴만과 수에즈 운하를 통과해 로마까지 가는 셀러브리티 컨스텔레이션호의 리포지셔닝 일정이었습니다.

오만의 무스카트 기항지 출항 후 3일간 아덴만을 통과하게 되었는데, 아덴만 진입 전날 비상사태 발생 시 대피하는 훈련을 진행했고, 일몰 후에는 아덴만 통과까지 매일 등화관제를 실시했습니다.

선사에서는 승객의 안전을 최우선으로 한다는 것과 현재까지 수많은 크루즈가 이곳을 통과했지만 어떤 사고도 일어나지 않았고 인근의 해군이 보호하고 있다는 등의 자세한 내용이 적힌 안내문을 선실로 보냈습니다. 그 사이에도 크루즈에서는 평소와 다름없이 파티와 공연 등을 즐기며 항해를 했습니다.

등화관제 때문에 인공적인 불빛을 최소화했고 이로 인해 맨 위층의 야외 공간에서 아름다운 은하수를 편하게 볼 수 있었던 것과 5일 동안 항해하며 외국 친구들과 돈독해진 것은 지난 세계 일주 일정에서 가장 기억에 남는 추억이 되었습니다.

<아덴만 통과 시 등화관제의 모습>

**⚓ CRUISE TALK** **코로나 바이러스와 크루즈 환불 관련**

2020년 상반기의 가장 큰 이슈를 꼽자면 단연 COVID-19 바이러스입니다. 전 세계적으로 수많은 사람들이 바이러스에 감염되었거나 이로 인해 목숨을 잃었고 삶 자체에 큰 변화를 겪었습니다(이 책이 출간된 이후에도 COVID-19 바이러스는 현재 진행형일 수도 있겠습니다).

저 역시 COVID-19 바이러스 때문에 예정되었던 크루즈여행이 취소되었죠.

잠시 제 이야기를 하자면 저의 두 번째 세계 일주는 시드니를 출발해 태평양과 대서양을 횡단해 카나리 제도까지 가는 3개월간의 일정이었습니다.

하지만 출항을 5일 앞두고 도착한 시드니에서부터 여러 가지 문제가 발생하기 시작했습니다. 예정되어 있던 기항지(사모아 등)에서의 크루즈선 입항 금지 조치로 첫 번째 항차의 기항지 일정이 30% 정도 바뀌게 되었고(바뀌는 기항지에 대해서 선사에서는 일정 금액으로 보상을 해줍니다.) 프렌치 폴리네시아에서는 의사의 소견서를 제출해야 한다고 해서 승선 전날 시드니의 한인타운에 있는 메디컬 센터에서 급히 소견서를 준비하기도 했습니다.

하지만 시드니 크루즈터미널에서 승선 수속 시 출항 당일 오전에 한국과 중국, 홍콩, 마카오를 떠난 지 30일이 되지 않은 승객은 승선을 할 수 없다는 선사의 지침이 내려져 크루즈를 눈앞에 두고 승선하지 못했었고, 두 번째와 세 번째 크루즈는 아예 일정 기간 선사의 모든 크루즈선들을 운영하지 않는다는 지침이 내려져 역시 승선하지 못했습니다.

언론에서 자주 다루었던 다이아몬드 프린세스호를 비롯한 일부 크루즈에서의 확진자 발생과 전 세계적으로 확산되는 COVID-19 때문에 선사에서는 큰 손해를 감수하고 일정 기간 운항 취소 결정을 내릴 수밖에 없는 상황이었기 때문이죠. 그렇게 저의 두 번째 크루즈 세계일주는 허무하게 막을 내리게 됩니다.

선사에서는 평상시에 손 세정제를 여기저기에 비치해 두거나 특히 식당 등 출입 시 직접 승무원들이 승객의 손에 세정제를 뿌리는 등의 검역 활동을 하고 있으나 크루즈는 제한된 공간에서 오랜 기간 생활을 하는 경우가 많기 때문에 이렇게 COVID나 노로 등의 바이러스 유행 시 감염에 대한 위험성은 높아진다고 생각합니다.

저처럼 이렇게 천재지변이나 바이러스 등으로 승선하지 못하거나 기항지가 바뀌는 경우에 선사에서는 어떤 조치를 취할까요?

앞서 잠시 언급한 대로 기항지가 바뀌게 되면 선사에서는 바뀌는 부분에 대해서는 일정 금액을 환불조치 해줍니다. 저처럼 승선 당일 날 승선이 거부되면 선사에서는 왕복 항공료와 크루즈 비용 전체를 환불해주고, 만약 출발 전에 이러한 내용을 선사나 여행사로부터 전달받았다면 크루즈 비용 전액을 환불받을 수 있습니다.

저의 두 번째, 세 번째 크루즈의 경우에는 아예 선사에서 운항을 취소한 사례인데 선사에서는 두 가지 옵션을 제안했습니다. 첫 번째는 전액 환불을 받는 방법, 두 번째는 승객이 지불한 비용의 125%를 크루즈 크레딧으로 받는 방법이었고 또 크루즈를 타게 될 저는 당연히 125%의 크루즈 크레딧을 선택했죠.

이번 여행을 준비하며 호텔이나 항공은 국내외 사이트에서 예약을 했는데 취소 위약금 없이 환불을 받느라 엄청 고생을 했고, 일부 사이트에서는 약관대로 환불을 진행해 손해를 보기도 했습니다만 크루즈는 오히려 베네핏까지 받을 수 있어서 금전적으로는 더 안전하다고 생각되네요.

Cabin 4567

Dear Valued Guest,

Due to the growing concern regarding coronavirus infections in China, we will be denying boarding to any guest who has visited or transited through mainland China, Hong Kong, Macau or South Korea in the last 30 days, along with all other guests sailing in the same stateroom. These guests will receive a refund for their cruise provided they provide proof of travel in the form of airline tickets or similar. Please note that mainland China does not include Taiwan.

The safety, security and well-being of our guests and crew is our number one priority. We truly appreciate your understanding and thank you for your diligence and assistance in helping to ensure all our guests and crew remain in good health. We also thank you for your continued loyalty. For questions regarding the coronavirus, please visit the website for the United States Centers for Disease Control and Prevention.

To begin the refund process, please submit your proof of travel in the form of airline tickets or similar, along with your cruise reservation number to https://www.ncl.com/case-submission.

As always, we appreciate you choosing Norwegian Cruise Line for your upcoming vacation at sea. We remain at your service and will communicate further updates as they become available.

Sincerely,

Katty Byrd

Vice President, Guest Services

<선사에서 발급한 승선 불가에 대한 안내문>

# 크루즈여행의 단점

## 1. 제한된 기항 시간

크루즈여행을 하며 가장 아쉬웠던 부분은 기항지에서 충분한 시간을 보낼 수 없는 경우가 많았다는 것입니다. 로마, 파리, 런던 등 유럽의 많은 대도시가 모항지 또는 기항지로 크루즈여행을 할 수 있는 곳이지만, 항구가 아닌 내륙에 위치해 항구에서 도시까지 가는데 이동시간이 오래 걸린다는 단점이 있습니다.

선사에서는 이러한 부분을 고려해 타 기항지에 비해 오랜 시간 머무를 수 있도록 일정을 짜고 있으나, 항구에서 1박 이상을 머무르는 오버나이트 일정이 아니라면 12시간 정도의 시간만으로 대도시를 여행하는 것은 많이 아쉬울 수밖에 없죠. 바르셀로나, 뉴욕, 상트페테르부르크, 샌프란시스코, 시드니 등 항구와 인접한 대도시들도 반나절 정도의 시간으로는 충분한 여행을 할 수 없으니 크루즈의 제한된 기항 시간은 가장 큰 단점이라고 생각합니다.

다만 이러한 대도시들은 대부분 크루즈가 출발하고 도착하는 모항지로 운영되는 경우가 많아 크루즈 승선 전 및 하선 후 충분한 시간을 갖고 여행을 하거나 해당 도시에서 오버나이트를 하는 크루즈를 선택한다면 단점을 보완할 수 있습니다.

**⚓ CRUISE TALK** **스톱오버로 크루즈여행하기**

스톱오버란 경유 항공편으로 24시간 이상 경유지에서 체류하는 것을 의미하는데, 인천에서 출발하는 에어프랑스를 이용하면 파리에서 일정 기간 머무른 후 항공기로 유럽의 다른 도시로 이동할 수 있고, 루프트한자 이용 시 프랑크푸르트나 뮌헨, KLM 이용 시 암스테르담 등 스톱오버를 할 수 있는 곳은 아주 많습니다.

스톱오버를 하려면 항공권 구매 시 스톱오버 가능 여부와 추가 비용 발생 여부에 대해 체크를 해야 합니다.

1회 경유로 여행하기 좋은 도시는 다음과 같습니다.

- 아시아: 도쿄, 북경, 상해, 두바이, 도하, 싱가포르, 홍콩, 방콕, 쿠알라룸푸르, 하노이 등
- 유럽: 암스테르담, 파리, 프랑크푸르트, 로마, 런던, 이스탄불, 모스크바, 헬싱키 등
- 미주: 샌프란시스코, LA, 뉴욕, 댈러스, 시애틀, 토론토, 밴쿠버, 멕시코시티 등

스톱오버뿐만 아니라 유럽이나 미주, 아시아 등 전 세계 대부분 국가에서는 저렴한 가격의 저가 항공을 이용할 수 있습니다. 크루즈를 비롯한 여행 일정을 미리 확정해 크루즈 승·하선 전에 원하는 도시에서 충분히 시간을 보낸 후 저가 항공사를 이용해 크루즈를 이용하면 되는데, 미리 구매하면 기차나 버스보다 훨씬 짧은 시간과 저렴한 비용으로 효과적인 이동을 할 수 있다는 장점이 있습니다. 다만 저가 항공의 특성상 수하물에 대한 추가 비용, 도심지와 거리가 먼 공항, 이른 시각 또는 늦은 시각의 이착륙 등의 단점이 있기도 합니다.

## 2. 언어의 제약

크루즈에서는 국제 공용어인 영어를 사용하고 코스타나 MSC 등 유럽 선사들은 이태리어, 프랑스어, 독일어, 스페인어, 포르투갈어 등 다양한 언어로 소통할 수 있지만 한국어는 통용되지 않습니다. 또한 선내의 각종 안내, 선상 신문, 이벤트나 프로모션, 공연 등은 모두 위의 언어로 진행됩니다. 다만 일부 크루즈는 전체 승객 중 해당 언어 사용 승객이 일정 비중 이상일 때(로얄캐리비안의 경우 16%) 선상 신문은 해당

언어로 번역되어 서비스됩니다.

일부 크루즈의 경우 한국인 승무원이 근무하는 경우가 있지만, 부서별로 근무지가 정해져 있어 해당 업무가 아니면 도움을 받기 쉽지 않습니다. 저자의 경우 총 25회의 항차 중 한국인 승무원을 접했던 경험이 5회 정도였습니다.

이러한 언어적 제약 때문에 외국어에 익숙하지 않은 우리나라 사람들은 비싼 비용을 지불하며 인솔자가 있는 여행사나 상조회사 상품을 이용하는 경우가 많습니다. 저자 또한 외국어를 잘하지 못하지만 새로운 환경에 적응을 잘하는 성격 때문인지 여행을 하는데 큰 어려움은 없었습니다. 그래도 '외국어에 더 능숙했다면 좋았겠다'라는 아쉬움은 있죠.

다행히 10여 년 전부터 스마트폰의 대중화와 애플리케이션의 개발로 이러한 어려움은 해소되고 있습니다. 선상에서는 지상에 있을 때보다는 조금 비싸지만 일정 비용을 지불하면 WIFI를 이용해 애플리케이션 등을 이용할 수 있습니다. 오프라인 상태에서도 간단한 통역·번역이 되는 어플은 크루즈에서 요긴하게 사용할 수 있는데, 저자는 음식 메뉴를 고를 때나 의사소통을 할 때 자주 이용했습니다.

**CRUISE TALK** **크루즈에서 오프라인으로 구글 번역기 활용하는 방법**

먼저 구글 번역 어플을 설치하고 한국어를 비롯해 내가 사용할 언어를 다운받습니다(영어는 기본으로 되어 있음). 오프라인에서는 필기, 대화, 음성은 지원되지 않고 자판을 이용해 입력해야 합니다. 카메라를 이용한 번역은 오프라인에서도 가능한데, 크루즈의 정찬 레스토랑에서 메뉴를 고를 시 번역을 원하는 곳에 카메라를 비추면 사진상에서 한글로 번역되어 어떤 재료를 사용한 음식인지 쉽게 알 수 있습니다. 하지만 오프라인상으로는 아직도 오역이 많으니 중요한 의사소통 시에는 주의를 기울여야 합니다.

해외 자유여행을 해본 경험자라면 크루즈 역시 자유여행으로 떠나도 큰 차이가 없을 것이고, 인솔자가 있는 여행사의 상품으로 크루즈 여행을 하더라도 크루즈 내에서의 활동은 대부분 자유 일정이라 개개인의 참여 의지와 적극성이 있어야 크루즈 라이프를 제대로 즐길 수 있습니다. 또한 크루즈의 공연은 코미디, 토크쇼 등을 제외하면 음악과 액션 위주이며 기타 액티비티나 파티, 게임 등에서 언어는 중요한 요소가 아니기 때문에 외국어가 부족하더라도 크루즈를 즐기는데 있어서는 큰 문제가 되지 않을 것입니다.

### 3. 한식을 접할 기회가 많지 않음

해외여행을 떠나는 사람 중에서 가장 힘들었던 점이 음식이라고 답한 분이 많았습니다. 열흘 정도의 길지 않은 여행 기간에도 음식 적응에 어려움이 있는 사람들은 김치나 컵라면, 데워먹는 밥, 고추장 등을 챙겨서 여행을 떠나기도 하고, 현지의 한국 식당을 이용하기도 합니다. 하지만 크루즈 내에는 한식 메뉴가 없고 기항지도 한국 식당이 없는 곳이 많아 음식에 민감한 사람들은 크루즈뿐만 아니라 해외여행을 할 경우 큰마음을 먹고 결정을 해야 할 것 같습니다.

일부 선사에서는 한국 음식 메뉴를 뷔페식당 등에서 접할 수 있지만 우리의 입맛과는 조금 다른 점은 아쉬운 부분이 있습니다. 그래도 크루즈에서 한국 음식을 보게 되면 너무 반가운 나머지 꼭 맛봤던 기억이 있습니다.

# 크루즈 선사 및 선박

현재 전 세계에서 크루즈는 400대 정도가 운항되고 있으며 연간 3천만 명이 이용하고 있습니다. 또한 크루즈여행 시장은 지속적으로 성장하고 있어 각 선사에서는 새로운 크루즈를 지속적으로 도입하고 있습니다.

미국에서 발행된 크루즈 산업 연간 보고서(2018년 기준)에 따르면 세계에서 가장 큰 선사는 카니발 코퍼레이션입니다. 카니발 코퍼레이션에는 럭셔리급의 씨번부터 대중적인 코스타까지 총 9개 선사와 105척의 크루즈 선을 보유하고 있습니다.

두 번째로 큰 선사는 로얄캐리비안으로 럭셔리급의 실버시부터 저렴한 풀만투르까지 총 6개 선사와 52척의 크루즈 선을 운영하고 있습니다.

총 52척

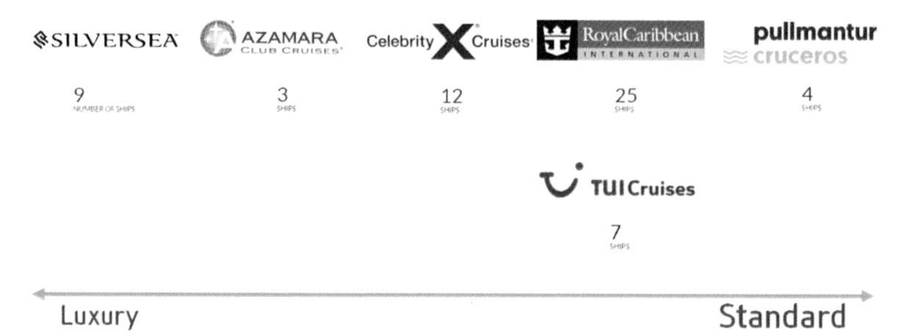


이 밖에도 3개 선사와 26척의 크루즈를 보유한 NCLH, 크루즈를 15척을 보유한 MSC, 9척의 크루즈를 보유한 겐팅 홍콩 등이 있는데, 이렇게 5개의 크루즈 그룹이 전 세계 크루즈 시장의 87% 정도를 차지하고 있습니다.

⚓ CRUISE TALK **세계에서 가장 큰 크루즈는?**

현재 세계에서 가장 큰 크루즈는 2017년에 처녀 출항한 로얄캐리비안의 심포니 오브 더 씨즈호 입니다. 심포니호는 228,081톤의 규모로 길이는 362미터, 최대 승객 6,370명과 승무원 2,394명을 수용합니다. 로얄캐리비안에서는 크기별로 크루즈의 등급을 구분해 놓았는데, 심포니호가 속한 오아시스 급 크루즈에는 심포니를 비롯해 하모니, 얼루어, 오아시스 등 4개의 크루즈가 있고 2021년과 2023년에는 또 다른 오아시스 급 크루즈가 새로 출항한다고 하네요.

<나폴리 항구에서 본 심포니 오브 더 씨즈호>

크루즈의 서비스 수준별 등급은 크게 럭셔리, 프리미엄, 스탠다드로 나눌 수 있습니다. 1인당 이용하는 면적, 시설, 서비스 등을 기준으로 나뉘는데, 럭셔리 크루즈는 대부분 5만 톤 이하의 중소형 규모로 전부 스위트룸으로 구성되어 있고 모든 음식과 주류가 제공됩니다. 승객 대 승무원의 비율이 1:1 정도로 인당 1박에 500달러 이상을 지불해야 하고, 전체 일정도 대부분 2주일 이상으로 많은 비용이 소요됩니다. 대표적인 선사로는 실버시, 씨번, 크리스탈 등이 있습니다.

프리미엄 크루즈는 대부분 5만 톤에서 10만 톤 정도의 중형 규모이고 승객 대 승무원의 비율이 1.5:1 정도로 평균적으로 인당 1박에

200~250달러 정도를 지불해야 이용할 수 있습니다. 하지만 이러한 프리미엄 크루즈도 앞서 언급한 리포지셔닝 등을 이용하면 1박 100달러 이하로 이용할 수 있습니다. 대표적인 선사로는 셀러브리티, 홀랜드 아메리카 등이 있습니다.

스탠다드 크루즈는 가장 널리 보급된 등급으로 크기도 5만 톤에서 23만 톤까지 다양합니다. 승객 대 승무원의 비율은 2:1 이상이고, 크기에 따라 다양한 시설을 보유하고 있어 모든 연령층에 적합합니다. 인당 1박에 100~150달러 정도이며, 일정도 1일부터 100일 이상, 심지어 세계 일주까지 다양합니다. 스탠다드 크루즈 역시 리포지셔닝이나 비수기 등을 이용하면 더욱 저렴한 비용으로 크루즈를 즐길 수 있습니다. 대표적인 선사로는 로얄캐리비안, 코스타, MSC, NCL, 카니발 등이 있습니다.

**CRUISE TALK** 크루즈 크기별 특징

| | 대형 크루즈 | 중형, 소형 크루즈 |
|---|---|---|
| 장점 | • 다양한 시설 | • 항구 접안에 유리<br>• 승·하선 시간이 짧음<br>• 직원, 승객과의 친밀도가 높음 |
| 단점 | • 긴 승·하선 시간<br>• 인기 공용시설의 경우 혼잡함 | • 기본시설 중심으로 구성 |
| 특징 | • 카리브해, 남태평양 등 Sea Day가 많은 일정에 적합<br>• 가족 및 젊은 승객이 많음 | • 지중해 등 기항지가 많은 일정에 적합<br>• 내부분의 럭셔리 선사가 운영<br>• 시니어층의 선호도가 높음 |

OASIS

# chapter 2.

# 크루즈여행 준비하기

많은 사람들이 필자에게 이런 질문을 합니다.

"크루즈는 부산이나 인천에서 타고 가나요?"

물론 부산 등 국내에서 출발하는 크루즈가 있지만, 아직 우리나라는 크루즈 이용 인구가 연간 4만 명도 되지 않아 크루즈가 출도착하는 모항을 운영하기가 어려워 일부 전세선을 제외하면 모두 해외에서 출발합니다. 이는 크루즈를 타려면 해외에 있는 모항지까지 비행기 등을 이용해야 한다는 뜻이죠.

크루즈 비용에 항공비용까지 더하면 너무 비싸지 않느냐는 질문도 많았는데, 필자는 간단히 이렇게 답변합니다. "크루즈는 해외여행 시 머무르는 숙소와 같은데, 마음껏 즐기며 이동까지 할 수 있는 수단."이라고.

따라서 국내에서 출발하는 크루즈를 제외하고는 모항지까지 이동하기 위해 항공이나 선박(중국이나 일본 등으로 이동 시) 예약이 필수입니다. 그리고 항공과 크루즈 시간에 따라 모항지에서 숙박이 필요할 수도 있습니다.

**CRUISE TALK** **크루즈에 승선하려면 언제 모항지에 도착해야 할까?**

2018년 세계 일주 중 미국 태평양 연안 크루즈 승선 시, 한국에서 친하게 지냈던 형과 그의 딸이 함께 크루즈에 타기 위해 시애틀로 오는 날이었습니다. 형은 회사 스케줄 때문에 승선 마감 시간 3시간 정도를 남기고 시애틀 공항에 도착하는 일정이라, 시간만 잘 맞으면 제시간에 승선할 수 있다는 생각으로 항공을 예약했고 당일 날 시애틀에 도착했는데… 비행기가 지연되어 도착했고 입국 인원이 너무 많아 심사를 언제 받을지 모르겠다고 연락을 했습니다. 다행히 주위 사람들의 도움으로 다른 사람들보다 빨리 입국 심사를 받을 수 있었고, 택시를 타고 크루즈 터미널로 오는데 이미 승선 마감 시간이 지난 후였습니다. 10분은 지나야 도착할 수 있겠다는 연락이 왔고 터미널에서 가교를 철거하려던 순간 멀리 택시가 보이더니 형과 그분의 딸이 황급히 내려 터미널 안으로 뛰어오는 모습이 보였습니다. 가까스로 그들은 승선할 수 있었는데, 제 눈을 의심하게 만든 것은 그들이 마지막이 아니었다는 것입니다. 한 쌍의 노부부가 너무도 태연하고도 천천히 터미널 입구로 들어왔고, 그들도 승선할 수 있었습니다. 만약 크루즈가 출발을 위해 가교를 철거했다면 이들은 당연히 승선하지 못했을 것이고, 그랬다면 이들은 다음 기항지까지 이동해 그곳에서 승선해야 하는 일을 겪었을 것입니다.

저도 2017년 상해에서 출발하는 동북아 크루즈 가족 여행을 할 때 승선 당일 도착하는 항공을 이용했는데, 승선 마감 시간 바로 전에 도착해 승선했던 경험이 있습니다. 미리 한국에서 대형 택시를 예약하지 않고 다른 대중교통을 이용했거나 비행기가 조금이라도 연착했다면 저를 제외한 6명의 가족이 평생 저를 원망했을 겁니다.

이렇게 장황하게 이야기를 한 이유는, 크루즈에 승선하려면 승선하기 전까지 충분한 시간을 두고 도착해야 한다는 것을 말씀드리기 위해서입니다. 크루즈는 가능하면 승선하기 하루 전에 도착해 시차와 컨디션을 조절하고 마음의 불안 없이 승선하시는 것이 좋습니다.

여담이지만 항공기 때문에 크루즈에 승선하지 못했던 제 후배의 이야기도 말씀드리려 합니다.

함께 유럽 여행도 하고 친하게 지냈던 회사 후배인 K군. K군이 결혼을 앞두고 신혼여행을 추천해달라고 해서 저는 당연히 크루즈를 이야기했고, K군은 신혼여행으로 지중해 크루즈를 예약했습니다. 결혼식이 끝나고 신혼여행을 떠나려는데 아뿔싸! 공항에 도착하니 아이슬란드 화산 폭발로 비행기가 운항할 수 없다는 것이었습니다.

결국 그날 신혼여행을 떠날 수 없었고 다음 날이 되어서 급히 여행사에 연락해서 간신히 호주로 신혼여행을 떠날 수 있었습니다. 유럽행 항공권은 자연재해로 환불받을 수 있었지만 크루즈는 해당 사항이 없어 환불도 받지 못했죠. 게다가 어렵게 떠난 호주 신혼여행에서는 부부가 삼각대를 세워두고 다정한 포즈로 셀카를 찍다가 갑자기 불어온 돌풍에 삼각대가 넘어져 카메라가 고장이 나 휴대폰으로만 사진을 찍었다는 웃픈 사연도 있었습니다.

K군과는 이후로도 친하게 지내고 있는데, 가끔 제수씨를 만나면 저를 보는 눈빛이 예사롭지 않다는 것을 느낍니다. 어쩌면 저의 죄책감 때문은 아닐까 생각합니다만.

이렇듯 여행은 다양한 변수와 함께 한다는 것이 리스크이자 매력이 아닐까요?

## ⚓ CRUISE TALK 알래스카 크루즈여행 때 모항지에서 크루즈에 승선하지 못했던 Tom Chung님의 사연

Tom Chung • 1주 전

미국 Irvine 사는 Tom Chung 입니다 영상 잘 보았습니다... 저도 오랜만에 아내랑 연로하신 부모님 모시고 NCL Bliss 타고 알래스카 올해 9월말에 다녀 왔읍니다 . 크루즈 20번이상 다녀 왔지만 이번엔 너무 어처구니 없고 황당한 일을 당해서 앞으로 미국에서 크루즈 하시는 분들은 꼭 참조 하셨으면 합니다

비행기로 LA 에서 시애틀까지 두시간이라

새벽 비행기로 LA 공항에서 , 비행기( AA ) 안에 까지 앉아 있었는데 이륙 직전 그만 비행기가 사소한 고장이나서 다시 내렸는데 그날은 마침 미국 국경일이라 대체 비행기가 없어 제가 다른 항공사로 가느라 그만 Cruise ship을 놓치고 말았습니다 . 그런데 비행기에 실은 짐들은 다음비행기로 시애틀 로 가버리고 우여곡절 끝에 앵커리지 까지 갔다가 이틀후 알래스카 주노 ( Juneau ) 에서 크루즈배에 우리 4 명은 타게 되었습니다 ... 그런데 미국연방법 은 ( Jone's Act ) 첫 기항지에서 배를 타지 못하면 미정부에 한사람당 $798 x 4 = 대략 $3,200 ( 한화 3백오십 ) 벌금을 주고서야 승선 할 수 있었습니다 . 대체 항공료 호텔 등등 저회는 대략 $6,000 손해를 보고 ( plus 크루즈 2-1/2 day ) 여행을 했습니다. 참조 하시길 바라겠습니다 ...

# 크루즈여행 예약 방법

항공과 숙박에 대해서는 다른 서적이나 온라인상에 많은 정보가 있으므로 여기서는 크루즈여행을 예약하는 방법에 대해서만 언급하겠습니다.

크루즈여행은 언제 예약하면 좋을까요? 크루즈여행은 항공권 구매처럼 빨리 예약하거나 출발이 임박했을 때 저렴한 가격에 이용할 수 있습니다.

보통 권장하는 크루즈 예약 시기는 출발 6개월에서 1년 전이고, 출발 3년 전의 일정과 가격을 확인할 수 있는 크루즈도 있습니다. 참고로 항공사의 가격은 보통 출발 1년 전에 오픈됩니다.

선사에 따라 조금 차이는 있지만, 생후 6개월에서 1년 이하의 유아, 하선일 기준 임신 7개월 이상의 승객은 승선이 불가능합니다. 안전을 위해서죠.

## 1. 크루즈여행 형태별 특징

| 구분 | 패키지여행 | | 자유여행 |
| --- | --- | --- | --- |
| | 풀패키지 | 세미패키지 | |
| 내용 | • 모항지부터 기항지까지 한국어 가이드 및 인솔자가 포함된 여행 | • 기항지 여행을 제외한 한국어 가이드 및 인솔자가 포함된 여행으로 승·하선까지 편리함 | • 예약, 모항지 이동, 기항지 투어 등 모두 자유 일정으로 진행하는 여행 |
| 대상 | • 외국어 수준: 하<br>• 해외 자유여행 무경험자 | • 외국어 수준: 중 이상<br>• 해외 자유여행 경험자 | • 외국어 수준: 중 이상<br>• 해외 자유여행 경험자 |
| 예약처 | • 여행사, 상조회사, 홈쇼핑 등 | | • 여행사, 국내 대행사<br>• 포털 사이트의 크루즈 카페<br>• 해외 크루즈 사이트(영어)<br>• 선사 홈페이지(영어)<br>• 선상(영어) |
| 특징 | • 비싼 가격<br>• 일부 여행사의 경우 최소인원 미달 시 전문 인솔자가 동행하지 않음<br>• 예약 시 유류할증료, 팁 등의 포함, 불포함 내역 확인 필요 | | • 저렴한 가격<br>• 해외 크루즈 사이트 등은 예약사항 변경 시 직접 전화나 이메일로 처리해야 함(영어).<br>• 모항지, 기항지에 대한 정보 수집 필요 |

이렇게 크루즈여행도 다른 여행과 마찬가지로 패키지여행과 자유여행으로 나뉘고, 패키지여행은 크게 풀패키지와 세미패키지로 나뉩니다. 패키지여행의 장점은 예약이나 여행을 보다 편리하게 이용할 수 있다는 점인데, 자유여행에 비해 비싼 가격이 단점입니다. 패키지여행 예약 시 다음과 같은 부분은 꼭 체크해야 합니다.

## 2. 크루즈 패키지여행 예약 시 체크 사항

① 유류 할증료, 선상세, 환율 부담금 등 포함 여부
② 기항지 관광 포함 여부 및 단독 또는 선사 기항지 상품 이용 여부
③ 인솔자 및 기사 팁 포함 여부
④ 최소 출발 인원 및 인솔자 동행 여부
⑤ 선실 종류
⑥ 항공사 및 호텔 정보

일부 여행사나 상조회사 등에서는 고지된 비용에 유류 할증료나 선상세, 각종 팁 등을 추가로 지불해야 하기에 실제 지불하는 총비용이 늘어나는 경우가 있습니다. 참고로 선상 팁은 승선 시 승객들이 등록한 신용카드에서 하선 전날 인당 1박에 15달러 정도가 부과되고, 일부 크루즈는 선상 팁이 선 결제 되는 경우도 있습니다.

기항지 관광의 경우 한국어 가이드가 없는 지역은 선사의 기항지 투어 프로그램을 이용하며 인솔자 등이 통역을 해주는 시스템으로 운영되기도 합니다. 크루즈가 기항하는 지역은 로마, 바르셀로나 등 대도시도 있지만 한국어 가이드가 없는 중소도시도 많아 이렇게 운영되는 기항지가 많습니다.

여행사의 홈페이지에서 수많은 크루즈 상품을 검색하고 예약할 수 있지만, 최소 출발 인원이 충족되지 않으면 여행 자체가 취소되기도 하고 10명, 20명 등 인솔자가 동행하는 상품의 경우 해당 인원이 충족되지 않으면 인솔자 없이 목적지까지 가야 하는 일도 발생합니다. 물론 여행사에서는 이러한 일이 발생하면 출발 전 고객들에게 고지하며 인솔자가 출발할 수 있는 일정으로 조정할 것을 유도하지만, 최소 5~10일 정도의 해외여행을 준비하는 사람들은 대부분 오래전부터 계획하

고 예약을 했기 때문에, 비용을 모두 지불하고도 어쩔 수 없이 불편을 감수해야 하는 일이 발생할 수도 있습니다.

일부 상조회사나 여행사의 경우 정해진 상품 금액 때문에 성수기나 환율 상승 등의 변수가 발생했을 때 선실이나 모항지 숙소의 등급을 조정하거나 숙소를 이용하지 않는 승선 당일 오전 도착 항공편 이용, 직항 노선이 있어도 저렴한 경유 항공편 이용, 퀄리티 낮은 항공사를 이용하는 등 전체적인 비용을 조정하기도 합니다.

## 3. 크루즈 자유여행 예약 방법

1) 국내 크루즈 대행사

국내의 대표적인 크루즈 대행사는 크루즈월드(www.cruiseworld.co.kr), 크루즈인터내셔널(www.cruise.co.kr) 등이 있고 홈페이지 또는 전화로 편하게 예약할 수 있습니다. 홈페이지에 취급하는 선사들과 지역별 상품들이 안내되어 있고 검색되지 않는 상품도 요청을 하면 예약을 할 수 있습니다. 이밖에 로얄캐리비안(www.rccl.kr), 프린세스(www.princesscruises.co.kr), 홀랜드아메리카(www.cruiselines.co.kr), 노르웨이전(www.ncl-korea.com), MSC(www.msccruise.co.kr) 등에서도 해당 선사의 크루즈 상품을 예약할 수 있습니다.

2) 여행사, 크루즈 카페

여행사에서는 패키지 상품뿐만 아니라 크루즈 Only, 크루즈+항공, 크루즈+항공+모항지 숙소 등의 다양한 자유여행 상품을 예약할 수 있습니다.

### ① 가능하면 중앙부를 선택

세계 최대 규모의 크루즈인 로얄캐리비안의 심포니 오브 더 씨즈호는 23만 톤의 규모에 길이만 해도 320미터가 넘고, 3분의 1 규모인 7만 톤 규모의 크루즈도 200미터가 넘습니다. 이러한 크루즈에는 선수부터 선미까지 다양한 시설이 있어 가장 이용하기 편리한 중앙부를 선택하는 것이 좋습니다. 또한 중앙부는 선수에 비해 배의 움직임이 적습니다.

### ② 덱 플랜을 참고

덱 플랜이란 층별로 어떤 시설이 있는지를 볼 수 있는 크루즈의 도면입니다. 덱 플랜은 크루즈 예약 사이트, 선사 홈페이지 등에서 확인할 수 있습니다. 이런 덱 플랜을 참고해 내가 어떤 시설을 많이 이용할 것인지를 예상해 주로 이용할 시설이 많은 쪽과 가까운 곳의 선실을 선택하는 것을 추천합니다. 대부분의 크루즈는 선수 쪽에 공연장, 피트니스, SPA 등이 있고 선미 쪽에는 정찬 레스토랑, 뷔페, 스포츠 코트 등이 위치해 있습니다. 물론 모두 편하게 이용하려면 중앙부가 가장 편하겠죠.

하지만 중앙부에도 피해야 할 위치가 있습니다. 시끄러운 바나 공연장 등이 선실 주변에 있다면 울림과 소음으로 고통을 받을 수 있는데, 상층부와 하층부를 포함해 인접한 곳에 이러한 공용 시설이 있다면 중앙부라 해도 피해야 할 선실입니다.

또한 덱 플랜에는 엘리베이터와 계단의 위치가 잘 나와 있으니 가급적 멀리 떨어지지 않은 위치의 선실을 고르면 넓은 크루즈를 조금이라도 편하게 이용할 수 있습니다.

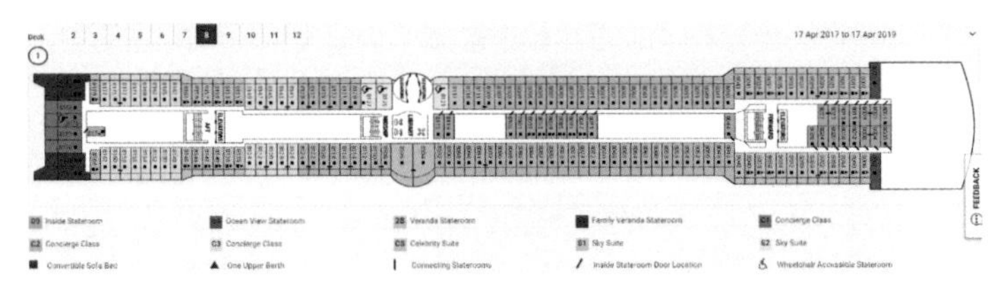

<크루즈의 덱 플랜>

### ③ 발코니 선실

대부분의 크루즈에서 가장 큰 비중을 차지하는 선실은 발코니 등급입니다. 따라서 선택의 폭이 넓은데, 가급적이면 상층부에 위치한 선실을 예약하는 것을 추천합니다. 높은 뷰에서 바라보는 도시나 바다의 모습이 정말 아름답기 때문입니다. 최상층과 최하층의 경우 공용 시설이 위아래에 위치할 수 있고, 그에 따른 소음이 발생할 수 있으니 꼭 덱플렌을 참고하시기 바랍니다.

**④ 인사이드 선실**

인사이드 선실은 저층부부터 고층부까지 있는데 위치별로 특징이 있습니다. 저층부의 경우 저층부에 위치한 공용시설 이용이 편리한 것은 두말할 필요 없고 기항지 투어 시 편리한 점이 많습니다. 대형 크루즈는 기항지 투어를 마치고 선실로 돌아갈 때 사람들이 많이 몰리는 일이 많은데, 특히 정박할 수 없어 텐더 보트를 이용하는 기항지의 경우 선실로 통하는 루트가 제한적이라 엘리베이터를 타는 것도 몇 번씩 기다려야 하는 등 불편함이 발생합니다. 저층부에 선실이 있다면 간단히 계단 등을 이용해 선실로 갈 수 있어 보다 편리합니다.

인사이드 선실은 밖의 풍경을 볼 수 없어 풍경을 보려면 야외 덱으로 가야 합니다. 저층부에도 야외로 나갈 수 있는 덱이 있지만, 뷰가 좋지 않아 상층부로 가는 경우가 많습니다. 상층부에 선실이 있다면 풍경뿐만 아니라 수영장, 뷔페 등 주로 상층부에 있는 시설을 보다 편하게 이용할 수 있습니다.

**⑤ 선실은 복불복?**

이런 것들을 모두 고려해 선실을 결정했음에도 욕실의 수압이 낮은 방이거나 인접 선실의 승객이 시끄러운 경우가 발생합니다. 이러한 일이 있을 경우 게스트 서비스 데스크에 요청하면 방을 바꿀 수도 있습니다.

또한 국내 포털 사이트의 크루즈 카페인 '배낭 속 크루즈', '오마이 크루즈' 등에서도 크루즈를 예약할 수 있습니다.

3) 해외 크루즈 사이트

필자가 가장 많이 이용하는 예약 방법 중 하나인 해외 크루즈 사이트에서는 실시간으로 다양한 노선 및 가격을 조회할 수 있습니다. 카약의 크루즈 카테고리(www.kayak.com)는 이러한 사이트들 중 최저가를 한 번에 검색할 수 있죠. 크루즈닷컴(www.cruise.com)이나 크루즈다이렉트(www.cruisedirect.com)는 대표적인 해외 크루즈 사이트로 전 세계 모든 지역과 항구에서 출발하는 대부분의 크루즈를 검색할 수 있지만, 아이다(AIDA), 마인쉬프(Meinschiff) 등 일부 선사의 상품은 검색이 되지 않으니 해당 크루즈를 이용하려면 직접 선사의 홈페이지에서 예약을 하는 방법을 사용해야 합니다.

해외 크루즈 사이트에서는 여러 가지 상품을 검색할 수 있고 자세한 일정과 선박에 대한 설명과 더불어 저렴하게 예약까지 할 수 있습니다.

자세한 예약 방법은 유튜브 채널 'The Cruiser romek'에서 확인하실 수 있습니다.

4) 기타

선사 홈페이지와 선상에서도 크루즈를 예약할 수 있는데, 선상에서는 넥스트 크루즈(Next Cruise) 데스크를 운영하고 설명회를 진행하거나 할인, 무료 취소, 온보드 크레딧, 인터넷 등의 혜택을 제공합니다.

## 4. 크루즈 자유여행 예약 시 체크 사항

1) 최소 세 곳 이상에서 가격을 비교할 것

크루즈는 항공권과 마찬가지로 어디서 구매하느냐에 따라 가격이 천차만별입니다. 필자의 경우 크루즈를 예약할 때 해외 크루즈 사이트, 국내 크루즈 대행사, 선사 홈페이지 등 최소 세 군데 이상에서 가격과 조건을 보고 결정하는데, 대부분 선사 홈페이지보다는 해외 크루즈 사이트가 저렴하고 일부 선사나 노선의 경우 해외 크루즈 사이트보다 국내 크루즈 대행사의 가격이 저렴한 경우도 있기 때문입니다.

2) 선상세까지 포함된 가격을 확인할 것

국내나 해외 사이트에서 고지된 금액은 대부분 선상세가 포함되지 않은 가격입니다. 일부 선사나 지역의 경우 크루즈 가격만큼의 세금이

나오는 경우도 있어 꼭 선상세가 포함된 최종 결제 금액을 확인해야 합니다.

CRUISE TALK **크루즈 싸게 예약하는 방법**

**① 비수기를 활용하라**

여행에는 성수기와 비수기가 있고 이를 활용한다면 훨씬 저렴한 가격에 크루즈를 이용할 수 있습니다. 특히 지중해의 경우 같은 코스라도 성수기와 비수기의 가격 차이가 크게는 세 배 정도 나고, 항공기 가격이나 숙소 등의 가격도 시즌별 가격 차이가 크기 때문에 전체 비용에도 영향을 받을 수밖에 없습니다.

**② 혼자보다는 둘이, 둘보다는 셋이나 네 명이 좋다**

대부분의 크루즈는 2인 1실을 기본으로 선실 가격이 책정되어 있습니다. 여기에 인원당 세금을 더한 것이 크루즈의 가격입니다. 따라서 혼자 여행하게 되면 선실 가격에 1인의 세금을 더한 가격을 지불해야 합니다. 스튜디오라는 1인실을 운영하는 선사도 있지만 그 수가 많지 않고, 선실 비용도 절반이 아닌 일반 선실의 약 85% 정도를 지불해야 합니다.

세 명이나 네 명이 한 선실을 이용한다면 보다 저렴하게 이용할 수 있습니다. 대부분 세 번째, 네 번째 승객은 절반 가격 정도에 이용할 수 있고, 일부 노선의 경우 세 번째나 네 번째 승객은 세금만 내도 이용할 수 있는 프로모션을 진행합니다. 특히 아이들이 있을 경우 더 많은 프로모션을 진행하는데, MSC나 코스타의 경우 일정 연령 이하의 아이들은 세금만 지불하면 이용할 수 있는 정책이 있습니다. 다만 성인 2명과 한 선실을 사용하는 조건이 붙습니다.

**③ 출도착이 다른 모항지를 운영하는 크루즈를 선택하라**

대부분의 크루즈는 출도착이 같은 모항지를 운영합니다. 하지만 리포지셔닝이나 원웨이 크루즈 등은 출발지와 도착지가 다른 모항지를 운영하고, 이러한 크루즈들은 보통 조금 더 저렴하게 이용할 수 있습니다.

**④ 찾고 또 찾아라**

카약이나 크루즈닷컴 등에서 크루즈를 검색하다 보면 눈이 휘둥그레질 만한 가격의 상품을 찾을 수 있게 됩니다. 평소에 관심을 가졌던 지역이나 선박 등을 검색하며 어느 정도 마음에 든 상품을 찾았다면, 해당 상품을 다양한 예약처를 통해 가격과 조건을 확인해 가장 저렴한 크루즈를 찾을 수 있을 것입니다.

3) 세부 규정을 확인할 것

일부 최저가 상품의 경우 환불이나 변경이 불가능합니다. 때문에 예약 시 해당 내용에 대한 안내사항이 나와 있으니 꼭 확인해야 합니다.

4) 프로모션을 체크할 것

크루즈는 예약할 수 있는 방법도 다양하며 예약처마다 프로모션을 진행하는 경우가 많습니다.

프로모션에는 각종 할인, 인터넷 패키지, 주류 패키지, 스페셜 티 레스토랑 패키지, 온보드 크레딧 등이 있는데, 패키지의 경우 일부 비용을 지불해야 하는 선사도 있습니다.

## 5. 나에게 맞는 크루즈여행 찾는 방법

크루즈여행을 준비하는 많은 분이 가장 많이 묻는 것은 "어디가 제일 좋았어?"와 "어디로 갈지 추천 좀 해줘."라는 것이었습니다.

필자는 크루즈로 전 세계를 다니는 것뿐만 아니라 크루즈 라이프를 좋아하기 때문에 크루즈를 타고 가는 곳은 어디든 다 좋았고, 여행하고자 하는 사람의 취향이나 목적 등을 잘 모르기 때문에 위의 질문에 답변하기가 참 어려웠습니다. 그래서 절대적이지는 않지만 대략적인 내용을 육하원칙을 바탕으로 설명하고자 합니다.

1) 누구와 가는가?

누구와 가느냐는 일반 여행과 다르지 않습니다.

혼자서 갈 것인지, 부부·연인·친구와 갈 것인지, 가족(아이·부모님)이나 단체로 갈 것인지를 먼저 결정해야 합니다.

이는 선실을 예약하는데 참고할 내용으로 1인실이나 2인실을 사용할 것인지, 3~4인실을 사용할지를 결정해야 하기 때문입니다. 3~4인이 함께 써도 괜찮다면 그만큼 가격이 저렴해지거든요.

**⚓ CRUISE TALK** **혼자 크루즈여행하는 방법**

먼저 혼자 여행할 때의 비용에 대해 알아보겠습니다. 대부분의 크루즈는 2인 1실을 기본으로 하기 때문에 혼자 여행하게 되면 2인에 대한 선실 비용과 1인에 대한 Government fees를 포함한 것이 총비용이 됩니다. 같은 선실로 두 명이 여행하는 것과 큰 차이가 없다는 뜻이죠.

하지만 다양한 선사에서 1인 여행객을 위한 스튜디오라는 선실을 운영하고 있습니다. 스튜디오 선실은 2인실을 혼자 사용하는 것보다 약 15% 정도 저렴한 가격에 이용할 수 있고, 라운지가 있는 NCL에서는 다른 솔로 여행자들과 쉽게 교류를 할 수 있다는 장점이 있습니다.

단점은 타 선실에 비해 규모가 작고 NCL을 제외한 선사의 경우 보유 선실이 많지 않아 예약이 쉽지 않다는 점입니다.

1인실을 운영하는 선사와 선실은 다음과 같습니다.

- NCL: 에픽(128개 선실), 이스케이프(82개 선실), 브레이크어웨이/겟어웨이(각 59개 선실) ※ 스튜디오 라운지 별도 운영(대형 TV, 커피&스낵, 휴게 공간 외)
- 로얄캐리비안: 퀀텀/앤썸/오베이션(각 인사이드 16개 선실, 발코니 12개 선실)
- 홀랜드 아메리카: 코닝스담(12개 선실), 프린센담(3개 선실)
- 코스타: 디아데마(21개 선실), 파시노사/파볼로사/퍼시피카/세레나(각 17개 선실), 마지카/포츄나(각 14개 선실), 네오로만티카(6개 선실)
- 큐나드: 퀸 엘리자베스/퀸 빅토리아(각 9개 선실), 퀸 메리2(15개 선실). ※ 타 선사에 비해 선실 규모가 큼.

이외에도 MSC, P&O 등 다양한 선사에서 싱글 룸을 운영하고 있으니 혼자 크루즈여행을 준비하시는 분들은 예약 시 확인하시기 바랍니다.

다음은 솔로 크루즈여행의 장점과 단점에 대해 말씀드리겠습니다.

첫 번째 장점은 다른 혼행과 크게 다르지 않습니다. 크루즈의 경우 입출항 시간이 정해져 있어 제한된 시간에 기항지 투어를 할 수밖에 없는데, 혼자 여행을 한다면 모든 스케줄을 마음대로 정할 수 있기 때문에 더 효율적으로 기항지 여행을 할 수 있습니다.

두 번째 장점은 다양한 선내 프로그램을 본인의 성향에 맞게 즐길 수 있다는 것입니다. 크루즈의 선상 신문에는 수없이 많은 이벤트와 활동이 나열되어 있고, 혼자서도 참여가 가능한 프로그램이 아주 많이 있습니다. 바다 한가운데에서 대형 스크린을 통해 영화를 즐기거나, 설명회 및 강의에 참석해도 되고, 다른 여행자들과 이벤트나 운동을 함께할 수도 있습니다.

세 번째 장점은 새로운 친구들을 만날 수 있다는 것입니다. 크루즈라는 제한된 공간에서 생활하다 보면 취미나 취향이 같은 친구들을 자주 접할 수 있게 됩니다. 크루즈에서는 새 항차가 시작되는 시점에 솔로 여행자들이 함께 식사나 미팅을 하며 친분을 쌓을 수 있는 프로그램을 운영하는데 이곳에서 친구를 만들 수 있고, 정찬 레스토랑에서도 2인 테이블이 아닌 4인 이상의 테이블을 사용하게 되면 옆자리의 사람과 자연스럽게 친분을 쌓을 수도 있습니다.

저는 혼자 여행했던 많은 항차에서 함께 운동을 하거나 미팅에 참여하거나 식사를 하며 많은 친구를 만들었고, 그들과 함께 기항지 투어를 하거나 파티 등을 함께하며 좋은 인연을 맺었습니다. 그 덕분에 나중에 그들이 사는 나라에 갔을 때 식사를 하거나 잠자리를 제공받는 등 지금까지도 연락을 주고받으며 지내고 있으며 그들이 한국에 놀러 오는 날을 학수고대하고 있습니다.

마지막 장점은 선사의 기항지 투어 시에 좋은 점입니다. 저의 경우 지프 투어를 했는데, 혼자여서 기사 겸 가이드의 옆자리에 앉을 수 있었고 나머지 승객들은 딱딱하고 불편한 지프의 뒷자리를 이용해야 했습니다. 유럽 선사의 크루즈로 프랑스의 몽생미셸과 스페인의 화이트 빌리지 선사 기항지 투어를 했을 때는 영어 가이드 투어의 승객 미달로 스페인어 가이드 투어에 참여해야 했는데, 가이드가 영어를 잘 구사해 저 혼자만 별도로 설명을 들을 수 있어서 좋았던 기억도 있습니다.

이런 장점이 있는 반면 단점도 있습니다.

첫 번째 단점은 정찬 레스토랑에서의 어색함입니다. 크루즈에는 편하게 음식을 즐길 수 있는 뷔페나 그릴, 피자, 스낵 전문코너 등을 운영하고 있지만, 매일 새로운 음식을 맛볼 수 있는 정찬 레스토랑의 석식은 크루즈 미식 여행의 화룡점정이라고 생각합니다. 하지만 혼자 여행한다면 1시간~1시간 30분 정도의 애피타이저부터 디저트까지 즐겨야 하는 시간은 많이 지루할 수 있습니다. 다행히 옆자리에 함께 식사를 하는 사람이 있다면 대화를 할 수 있지만, 2인석에 혼자 앉게 되면 서빙을 기다리는 시간이 더 길게 느껴집니다. 저 같은 경우 보통 늦은 정찬 시간을 선택하는데, 저녁에 방으로 배달되는 선상 신문을 가져와 음식을 서빙 받는 사이에 다음 날 일정을 짜거나 이어폰으로 음악을 듣거나 찍어놓은 사진들을 정리하며 지루함을 달랬습니다.

두 번째 단점은 모국어에 대한 그리움입니다. 저는 지금까지 총 여섯 항차의 크루즈 혼행을 했는데, 한국인 승객이나 승무원이 없었던 경우가 세 번이었습니다. 제가 유창하게 영어나 외국어를 구사했다면 큰 문제는 없었겠지만, 기본적인 의사소통만 가능한 수준의 영어로는 깊은 대화를 나눌 수 없어 많이 답답했습니다. 유럽 크루즈여행 때 코스타나 MSC 등의 경우 영어보다는 이탈리아어나 독일어 등 유럽 언어를 쓰는 승객의 비중이 높아 더 불편했던 기억이 있습니다.

세 번째 단점은 커플이나 그룹이 참여할 수 있는 프로그램을 이용하기 힘들다는 것입니다. 앞서 말씀드렸듯 크루즈에는 혼자 참여해도 되는 프로그램이 있지만 대다수의 승객들이 커플이나 가족과 함께 여행하기 때문에 댄스나 게임 등 그에 맞는 프로그램도 많이 운영하고 있습니다.

네 번째 단점은 다른 여행과 크게 다르지 않은 부분인데, 사진을 찍거나 소매치기 등에 취약하다는 것입니다. 셀카봉이나 삼각대 등을 이용해 원하는 구도로 사진을 찍을 수도 있겠지만, 혼자 여행을 하며 본인의 사진을 찍는 불편함은 어쩔 수 없죠. 또 소지품 등은 혼자 여행을 하든 여럿이 여행을 하든 스스로 잘 챙겨야 하는 부분입니다. 물론 보는 눈이 여러 개 있다면 혼자보다는 낫겠죠. 저의 경우 3중 잠금장치가 되어있는 가방을 구매해 사용했는데 특수 재질로 되어 있어 칼에도 찢기지 않아 마음 편하게 여행할 수 있었습니다.

이렇게 제가 생각하는 크루즈 혼행의 장점과 단점에 대해 정리해 보았습니다.

크루즈여행이나 다른 여행도 마찬가지지만 가장 중요한 것은 스스로의 마음가짐 아닐까요? 특히 크루즈는 기항지 관광뿐만 아니라 선상의 크루즈 라이프를 즐기는 것이 중요하고, 그 크루즈 라이프를 즐기는 것이 크루즈여행의 목적이 아닐까 생각합니다. 선상에 승객들이 즐길 수 있는 것을 다양하게 준비해 놓았는데 정작 본인이 즐길 준비가 되어 있지 않다면 아무 소용이 없는 것입니다.

물론 선 덱이나 자쿠지 등에서 편히 쉬면서 힐링을 하는 목적도 있겠지만, 크루즈여행을 다녀오신 분 중에서는 선상 이벤트를 제대로 즐기지 못해 크루즈가 감옥 같았다고 말씀하시는 분도 뵐 수 있었습니다. 언어가 잘 통하지 않아도 크루즈의 승무원들은 매우 친절하며 승객들이 웃고 즐길 수 있도록 노력합니다. 제가 처음 크루즈를 탔을 때와는 다르게 지금은 한국의 인지도가 높고 한류 등의 영향으로 직원의 대다수를 구성하고 있는 동남아시아 출신의 승무원들은 “안녕하세요.”라는 한국어를 사용하며 친근하게 다가옵니다. 승객이나 승무원들과 밝은 눈웃음을 주고받으며 조금 더 열린 자세와 즐길 마음만 있다면 저처럼 크루즈의 매력에 푹 빠질 것이고, 혼자여도 누구와 함께라도 크루즈 라이프를 그리워할 것입니다. 그리고 다음 여행을 준비하지 않을까 생각하게 되네요.

2) 언제, 어디로 갈 것인가?

이 언제, 어디로 가느냐가 일반 여행과 크루즈여행의 차이점 중 하나입니다.

일반 여행은 마음만 먹으면 한겨울에도 알래스카에 가서 오로라를 본다든지, 크리스마스에 핀란드의 산타마을에 간다든지 해도 날씨에 크게 구애받지 않지요. 하지만 크루즈는 정해진 운항 지역이 있고, 지역별로 운항하는 시기가 있습니다.

만약 신혼여행이나 7월 말 8월 초 등 정해진 시기에 휴가를 가야 한다면 크루즈가 운항하는 시기와 지역에 맞춰 크루즈여행을 해야 한다는 것이고, 시기와 날짜에 상관없이 갈 수 있는 분이라면 원하는 지역을 선택할 수 있을 겁니다.

3) 무엇을, 왜 하려고 하는가?

크루즈여행을 하려는 목적은 여러 가지가 있을 것입니다.

크루즈를 경험해보고 싶어서, 자연경관을 즐기고 싶어서, 휴양을 하고 싶어서, 역사적인 장소에 가고 싶어서, 스포츠를 즐기고 싶어서 등등 개인별로 목적은 다르겠지요.

필자 같은 경우 이번 세계 일주에서 전년도에 갔던 발트해 크루즈여행을 다시 했는데, 러시아 월드컵을 직관하기 위해서였습니다. 러시아 월드컵 준결승이 열리는 상트페테르부르크에서 하루 정박하는 크루즈를 찾아 예약을 했는데, 아쉽게도 월드컵 티켓을 구매하지 못해 월드컵 경기장이 보이는 크루즈선의 뷔페에서 TV로 시청한 아픈 기억이 있습니다.

아무튼 이러한 목적을 바탕으로 크루즈를 선택해야 하는데, 여행을 조금 해봤다는 필자도 크루즈를 처음 접하고 크루즈 선사의 기항지를 봤을 땐 생전 듣지도 보지도 못한 지명이 참 많았습니다. 어떤 선사와 크루즈선이 있는지도 몰랐고, 선사나 선박마다 어떤 장단점과 특징이 있는지도 잘 몰랐습니다.

이런 이야기를 하는 이유는, 크루즈를 선택하려면 자신이 가고자 하는 곳의 기항지 정보나 어떤 성격의 크루즈인지를 알아야 자신에게 맞는 크루즈를 찾을 수 있기 때문입니다.

물론 이런 기항지 정보나 크루즈에 대한 정보 없이 여행을 떠나도 상관없지만, 귀중한 시간과 돈을 투자하여 떠나는 여행이니만큼 크루즈여행뿐만 아니라 어떤 여행을 가도 해당하는 내용이니 많은 공부와 준비를 해야 합니다.

4) 어떻게 갈 것인가?

누구와 언제, 어디로, 어떤 목적으로 크루즈여행을 하는지를 결정했다면 이제 어떤 방법으로 갈 것인지를 결정해야 합니다. 이는 크루즈여행을 패키지로 갈 것인지, 자유여행으로 갈 것인지를 결정해야 한다는 의미입니다.

여행사를 통해 예약했더라도 기항지에서 여행할 때의 투어 비용은 추가로 부담해야 합니다. 기항지 투어 비용까지 모두 포함되어 있는 상품도 있지만, 그럴 경우 비용이 더 올라가죠. 만약 크루즈로 패키지여행을 하는데 내가 갔던 곳이라든지, 가고 싶은 곳이 포함되어 있지 않다면 결국 자유여행을 해야 합니다.

크루즈는 항구라는 지정된 곳에서 출발 혹은 도착을 하고, 항구가 어디에 위치하느냐에 따라 또 교통 환경이 어떠냐에 따라 자유여행을 하는 방법이 달라지게 됩니다. 크루즈 선사의 기항지 투어를 할지, 도착지의 현지 투어를 이용할지, 그도 아니면 대중교통이나 도보로 여행할지 등이 그 예라 할 수 있습니다.

또한 외국어 구사 능력이나 취향도 어떻게 갈 것인가를 결정하는 중요한 요소이죠.

**⚓ CRUISE TALK** **여행 형태별 크루즈여행의 비용 차이**

각자의 예산, 외국어 구사 능력, 여행 경험 등을 종합적으로 판단해 여행 형태를 결정해야 하지만 여기서는 대략적인 크루즈여행 비용에 대해 언급하고자 합니다.

이해를 돕기 위해 지중해 크루즈(비성수기)를 기준으로 선상 팁이 제외된 비용 차이에 대해 설명해보도록 하죠.

보통 여행사에서 고지하는 인솔자가 포함된 지중해 크루즈 패키지의 가격은 인당 4백만 원 정도이고, 여기에는 왕복 항공비, 7박 8일간의 크루즈 비용, 모항지(1박)에서의 숙박·식사·관광·가이드 비용, 인솔자 비용 등이 포함되어 있습니다. 기항지 투어는 투어 시간과 코스 등의 조건에 따라 가격이 천차만별인데, 보통 기항지 당 15만 원에서 30만 원 정도를 지불하면 한국어 가이드 또는 인솔자의 통역 서비스가 제공되는 별도의 기항지 투어를 이용할 수 있습니다. 7박 8일간 5개 정도의 기항지 투어를 한다면 약 100만 원의 비용을 추가로 부담해야 하고, 총 여행비용은 대략 5백만 원 정도가 소요된다고 보시면 되겠네요.

자유여행 시에는 왕복 항공 약 100만 원, 7박 8일간의 크루즈(발코니 기준) 약 150만 원, 모항지에서의 비용(4성급 호텔·관광·식사 등) 약 30만 원, 승·하선지 이동 비용 및 기타 비용으로 약 20만 원 등 총 300만 원 정도로 여행사 패키지보다 100만 원 정도 저렴하게 이용할 수 있습니다. 여기에 기항지 투어도 선사의 프로그램을 이용하면 약 10만 원에서 20만 원 정도로, 다섯 곳의 기항지에서 총 75만 원 정도 부담하면 되기 때문에 전체 비용은 400만 원이 채 되지 않습니다.

크루즈 터미널까지의 이동과 한국어로 제공되는 서비스는 큰 장점이지만, 100만 원이 넘는 비용 차이와 외국어 구사 능력, 해외여행 경험, 여행사의 제한된 스케줄 등을 고려해 여행 형태를 결정해야 할 것입니다.

# 크루즈여행 시 함께 예약하면 좋은 것들

## 1. 기항지 투어

1) 단기 OTA(Online Travel Agency)

OTA는 Online Travel Agency의 약자로 모바일이나 온라인 여행사를 의미합니다. 이 OTA는 최근 자유여행의 증가로 급속히 성장하고 있죠.

크루즈는 자유여행에 최적화된 여행입니다. 크루즈 승선 후 모든 일정에 대한 선택권은 개인에게 있습니다. 원하는 곳에서 식사를 할 수 있고, 원하는 곳에서 휴식을 취할 수 있고, 원하는 곳에서 즐거운 시간을 보낼 수 있습니다. 기항지에 도착해서도 선내에 남아 휴식을 취하거나 선사의 기항지 프로그램에 참여하거나 본인만의 루트로 여행을 할 수도 있죠. 이렇듯 크루즈는 훌륭한 숙소와 음식, 시설을 마음껏 즐기며 편하게 여행을 하는 가성비 높은 자유여행의 한 가지 수단입니다.

특히 기항지에서 승객은 선택의 폭이 넓어집니다. 유료로 이용할 수 있는 선사의 기항지 투어 프로그램을 통해 다양한 여행지들로 편안하게 여행할 수도 있고, 보다 저렴한 투어를 원하는 사람들은 단기 OTA를 이용할 수도 있습니다.

최근의 OTA는 자유여행 일정 중 일정 기간이나 시간만 가이드와 함께 여행할 수 있는 상품을 많이 운영하고 있는데, 국내의 마이리얼트립(www.myrealtrip.com)과 해외의 클룩(www.klook.com), 비아터(www.viator.com), 겟유어가이드(www.getyourguide.com) 등이 크루즈로 이용하기 좋은 OTA입니다.

마이리얼트립은 국내 여행자들이 많이 찾는 곳을 중심으로 한국어 가이드가 안내하는 단기 관광 상품을 운영하고 있는데, 크루즈가 기항하는 도시는 유명 여행지도 있지만 중소도시들도 많이 있어 마이리얼트립을 이용하는 것은 선택에 한계가 있다는 점과 해외의 단기 OTA에 비해 조금 비싸다는 단점이 있습니다. 또한 해당 도시의 상품이 있더라도 크루즈여행을 기반으로 하지 않아 여행 픽업이나 미팅 장소가 크루즈 터미널과 멀어 불편함이 있을 수 있죠. 그래도 한국어 가이드가 안내하는 투어는 확실히 메리트가 있는 부분입니다. 그리고 이러한 부분을 비롯해 모든 상품이 한국어로 운영되는 것은 아닌 점을 세세히 확인해야 합니다.

비아터, 겟유어가이드는 전 세계 다양한 도시들의 단기 여행상품을 중계하고 영어 가이드 투어, 각종 입장권, 홉온 홉오프(Hop-on Hop-off) 버스 티켓 등을 저렴한 가격에 구매할 수 있습니다.

선사의 기항지 투어 프로그램에도 저렴한 상품이 있을 수 있으나, 대부분 단기 OTA에 비해 비싸고 진행도 전부 영어를 비롯한 외국어로 하기 때문에 큰 메리트가 없습니다.

비아터에는 기항지 관광을 의미하는 Shore Excursion이라는 카테고리가 있어 크루즈 터미널에서 출도착 할 수 있는 상품도 운영해 크루즈 자유여행자들이 더욱 편하게 현지에서 여행을 할 수 있습니다.

OTA 예약 시 주의 사항은 크루즈 터미널과 투어 미팅 장소의 접근성, 크루즈 기항 시간을 고려한 상품 선택입니다. 특히 크루즈 기항 시간은 매우 중요한 부분으로, 정해진 시간에 재승선하지 못하면 크루즈는 승객을 남겨두고 다음 기항지로 떠나게 됩니다. 이 경우 승객은 대중교통 등을 이용해 다음 기항지까지 스스로 이동해야 하죠. 만약 OTA를 이용한다면 크루즈 도착시간과 출발시간에 딱 맞추기보다 여유시간이 있도록 운영되는 상품을 이용하시기 바라며, 최소 기항지 도착 한 시간 이후, 출발 한 시간 이전의 상품을 선택하는 것이 좋습니다.

2) 선사 기항지 투어

크루즈를 이용하는 많은 수의 승객들은 선사의 기항지 투어를 이용합니다. OTA나 현지 투어보다 비싸다는 단점이 있지만, 보다 다양한 여행 코스, 투어의 시작과 끝을 크루즈에서 할 수 있다는 편리함, 여행 중 사고 등의 변수가 발생해 출항 시간보다 늦게 도착해도 안심할 수 있다는 점은 선사 기항지 투어를 이용하는 가장 큰 이유입니다.

선사 기항지 투어도 예약할 수 있는데, 예약하려면 온라인에서 체크인 후 진행할 수 있습니다. 선사 기항지 투어는 승선 후 선내에서도 예약을 할 수 있지만 온라인에서 예약을 하면 할인을 받을 수도 있고, 무엇보다 인원이 한정된 소규모 그룹의 투어는 일찍 마감될 수도 있기 때문에 미리 예약하는 것이 좋습니다. 특히 코스타나 MSC 등 유럽 국적의 선사로 유럽 크루즈여행을 할 경우, 영어로 진행되는 투어가 타 선사에 비해 많지 않아 빨리 마감될 수 있습니다.

일부 선사에서는 예약 시 선사 기항지 투어 할인 쿠폰을 발행하는데, 덕분에 OTA나 자유여행 보다 훨씬 저렴한 비용으로 여행을 할 수 있습니다. 필자의 경우 기항지 투어마다 50달러나 할인받을 수 있는 쿠폰 덕에 무료로 선사의 기항지 투어를 즐긴 경험도 있습니다.

⚓ CRUISE TALK

### MSC 크루즈에 승선했는데 국적이 북한?

2018년 세계 일주를 하며 MSC 크루즈를 총 4번 이용했는데 승선 서류와 선상 카드에 모두 국적이 북한으로 기재되어 있었습니다. 모두 온라인 체크인으로 승선 서류를 발급받았고 첫 승선이었던 MSC 오페라호에서는 이것을 인지조차 하지 못하고 7박 8일을 보냈었죠.

다음 항차인 MSC 메라비글리아호에서 만나게 된 한국인 승무원이 왜 국적이 북한으로 되어있냐고 물어 게스트 서비스 데스크에 문의했더니 아래 사진처럼(오른쪽) 대한민국으로 바꿔주었습니다. 미국에서 이용한 MSC 씨사이드호에서도 역시 국적이 북한으로 기재되어 있었으나 여행에 아무 지장이 없어 교체하지는 않았습니다.

MSC 크루즈를 이용하시는 분들은 참고하시기 바랍니다.

<국적이 다르게 나온 선상 카드>

3) 현지 교통(크루즈 터미널까지의 이동)

대부분의 크루즈 터미널은 공항이나 도심에서 택시나 버스, 지하철 등의 대중교통으로 접근하기 좋은 곳에 위치해 있습니다. 하지만 일부 도시는 대중교통이 불편하거나 거리가 멀어 별도의 교통편으로 이동해야 합니다. 이 책의 도시별 정보에서는 각 도시별 크루즈 터미널 접근 방법에 대해 자세히 다루고 있습니다.

## 2. 크루즈여행 준비물

크루즈여행이라고 다른 해외여행과 준비물이 크게 다르지 않습니다. 이 책에서는 크루즈여행 시 준비해야 하거나 있으면 좋은 아이템을 중심으로 언급하겠습니다.

1) 선내 물품

크루즈는 특급 호텔급의 숙박 시설을 운영하고 있지만 비치된 선내 물품에는 조금 차이가 있습니다. 먼저 욕실 내의 물품 중 치약과 칫솔, 면도기는 구비되어 있지 않습니다. 또한 샴푸나 린스, 바디젤 등은 친환경 소재로 되어 있는 것이 많아 머릿결 등에 신경을 쓴다면 평소에 사용하던 제품을 조그만 통에 담아와 사용하는 것을 추천합니다. 기본적으로 제공되는 욕실 내 물품은 충분한 양의 수건, 비누, 샴푸, 바디젤, 바디 로션이고 린스를 제공하지 않는 선사도 있습니다.

나이트가운과 슬리퍼가 제공되지 않는 선사가 많이 있습니다. 때문에 슬리퍼는 실내나 수영장 등에서 모두 사용할 수 있도록 젖어도 상관없는 소재의 제품을 가져가는 것이 효과적입니다.

선실의 기본적인 물품은 안전 금고, 헤어드라이어, 수납장, TV, 110V/220V 콘센트, 옷걸이 등이고 대부분 미니바가 있으나 일부 선사의 경우 없는 경우도 있습니다. 필요할 때 객실 담당 직원에게 아이스 비킷을 요청해 사용하기도 합니다.

콘센트의 경우 수량이 충분치 않으니 전선이 없는 멀티탭과 다용도로 변환이 되는 콘센트, 멀티 USB 허브 등을 준비하는 것이 좋습니다.

옷걸이는 수량이 충분하지만 일부 선사에서는 옷장에만 사용할 수 있는 옷걸이를 사용하는 경우가 있습니다. 그럴 경우 수영복이나 의류 세탁 후 건조시키기가 매우 불편한데, 여행용 옷걸이와 흡착식 빨랫줄을 가져가면 매우 유용하게 사용할 수 있습니다.

장기 여행을 하시는 분들은 세탁을 해야 합니다. 물론 선사에서는 유료 세탁 서비스를 제공하고, 일부 선사의 경우 공용으로 사용할 수 있는 세탁기를 비치하기도 합니다. 하지만 세탁 서비스는 비용 부담이 있고, 공용 세탁기는 없는 경우가 더 많지요. 그래서 저의 경우 세계 일주를 할 때 초음파 미니 세탁기와 종이 세제를 구매해 아주 편하게 세탁을 했습니다.

날씨가 좋은 곳을 운항하는 크루즈를 이용하면 대부분의 승객이 썬베드를 이용합니다. 비치 타올은 모두 선사에서 대여를 해줍니다. 프리미엄급 이상의 선사는 수량에 상관없이 편하게 가져다가 사용할 수 있지만, 스탠다드급의 크루즈에서는 수량은 상관없지만 대여나 반납

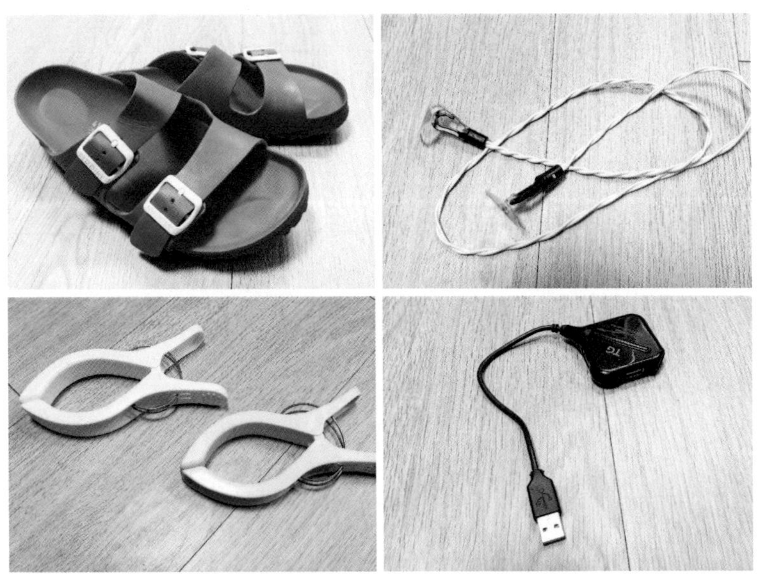

<크루즈 탑승 시 준비해야 할 준비물 예시>

시 선상 카드로 센싱을 하고 분실 시 비용을 부과하기도 합니다. 일부 선사는 객실당 인원수에 맞춰 비치 타올을 객실 내에 비치하기도 하죠. 이 비치 타올을 조금 더 편하게 이용하려면 대형 집게를 준비하는 것을 추천합니다. 바람이 부는 경우 타올을 분실할 수 있고, 사용하다 보면 자꾸 흘러내리기 때문입니다.

2) 의상

크루즈에서는 매일 드레스 코드를 제안하는 선사도 있고, 저녁 정찬 레스토랑 이용 시 반바지, 운동복 등 정찬에 어울리지 않은 옷을 입으면 입장이 제한되는 경우도 있습니다. 드레스 코드는 필수 사항은 아니지만 승선한 승객 대부분이 드레스 코드를 맞추기 때문에 어색함을 느낄 수 있고, 그렇게 드레스 코드를 제안하는 선사는 그에 맞는 파티

**CRUISE TALK** **선상에서 맞은 할로윈데이**

지난 세계 일주 때 뉴질랜드 크루즈여행 중 선상에서 할로윈데이 파티가 열렸습니다. 전날 저녁부터 승무원들은 아트리움 천정에 수백 개의 풍선이 담긴 그물을 설치하는 모습을 보며 기대감이 들었는데, 당일은 거의 모든 승객과 승무원이 특이한 복장과 분장을 하며 할로윈데이를 즐겼습니다. 항상 저녁마다 같은 자리에서 함께 식사를 했던 시애틀에서 온 부부는 깜찍한 할로윈 선물까지 준비해 저에게 주었습니다.

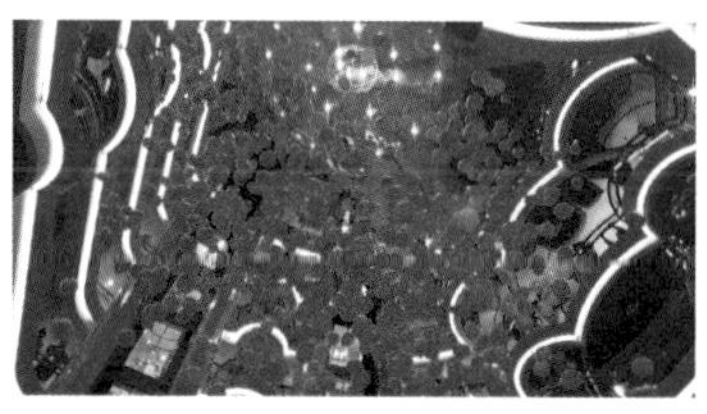

<선상에서의 할로윈데이>

비록 저는 아무것도 준비하지 못했지만, 그 부부를 비롯해 승객들과 함께 어울리며 파티를 즐겼던 선상에서의 할로윈데이는 평생 잊지 못할 추억으로 남아 있습니다.

나 프로모션을 진행하기에 가급적이면 드레스 코드를 맞추는 것을 추천합니다.

드레스 코드는 여행 지역이나 시기마다 조금씩 다른데 지중해는 파란색 스트라이프, 화이트 룩 의상을, 카리브해나 남태평양은 트로피컬 룩 의상 등을 준비하면 좋고, 여행하는 시기가 해당 국가의 국경일이나 크리스마스, 할로윈데이 등이라면 그에 맞는 의상을 준비하는 것을 추천합니다.

정찬 레스토랑은 남녀 모두 세미 정장이나 비즈니스 캐주얼 정도로 복장을 갖추면 입장이 가능하지만, 크루즈에서는 승선 기간 일주일을 기준으로 갈라 디너를 1회 진행합니다. '갈라(Gala)'는 이탈리아 전통 축제의 복장 'gala'에 어원을 두고 있으며 축제, 잔치, 향연이라는 의미를 지니고 있습니다. 갈라 디너 때에는 대부분의 승객이 턱시도나 드레스, 각국의 전통 복장 등으로 멋을 한껏 내는데, 선장과 함께 사진도 찍고 한복 등 외국인들의 눈길을 끌 수 있는 의상을 입으면 승객들과 함께 사진을 찍으며 즐거운 추억을 만들 수 있죠. 또한 갈라 디너에는 랍스터 등 승선 기간 중 가장 훌륭한 음식을 맛볼 수 있습니다.

더운 지역을 여행하더라도 크루즈 내부는 조금 서늘하거나 운항 중인 배 외부는 바람이 많이 불어 바람막이 점퍼나 카디건 등을 챙기는 것이 좋고, 크루즈 내에는 수영장, 피트니스 등 다양한 시설이 있어 그에 맞는 운동복과 수영복 등을 준비하면 좋습니다. 또한 모항지나 기항지의 날씨와 환경, 즐기고자 하는 목적 등에 맞는 의상을 준비하는 게 좋습니다.

3) 음식

크루즈에서는 아침, 점심, 저녁 식사뿐만 아니라 브런치, 야식 등 깨어 있는 거의 모든 시간에 음식을 먹을 수 있습니다. 크루즈의 뷔페나 정찬 레스토랑에서 제공하는 음식은 대부분 서양식으로 커리 등의 인도 음식이나 찐 밥 정도는 접할 수 있으나 우리가 평소 먹는 찰진 밥이 아닌 경우가 많습니다. 크루즈에는 별도의 비용을 지불해야 하는 스페셜 티 레스토랑을 운영하고 있는데, 다수의 크루즈에는 일식 레스토랑이 있어 아쉬운 부분을 조금이나마 해소할 수 있습니다.

홀랜드 아메리카는 뷔페에 별도의 아시아 음식 코너가 있고, 여기에서 매일 찰진 밥으로 만든 초밥을 먹을 수 있어 좋았습니다. 홀랜드 아메리카의 잔담호로 여행한 알래스카 크루즈에서는 이 아시안 코너에서 코리안 푸드 데이가 열려 김치, 불고기 등을 맛볼 수 있었는데, 평소에 먹던 맛이 아니라 조금 실망했지만 크루즈에서 한국 음식을 구경했다는 것만으로도 신기하고 기분이 좋았던 기억이 있습니다. 로얄캐리비안에서는 뷔페에 김치 샐러드라는 메뉴가 가끔 나오는데, 이 역시 한국의 김치 맛은 아니었지만 입맛을 달랠 수는 있었습니다.

크루즈가 기항하는 도시는 한국인들이 거주하거나 여행객이 많은 도시도 있지만 다수의 기항지는 그렇지 않습니다. 따라서 현지의 한국 식당을 이용하지 못하는 경우가 많습니다.

크루즈에서는 뷔페나 카페 등에서 뜨거운 물을 구할 수 있어 컵라면이 있다면 얼큰한 국물을 맛볼 수 있지만, 전자레인지가 없고 물을 끓일 수 있는 포트는 선내 반입 금지 품목이라 데워먹는 간편식과 밥은 무용지물입니다.

주류의 경우 모항지에서든 기항지에서든 반입 금지가 원칙이지만, 와인 2병 정도는 선내 반입을 허용해 주는 선사도 있습니다. 다만 선사별로 엄격함의 기준이 달라 어떤 경우는 캔 맥주 여러 개를 반입해도 문제가 되지 않았던 적도 있었고, 어떤 경우는 모두 수거당해 폐기처분된 적도 있었으니 주류 반입에 대해서는 딱히 '이렇다'라고 언급하기가 어렵습니다.

선내에서는 비교적 합리적인 가격에 주류를 즐길 수 있습니다. 맥주는 만 원 정도이고, 와인은 최고급부터 병당 4만 원 정도의 저렴한 제품도 즐길 수 있습니다.

**CRUISE TALK** **멀티포트와 짐 때문에 고생했던 기억**

대학생 때 한 달간의 배낭여행 이후 20년 만에 250일이 넘는 장기 여행을 준비하며 머리를 스쳤던 것이 20년 전 빵에 고추장을 발라 먹었던 기억이었습니다. 평소 매운 음식을 거의 먹지 않고 주변 사람들이 '느끼맨'으로 부를 만큼 외국 음식을 좋아했지만, 20년 전의 기억 때문에 이번에는 제대로 준비하고자 '라면이나 햇반을 먹어야겠다.'라는 생각으로 멀티포트를 챙겼는데 첫 승선 크루즈인 셀러브리티 컨스텔레이션호에서부터 에피소드가 발생합니다.

반입금지 품목인지 모르고 짐 속에 멀티포트를 넣어두고 당당히 수하물로 부쳤는데 저녁 식사 시간이 되어도 선실로 짐이 오지 않는 것이었습니다. 게스트 서비스 데스크로 내려가니 저와 비슷한 상황의 승객들이 물품 보관증을 작성하며 짐을 찾고 있었는데 제 짐은 아무리 봐도 찾을 수가 없었습니다. 저녁 식사 후 선실로 돌아왔지만 역시 짐은 도착하지 않았고, 다시 짐을 모아두었던 곳으로 가 겨우 짐을 찾을 수 있었는데 이유는 멀티포트 때문이었습니다. 여행 초기에 한국 음식이 생각나지도 않았을 뿐만 아니라 컨스텔레이션호의 음식이 너무 훌륭했고 당시 가져갔던 라면도 없어 어차피 무용지물이라 크게 신경 쓰지 않았지요. 멀티포트는 약 한 달 후 컨스텔레이션호에서 하선할 때 되돌려 받았습니다. 하지만 다른 크루즈 승선 때마다 멀티포트를 별도로 보관해야 했고, 중간중간 크루즈를 바꿔 탈 때 숙소로 한식이 제공되는 한국인 민박집을 이용해 가져간 보람 없이 짐 속에 넣고 다녔습니다. 그 후 친구인 K군이 함께 크루즈를 타러 왔고, 여행 후 K군이 귀국할 때 멀티포트를 비롯한 쓸모없는 짐을 보낼 수 있었습니다.

출발 당시 짐의 무게가 40㎏이 넘었는데 사계절 옷과 혹시나 몰라서 챙겼던 물품은 역시 사용하지 않았고, 새로 산 대형 여행 가방은 그 무게를 견디지 못해 육지에 올라 여행할 때 바퀴가 고장이 나 힘들게 끌고 다녀야 했습니다. 짐을 줄여준 K군과 짐을 가지고 다닐 필요 없는 크루즈여행이 아니었다면… 생각만 해도 끔찍하네요.

**CRUISE TALK** 크루즈에서 얼큰한 음식을 즐긴 romek의 경험담

저는 평소에도 매운 음식을 잘 먹지 못하고 치즈 등 소위 느끼한 음식을 즐겨 먹는 성향이라 세계 일주에 나설 때 한국 음식은 아무것도 챙기지 않았습니다. 하지만 여행 한 달이 넘어가자 얼큰한 국물이 생각나기 시작했습니다. 그때는 한국 식당은 물론이고 아시안 마켓도 찾기 어려운 노르웨이 피오르드와 북극 크루즈여행을 했던 때라 얼큰한 음식에 대한 그리움이 더 커져 갔죠. 그래서 정찬 레스토랑에서 식사 시 애피타이저로 항상 수프나 국물을 주문했고 타바스코소스를 잔뜩 넣어 시큼하지만 매콤한 국물을 맛보며 아쉬움을 달랬습니다.

얼마 뒤 에든버러의 아시안 마켓에서 고추장과 참기름, 라면까지 살 수 있었고 당시 승선했던 MSC 메라비글리아호에는 두 명의 한국인 승무원이 근무하고 있어 음식을 나눠 주기도 했습니다. 라면은 끓여 먹을 수가 없어 군대 시절 '뽀글이'라 불렸던 봉지에 뜨거운 물을 넣어 불려 먹는 방법으로, 고추장과 참기름은 아침식사 때 제공되는 쌀밥과 야채, 계란 프라이와 함께 비빔밥으로 만들어 먹었습니다.

이후 카리브해 크루즈 때에 탔을 때는 저의 스쿠버다이빙 스승이자 학교 후배가 동행했는데 고추장과 참기름은 기본이고 라면수프만 따로 챙겨와 얼큰한 국물과 한국의 매콤한 맛을 즐길 수 있었습니다.

여행에서 돌아와 우연히 알게 되었는데 사골 국물, 라면 국물 등의 다양한 수프와 여행용 컵라면, 뜨거운 물만 부어 먹는 전투식량 등을 온라인 마켓 등에서 판매하고 있다는 것이었습니다. 취향에 맞게 준비해 간다면 조금 부족하더라도 한국의 맛을 느끼는데 있어 아쉬움은 줄어들지 않을까 생각됩니다.

**CRUISE TALK** 가져간 술이 모두 폐기처리 되었던 경험

쿠바 크루즈를 마치고 서부 카리브해 여행을 위해 카니발 글로리호에 승선했을 때의 일입니다. 동행한 B군은 쿠바에서 지인에게 선물로 줄 럼주를 샀고 한국에서 가져온 몇 개의 팩소주도 가방에 넣어 수하물로 보냈습니다. 그런데 제 짐이 선실에 도착했음에도 B군의 짐이 도착하지 않았습니다. 확인을 해보니 선내 반입 금지 품목인 주류가 있어서였고, 한참 지나 주류를 제외한 모든 짐이 선실에 도착했습니다. 하선 전날 주류를 찾기 위해 게스트 서비스 데스크를 찾은 B군은 당황한 기색이 역력했는데, 수거된 주류를 모두 폐기처분 했다는 것이있습니다. 규정상 어찌 수 없는 일이있지만 25항차가 넘는 저의 크루즈여행에서 처음으로 겪은 일이었습니다.

그 후로는 승선 시 가능하면 술을 가져가지 않았고, 가져가더라도 수하물로 부치지 않고 휴대했는데 승선 시 보안 검색대에서 반입 금지 품목을 별도로 보관할 수 있는 데스크를 운영하기 때문입니다. 그렇게 별도로 보관하고 여행을 하면 하선 전날 저녁에 선실로 해당 물품을 보내주거나 하선 후 데스크에서 물품을 찾을 수 있습니다.

4) 선내 반입 금지 품목

크루즈 내 반입 금지 품목은 비행기와 크게 다르지 않습니다. 다만 화재 위험이 있는 물품에 대해서는 조금 더 엄격한 편인데, 전선이 있는 멀티탭, 헤어드라이어, 여행용 전기 포트와 양초 등은 반입이 되지 않습니다.

만약 이러한 반입 금지 품목을 가져갔다면 승선 시 앞서 언급한 주류처럼 휴대해 보관하는 것을 추천합니다. 수하물로 보낼 경우, 반입 금지 품목이 있다면 선실로 짐이 매우 늦게 도착하기 때문입니다.

5) 여행지 정보

크루즈와 항공, 모항지 숙소 등을 결정했다면 기본적인 크루즈여행 준비는 끝이 납니다. 하지만 크루즈를 비롯한 자유여행의 핵심은 아는 만큼 보이고 경험할 수 있다는 것이죠. 크루즈에 어떤 시설이 있는지, 기항지는 어떤 곳을 어떻게 여행할지, 모항지에서 크루즈 터미널은 어떻게 이동할지 등을 미리 알고 있다면 여행을 조금 더 편안하게 즐길 수 있을 것입니다.

물론 모바일 환경이 좋아져 바로바로 검색하며 정보를 찾을 수도 있지만, 해상에서는 로밍이 되지 않고 인터넷 비용이 비쌀 뿐만 아니라 속도도 느려 많은 양을 검색하기가 쉽지 않으니 여행 전에 미리 정보를 습득할 것을 추천합니다.

## 3. 비자 외

우리나라의 여권은 비자 없이도 여행할 수 있는 최상위 등급이라 대부분 무비자로 여행을 할 수 있지만 크루즈로 여행 시 비자가 필요한 국가가 포함될 수도 있습니다. 필자가 크루즈로 여행한 60여 개의 국가 중 비자(ESTA 포함)가 필요했던 국가는 아시아에서 중국, 스리랑카, 인도, 아메리카에서는 미국, 캐나다, 쿠바, 오세아니아에서는 호주였고 대부분 ESTA나 전자 비자 등으로 간편하게 발급받았으나 인도의 경우 직접 한남동에 위치한 비자 발급센터를 찾아가야 했고 쿠바에서는 트랜짓 카드를 별도로 구매해야 했습니다.

중국의 경우 비자를 발급받는 것이 원칙이나 북경이나 상해를 경유해 제3국으로 여행하는 경우 144시간 동안 무비자로 체류할 수 있어 상하이에서 출발해 일본을 기항하고 다시 상하이로 돌아오는 크루즈에서는 비자를 발급받지 않았고, 캐나다는 항공을 이용해 도착 시 비자가 필요하지만 육로나 선박으로는 필요하지 않아 발급받지 않았습니다. 비자에 대한 내용은 지역별 안내에서 자세히 다루도록 하겠습니다.

## 4. 기타 크루즈여행 전에 준비하면 좋은 것들

1) 사교댄스

크루즈에서는 매일 저녁 흥겨운 음악에 맞춰 춤을 출 수 있습니다. 나이트클럽 등에서 즐길 수 있는 춤도 있지만 탱고, 차차차, 살사, 바차다 등 사교댄스를 많이 춥니다. 부부가 함께 멋지게 춤을 추고 다른 여행자들과도 교감하는 모습은 댄스를 모르는 제가 봐도 정말 보기 좋았는데, 크루즈에서는 이런 사교댄스를 기초부터 가르쳐 주는 프로그램도 있지만 미리 배우고 연습해서 크루즈에서 실력을 발휘한다면 더욱 좋을 것입니다.

백화점의 문화센터에서 '크루즈 댄스 교실'이라는 과목도 수강할 수 있습니다.

2) 스쿠버 다이빙 자격증

세계 일주를 준비하며 가장 잘했다고 생각하는 것은 스쿠버 다이빙 어드밴스 자격증을 취득한 것입니다. 세계 일주를 할 때 카리브해와 하와이, 남태평양 등에서 크루즈여행을 하며 틈나는 대로 스쿠버 다이빙을 즐겼는데, 청명한 시야와 수많은 수중 생물을 경험할 수 있었던 것은 평생 잊지 못할 기억입니다. 크루즈는 바다가 있는 곳을 항해하고, 바닷속을 탐험하기 아주 좋은 환경이죠. 참고로 로얄캐리비안의 보이저나 오아시스급 크루즈에는 스쿠버 다이빙 강사와 교육 프로그램이 있고, 카리브해나 남태평양을 운항하는 선사에서는 스쿠버 다이빙 선사 기항지 투어 상품도 운영하고 있으니 크루즈는 다이버들에게도 적합한 여행이라고 생각합니다.

3) 명함, 기념품 등

크루즈여행뿐만 아니라 국내외를 여행하면 새로운 인연을 만나게 됩니다. 세계 일주를 하며 이렇게 새로 생긴 소중한 인연과 연락을 유지하고 저를 떠올리게 할 수 있는 방법에 대해 많은 고민을 했고, 고심 끝에 기념품이자 명함인 전통부채 모양의 책갈피를 준비했습니다.

앞서 말씀드렸듯, 크루즈에서는 다양한 인연을 만날 수 있습니다. 일부 선사의 경우 항상 같은 자리에서 저녁 식사를 하기에 승선 기간 내내 웨이터뿐만 아니라 승객들과도 친숙해지고, 그들과 대화하며 친구가 될 수 있습니다. 운동, 댄스, 카지노, 자쿠지, 사우나, 흡연 공간 등 취미나 취향이 같은 승객들은 다른 승객들보다 더 자주 마주치게 되고 이들과는 친구가 되기도 쉽죠.

이렇게 알게 된 친구들에게 대한민국 또는 필자를 떠올릴 수 있는 명함을 선물했고 지금도 그들과 교류하며 언제가 될지 모르지만 다음 크루즈에서도 함께 하기를 고대하고 있습니다.

**CRUISE TALK** romek의 기념품 Story

일반적인 명함은 싫고 기념품만 주는 것은 의미가 없고 부피가 크면 부담스럽고… 이렇게 까다로운 조건으로 인터넷을 뒤져가며 적당한 아이템을 찾아봤지만 마음에 드는 것이 없었습니다. 그러다가 외국인들이 한국을 방문할 때 가장 많이 찾는 곳 중 하나인 인사동을 가봐야겠다는 생각을 했고, 인사동에서 딱 마음에 드는 아이템인 전통 부채 모양의 책갈피를 찾게 되었습니다. 하지만 대부분의 매장에선 명함처럼 색인을 하기 어렵다는 답만 들었고, 마지막으로 한 곳만 더 가보자 하고 방문한 곳에서 레이저로 색인이 가능하고 가격도 다른 곳보다 저렴한 책갈피를 찾게 되었죠. 그렇게 600개를 제작했고, 100개에서 150개씩 나눠 여행 중간에 합류할 친구들과 어머니에게 가져와 달라고 부탁해 무게를 줄일 수 있었습니다.

이 기념품은 명함으로서의 용도뿐만 아니라 기항지의 기념품 가게에서 현지의 마그넷과 교환할 수 있을 정도로 완성도가 뛰어나 이를 받은 친구들은 찬사를 연발하며 만족했습니다. 투어 후 가이드나 기사에게 팁 대용으로 주기도 했고, 친해진 크루즈의 승무원들에게도 선물을 했습니다.

가장 기억에 남는 것은 아이슬란드 크루즈여행 때 방문했던 이사피오르드의 한적한 마을에 있는 가게에서 있었던 일이었는데, 가게 주인의 딸이 한국을 좋아해 칠판에 '안녕'이라는 글자를 적어 놓은 것이었습니다. 제 기념품을 '안녕'이라는 글자 옆에 붙여놓고 함박웃음을 짓던 그녀의 모습이 아직도 생생한데, 아직도 그 가게의 그 칠판에 붙어 있을지 매우 궁금하네요.

<이사피오르드의 한 가게에 걸려 있는 필자의 명함이자 기념품>

chapter 3.
크루즈여행
하기

# 크루즈 터미널에서 체크인하는 방법

크루즈여행이라고 다른 여행과 절차가 다르지 않지만 크루즈라는 움직이는 리조트에 승선하려면 일반 숙소와는 다른 체크인 절차를 거쳐야 합니다.

크루즈 터미널에서의 체크인 절차는 세계 어디든 거의 비슷하지만, 순서가 바뀌어서 진행되기도 합니다. 여기서는 우리나라 사람들이 가장 많이 이용하는 싱가포르의 마리나 베이 크루즈 터미널을 기준으로 설명하겠습니다.

## 1. 체크인 전 준비

1) 수하물 부치기

어느 크루즈 터미널에 가도 항상 가장 먼저 하는 것은 수하물을 선실로 보내는 것입니다. 수하물을 선실로 보낼 때는 온라인 체크인 후 받은 수하물 태그를 출력하거나, 만약 출력하지 않았다면 수하물 드롭 장소에 있는 태그에 선실 번호를 적어 수하물에 붙인 후 보내면 됩니다. 일부 선사의 경우 수하물 태그가 있는 경우와 없는 경우를 나눠서 체크인을 진행하기도 하는데, 시간상 큰 차이는 없었습니다.

수하물은 직접 들고 승선할 수도 있으나 큰 짐은 수하물로 보내야 하는 경우가 많고, 일부 터미널의 경우 백팩 등 휴대가 편한 수하물을

제외하고 모든 짐을 부쳐야 하기도 합니다. 이렇게 부친 수하물은 대부분 출항 전까지 객실로 배달됩니다.

참고로 추가 비용 없이 반입할 수 있는 대형(여행 가방 기준) 수하물은 인당 2개, 선실당 8개이고 선사에 따라 차이가 있을 수 있습니다.

2) 보안 검색대 통과

보안 검색대 통과는 비행기와 대동소이합니다. 크루즈 터미널마다 조금씩의 차이는 있지만, 주류나 멀티탭, 스쿠버용 나이프 등 반입 금

지 품목은 대부분 이곳에서 별도로 보관한 후 하선할 때 돌려받게 됩니다.

## 2. 체크인 및 승선

1) 체크인

체크인 시 필요한 것은 여권과 비자(필요 국가가 기항지에 포함되어 있을 때), 승선 서류, 신용카드, 여권 복사본입니다. 여기서 가장 중요한 것은 비자인데, 발급을 받지 않았다면 해당 국가 기항 시 하선을 하지 못할 수도 있고, 애초에 승선을 거절당할 수도 있습니다. 승선 서류는 출력을 해도 되고 모바일이나 태블릿 등으로 다운받아 제시만 해도 문제는 없습니다. 다만 빠른 절차를 위해 출력을 하는 것이 좋습니다.

결제할 신용카드 등록은 선사마다 달라 체크인 시 진행할 수도, 승선 후 진행할 수도 있습니다. 승선 후에 등록을 하려면 게스트 서비스 데스크를 방문하거나 선내의 키오스크를 이용하시면 됩니다. 이렇게 크루즈 터미널에서 신용카드 등록을 하면 바로 선상 카드를 발급해 주는데, 선상 카드는 승·하선 시 꼭 소지해야 하고 선내에서의 결제 수단이자 룸 키로도 사용됩니다. 크루즈 터미널에서 선상 카드를 발급해 주지 않는 선사도 있습니다. 이럴 경우 선상 카드는 승선 후 선실의 침대 위에 놓여 있습니다.

여권 복사본도 선사마다 필요 여부가 갈립니다. 제시를 해야 할 수도, 아닐 수도 있죠. 제시를 해야 하는 경우는 보통 승선 바로 전 여권 컨트롤 데스크에서 여권을 수거하기 때문입니다. 여권을 수거하는 이유는 방문하는 국가에서 통관을 받을 때 절차를 간편하게 하기 위해서입니다. 여권은 개별로 체크가 필요한 국가에 도착하기 전날 별도로 수령하거나 하선 전에 수령할 수 있습니다.

이렇게 여권을 맡겨야 하는 선사가 있고, 여행 기간 내내 본인이 소지하는 선사도 있습니다. 통관이 필요 없는 지역을 여행하는 경우에는 통상적으로 본인이 소지하게 됩니다.

참고로 싱가포르 크루즈 터미널에는 미처 여권을 복사하지 못한 승객을 위해 복사를 할 수 있는 데스크를 운영하고 있습니다.

체크인 시 건강 질문서를 작성하는 경우도 있습니다. 예를 들어 싱가포르 크루즈 터미널에서는 건강 질문서를 제출해야 했죠. 하지만 다른 지역의 터미널에서는 건강 질문서를 작성하지 않는 경우도 많았습니다.

이렇게 체크인을 마무리하면 안내문을 주는데 이 안내문에는 승선 당일 이용할 수 있는 식당이나 시설에 대한 정보가 나와 있고 선실에 들어갈 수 있는 시간 등이 안내되어 있습니다.

### 2) 출국 심사

출국 심사 역시 항공기 이용과 큰 차이가 없습니다. 여권과 선상 카드(미지급 시 승선 서류)를 제시하면 되고, 별도의 질문 없이 확인만 하는 수준입니다.

출발지와 동일한 국가를 여행하거나 유럽 연합(EU, European Union) 지역만을 여행하면 출국 심사 없이 진행되기도 합니다.

### 3) 승선

보통 출국 심사가 끝나면 가교를 지나 바로 승선을 하게 되는데, 여권을 수거하는 경우에는 승선 바로 전 단계에서 여권을 제출해야 합니다.

모든 선사에서는 승선 시 기념 촬영을 하는데 승선 후 포토샵에 가면 출력된 사진을 확인할 수 있고 구매도 가능합니다. 물론 촬영을 하지 않고 바로 승선을 해도 문제는 없습니다. 일부 선사의 경우 기념 촬영한 사진을 선실로 배달해 비용을 부과하는데, 구매 의사가 없다면 선내의 포토샵이나 게스트 서비스 데스크로 가서 결제내역을 취소해야 합니다.

크루즈에 승선을 하면 선상 카드에 사진 등록을 해야 하는데, 이는 기항지나 모항지에서 승·하선할 때나 선내에서 결제할 때 신분을 확인하기 위해서입니다.

일부 크루즈 터미널의 경우 체크인 시 사진 등록까지 하기도 합니다.

CRUISE TALK

### 공항에서 크루즈 터미널까지 이동하는 방법

승선 당일 공항에 도착했다면 대부분의 승객들은 바로 크루즈 터미널까지 이동을 하게 됩니다. 공항과 크루즈 터미널의 위치나 여건에 따라 모든 상황이 다르겠지만, 택시, 버스 등의 대중교통 등을 이용해 터미널로 가는 방법, 선사에서 제공하는 셔틀버스(유료)로 이동하는 방법, 렌터카로 이동하는 방법 등이 있습니다.

도착한 공항과 크루즈 터미널의 거리가 멀 경우 비행기 또는 기차나 시외버스 등으로 모항지가 있는 도시로 이동해서 대중교통이나 도보를 이용해 승선을 해야 하는데, OMIO(고유로. www.omio.com)에서는 유럽 각 도시 간의 기차, 버스, 비행기 표 검색과 예약을 할 수 있습니다.

공항과 크루즈 터미널의 거리가 50㎞ 이내로 멀지 않은 경우 버스 등의 대중교통을 이용하거나 우버 또는 겟트랜스퍼(Gettransfer www.gettransfer.com)를 이용하면 됩니다. 겟트랜스퍼는 개인이나 단체 등이 기사가 있는 차량을 예약할 수 있는 사이트인데, 1명부터 50명까지 인원에 따라 소형 차량이나 버스까지 합리적인 가격으로 아시아, 유럽, 미주 등 거의 모든 곳에서 이용할 수 있습니다.

이용 방법은 아주 간단합니다. 출발 지역과 도착 지역을 입력하면 이동 거리와 루트, 시간 등이 나오고 인원과 차량, 이용 일시를 선택하면 됩니다. 오퍼가 접수될 때마다 차량의 종류와 가격이 이메일로 송부되고, 이중 마음에 드는 것을 선택해 결제를 하면 됩니다. 이용 시에는 약속장소 도착 전후에 기재된 차량 기사의 휴대폰 번호(한국 번호도 상관없음)로 전화를 하고 미팅 후 이용하면 됩니다.

선사의 공항 셔틀버스는 운영을 할 수도, 안 할 수도 있습니다. 예약처나 선사에 문의를 하거나 온라인 체크인 시 안내 자료를 확인하면 운영 여부와 시간, 가격 등을 알 수 있습니다. 저의 경우 올랜도 공항에서 포트 커내버럴까지 선사의 셔틀버스를 이용한 적이 있는데, 수용 인원에 여유가 있어 예약 없이 공항에서 바로 이용할 수 있었습니다.

렌터카를 이용할 경우 렌터카 사무실이 크루즈 터미널에 있으면 반납을 하고 편하게 체크인할 수 있습니다. 만약 사무실이 없다 하더라도 근처의 사무실이나 공항에서 반납을 하고 렌터카 회사에서 제공하는 무료 버스로 크루즈 터미널까지 갈 수 있습니다. 렌터카 회사의 셔틀버스는 렌터카를 예약할 때 운영 여부를 확인하시기 바랍니다. 저의 경우 마이애미 공항에서 렌터카 셔틀버스를 이용해 크루즈 터미널까지 이동했던 적이 있습니다.

# 선실 입장

크루즈에 승선 후 선실에 들어가면 침대 위에 오늘의 선상 신문과 기항지 투어를 비롯한 다양한 안내문이 있습니다.

침대는 싱글 침대를 두 개 붙여 놓은 형태로 세팅이 되어 있는데 온라인 체크인 시 스플릿을 요청해도 대부분의 선사에서는 더블 침대 형식으로 세팅해 놓는 경우가 많습니다. 싱글 침대로 사용하는 걸 원할 때는 담당 선실 승무원에게 요청을 하면 되는데, 승선 날은 승무원들이 가장 바쁜 날이기 때문에 저녁 식사 시간 정도가 되어야 작업을 할 수 있습니다.

3인 또는 4인이 한 개의 선실을 사용하는 경우도 미리 세팅이 되어 있지 않은 경우가 많은데, 3인이 사용할 경우 어느 쪽의 풀먼 베드(pullman bed 천정에서 내려오는 침대)를 사용할 것인지를 묻고 작업을 진행하게 됩니다.

침대 위에 있는 선상 신문에는 각종 안내 사항과 이벤트, 시설별 오픈 시간 등이 자세히 나와 있고 시간별로 어디서 어떤 행사가 있는지 확인할 수 있습니다. 이 선상 신문은 전날 저녁 식사 시간쯤 방 정리와 함께 선실로 배달됩니다.

선상 신문은 영어를 비롯해 다양한 언어로 만들어지는데, 로얄캐리비안의 경우 해당 언어를 쓰는 승객의 비중이 16%가 넘어야 해당 언어의 선상 신문 서비스가 제공된다고 합니다.

## ⚓ CRUISE TALK 선상 신문 자세히 보기

선상 신문은 선사마다 차이는 있지만 대부분 비슷한 카테고리로 구성되어 있습니다. 여기서는 9만 톤급 중형 규모의 크루즈인 셀러브리티 컨스텔레이션호의 '씨 데이(Sea Day - 해상에서 하루를 보내는 날)'를 예로 설명하겠습니다. 참고로 컨스텔레이션호보다 규모가 큰 크루즈의 경우 더 많은 시설과 이벤트를 안내하는데, 컨스텔레이션호는 가장 기본적인 크루즈 라이프에 대해 설명할 수 있어서 선정했습니다.

선상 신문의 가장 첫 페이지에는 일출, 일몰 시간과 드레스 코드, 각종 정보와 주요한 행사가 나와 있습니다. 이 정보 중에서 날씨가 좋은 날 일출, 일몰 시간을 알아두고 그 시간을 전후해 사진을 찍으면 멋진 인생 샷을 남길 수 있습니다.

기항지 정보란에는 도착하는 도시의 역사나 관광지에 대한 설명이 있는데, 여기서는 Sea Day라 셀러브리티 크루즈의 역사에 대해 기재했습니다. 정보란에는 해당일의 주요 안내 사항과 시차가 바뀌는 경우 시간을 앞당기거나 늦추는 등의 내용을 다루고 다음 기항지에서의 투어를 홍보합니다. 그리고 각종 주요 행사와 이벤트의 안내를 합니다.

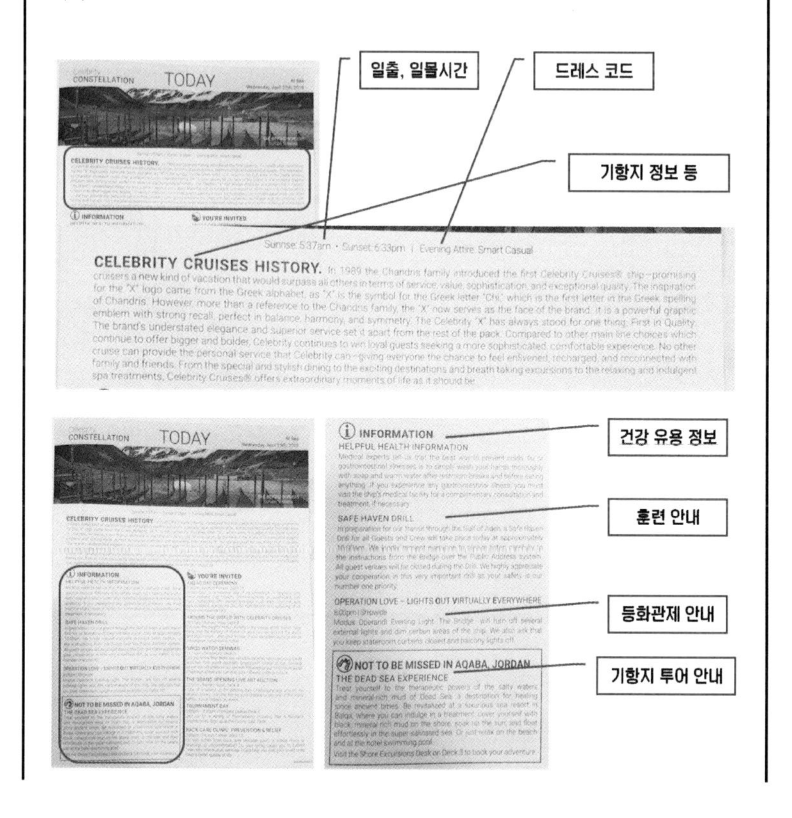

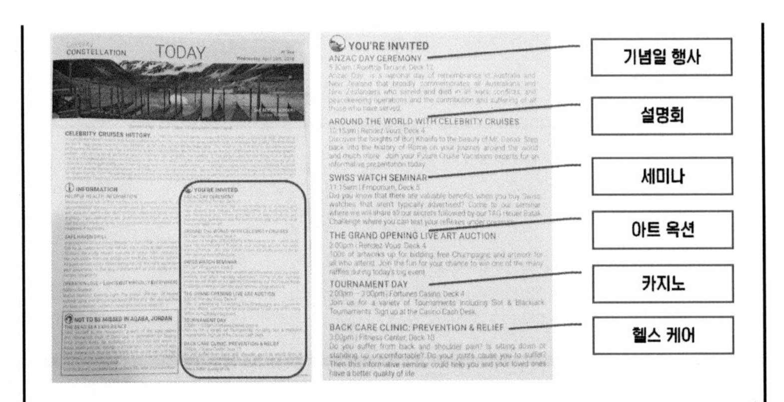


두 번째 페이지에서도 선내의 주요 행사와 이벤트 등을 안내하는데, 주로 공연, 영화, 강좌와 세일 정보 등을 다룹니다.

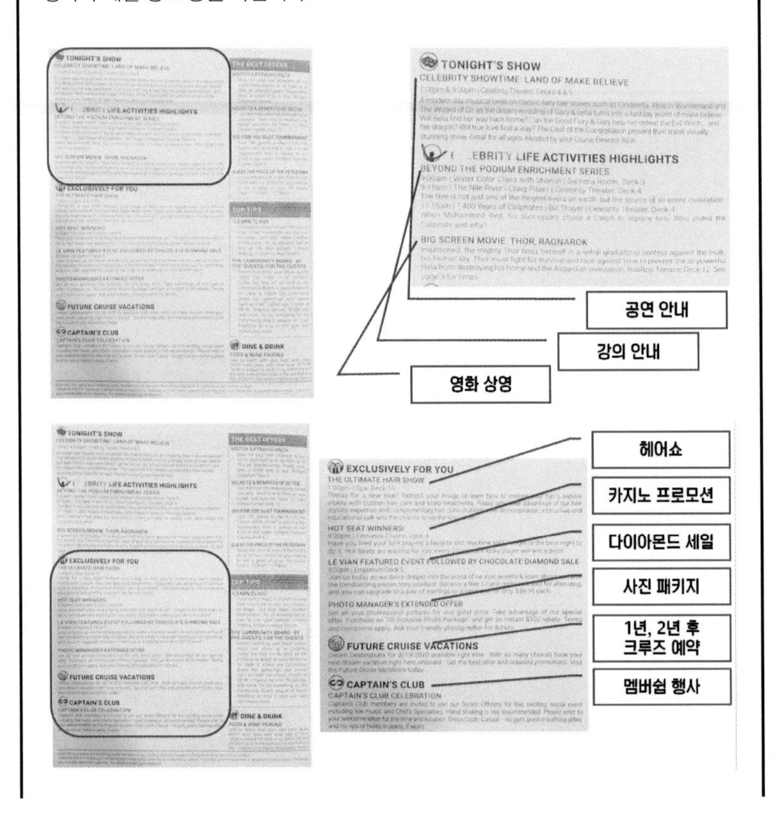

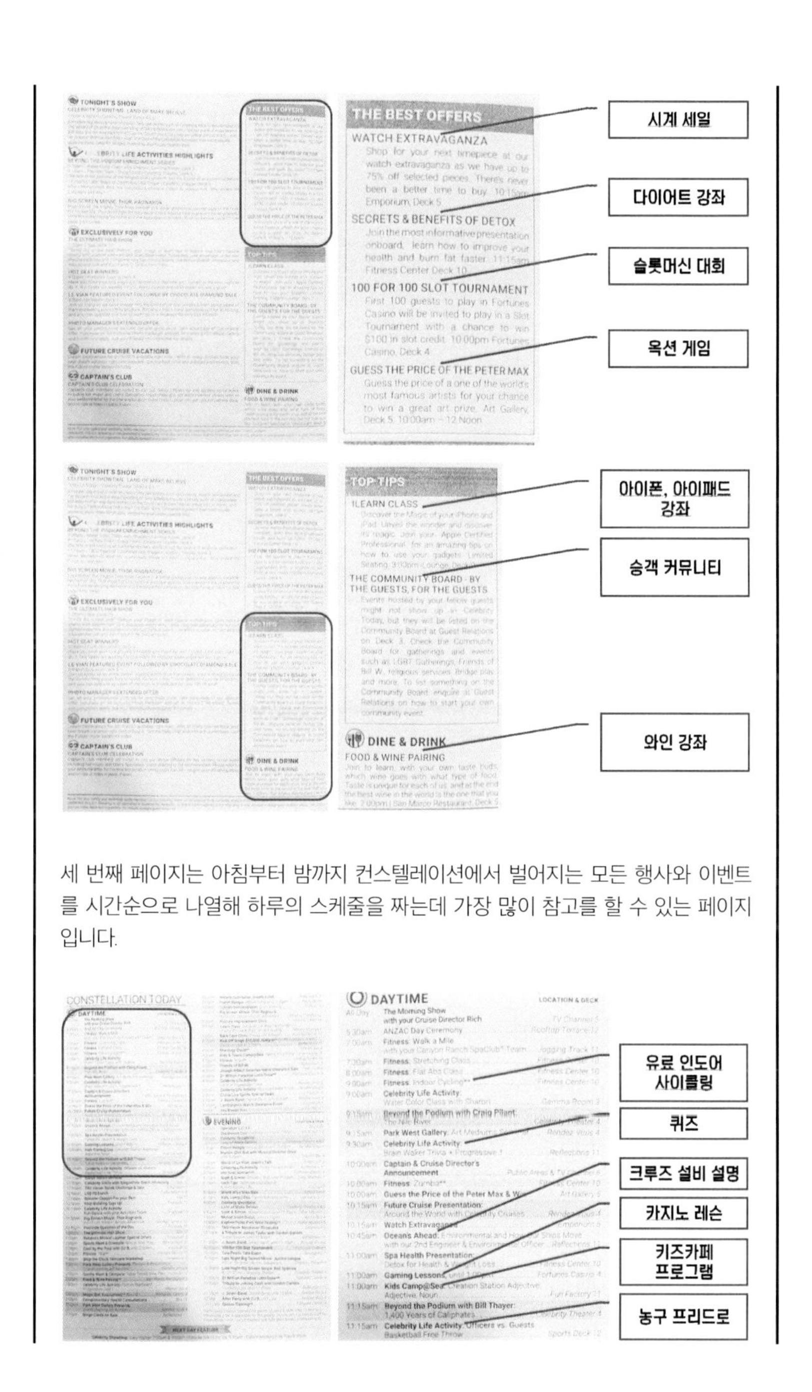


세 번째 페이지는 아침부터 밤까지 컨스텔레이션에서 벌어지는 모든 행사와 이벤트를 시간순으로 나열해 하루의 스케줄을 짜는데 가장 많이 참고를 할 수 있는 페이지입니다.

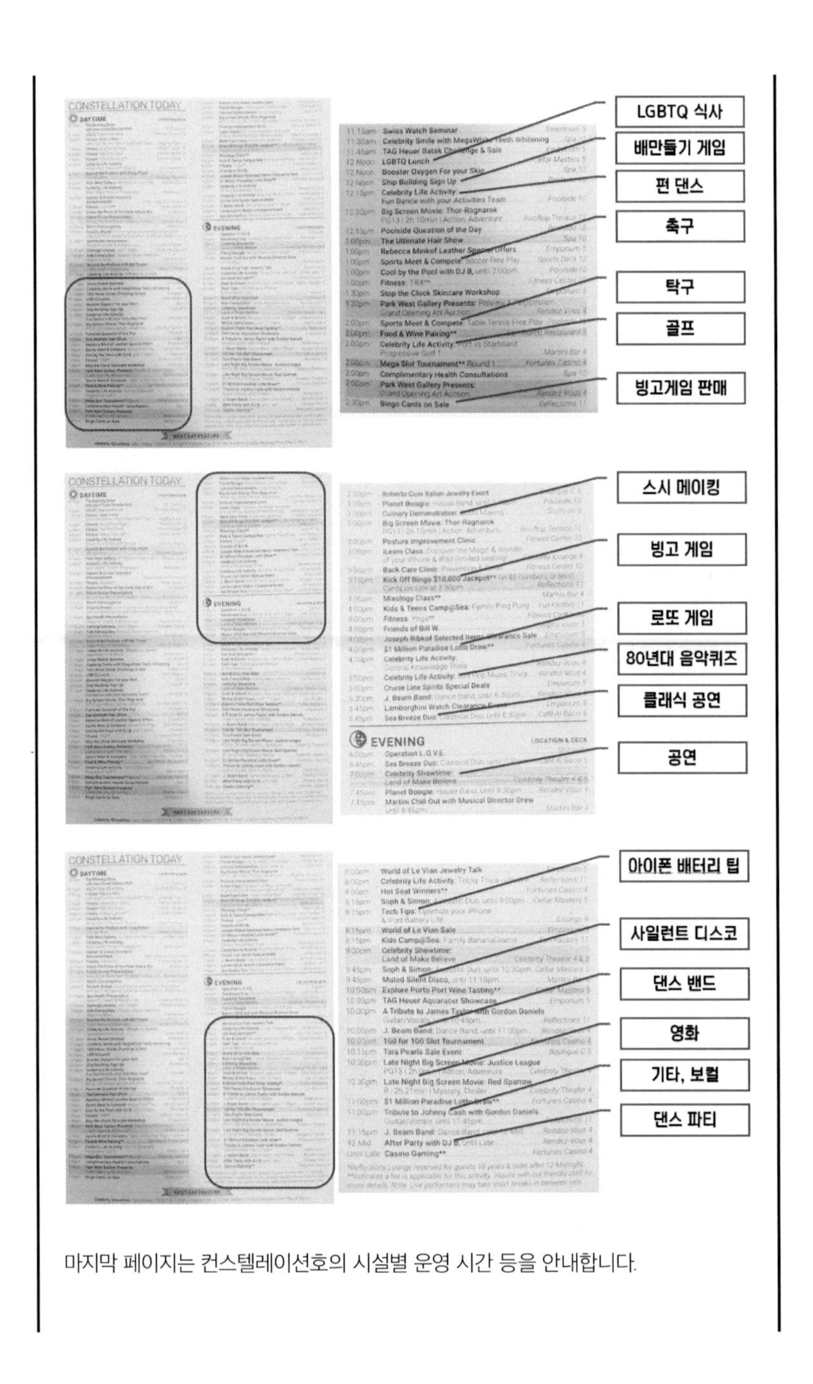


마지막 페이지는 컨스텔레이션호의 시설별 운영 시간 등을 안내합니다.

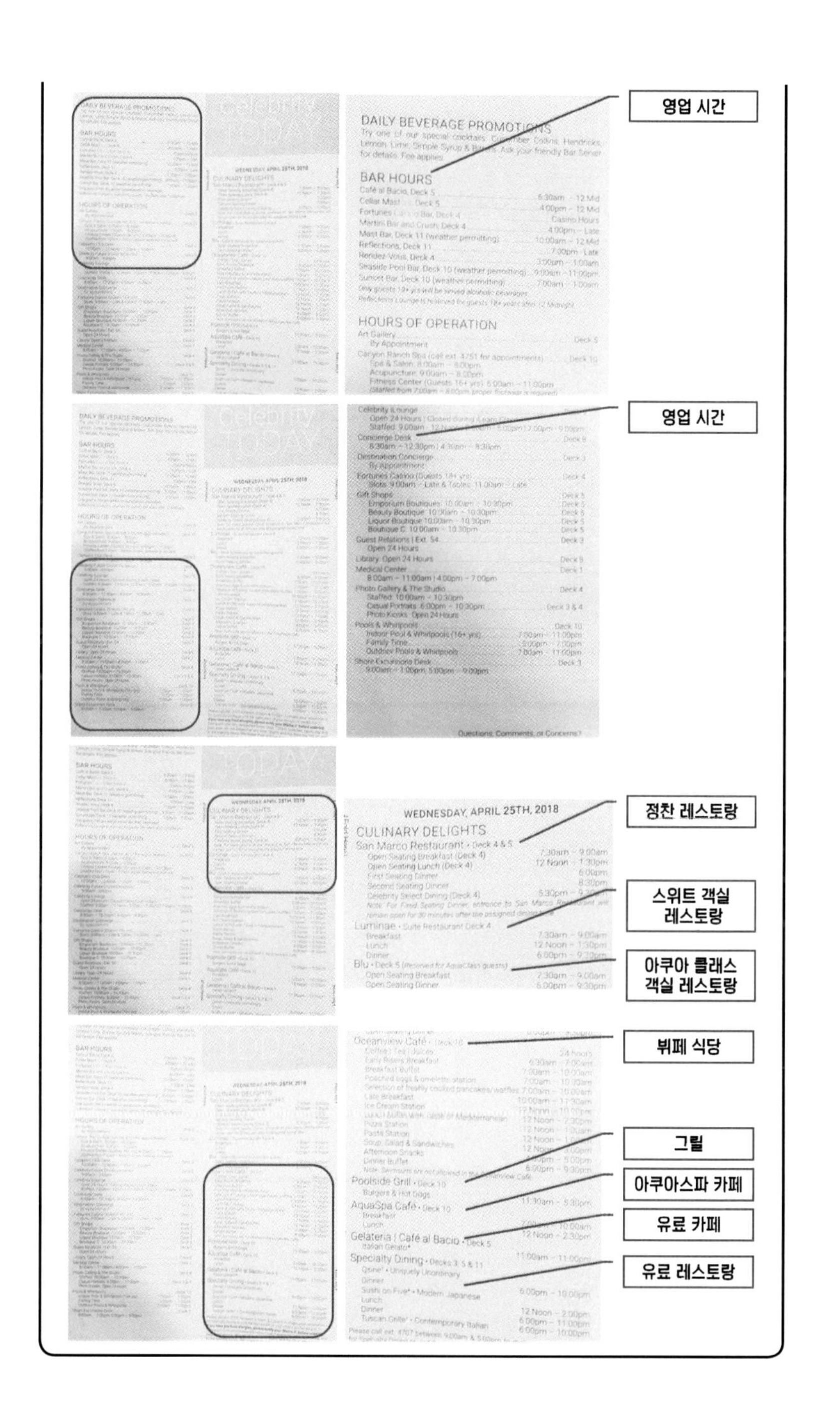

영업 시간
영업 시간
정찬 레스토랑
스위트 객실 레스토랑
아쿠아 클래스 객실 레스토랑
뷔페 식당
그릴
아쿠아스파 카페
유료 카페
유료 레스토랑

기항지 투어 안내문에는 기항하는 모든 도시의 선사 기항지 투어 상품에 대한 가격과 설명이 적혀 있습니다. 선내에서 기항지 투어를 예약하는 방법은 아주 다양한데 기항지 투어 데스크에서 예약하는 방법, 선내의 IPTV(운영 시)로 예약하는 방법, 모바일 어플(운영 시)로 예약하는 방법, 전화로 예약하는 방법, 승선 날 선실에 있는 인쇄물에 참여하고자 하는 투어와 인원을 체크해 선실 담당 승무원에게 전달하는 방법 등이 있습니다. 보다 자세한 내용과 상담을 원하면 선내의 기항지 투어 데스크를 방문해 문의하면 됩니다.

멤버십에 가입한 후 크루즈를 이용하거나 백투백(같은 크루즈를 연달아 이용하는 것)을 하면 재승선 시나 승급했을 때 작은 선물이 선실에 놓여 있는 경우도 있습니다.

멤버십은 예약 후 또는 여행을 다녀와서 온라인 회원으로 가입하거나 선내에 있는 멤버십 데스크에서 가입할 수 있고, 과거에 승선을 했지만 미처 가입하지 못했다 하더라도 재승선 시 과거 이용했던 선박명과 기간, 예약 번호 등을 알면 과거의 포인트도 적립이 가능합니다. 멤버십 가입 후 일정 승선 기간을 충족하면 자동적으로 등급이 올라가게 됩니다. 승급하면 선물과 샴페인 등을 받을 수 있고 별도의 파티나 이벤트에 초대받게 되는데, 로얄캐리비안의 경우 공연장의 백스테이지(무대 뒷공간) 투어나 일정 등급 이상의 회원만을 초대한 아이스쇼 등을 관람할 수 있는 혜택을 받을 수 있었습니다.

CRUISE TALK

## 백투백 크루즈 이용 방법

백투백은 지난 세계 일주 때 총 세 번(셀러브리티 컨스텔레이션호, MSC 메라비글리아호, 로얄캐리비안 익스플로러호) 했는데, 세 번 모두 한 달 정도씩 머무르며 다른 크루즈보다도 더 많은 추억을 만들 수 있었습니다.

백투백은 같은 선실을 연달아 쓰는 경우와 선실이 바뀌는 경우가 있는데 필자는 세 번 모두 선실이 바뀌는 일정이었습니다.

선사에서는 백투백을 하는 승객들을 대상으로 별도의 안내문을 주거나 설명회를 진행합니다. 셀러브리티 컨스텔레이션호는 싱가포르에서 아부다비, 아부다비에서 로마까지 이동하는 리포지셔닝 일정이라 백투백을 하는 승객이 많았는데, 참석자들에게 행운의 번호표를 나눠줘 추첨을 통해 고급 와인 등을 선물했고 백투백에 대한 자세한 설명을 해줬습니다. 내용은 다음과 같습니다.

① 같은 선실을 사용하는 백투백은 선상 카드만 다시 발급받으면 되고 선실이 바뀌는 경우 옷걸이에 걸려 있는 옷을 제외하고 소지품을 포함한 모든 짐을 싸두면 바뀌는 선실로 승무원이 옮겨준다. 다만 선실 정리를 위해 지정된 시간까지는 퇴실을 해야 한다.

② 새로운 항차가 시작되기 때문에 선상 카드도 다시 발급받아야 하고 결제 수단(신용카드) 등록도 해야 하며 기존의 데이터(인터넷 패키지, 사진, 온보드 크레딧, 카지노 포인트 등)는 모두 사용할 수 없다.

③ 새로운 승객들이 승선을 하기 때문에 뷔페는 매우 혼잡스러워 백투백 승객들은 정찬 레스토랑에서 별도의 점심 식사를 할 수 있다.

④ 기항지 관광 시 지정된 시간까지 돌아와야 하고, 첫 항차에서 비상 대피 훈련을 했어도 모두 참여해야 한다.

⑤ 9시 이전에 하선을 하면 돌아올 시 터미널에 트랜짓 카드를 제시하고 별도의 데스크에서 선상 카드를 받아야 하고 9시 이후에 하선을 하면 선내의 라운지에서 새로운 선상 카드를 발급해준다.

⑥ 온라인 설문 조사를 위해 재승선 후 30분간 인터넷을 사용할 수 있게 한다.

### ⚓ CRUISE TALK 공연장의 백스테이지 투어와 별도의 아이스쇼 이야기

미국의 시애틀을 떠나 시드니까지 이동하는 태평양 횡단 크루즈에 승선했을 때 마침 승급이 되어 소수만이 초대된 아이스쇼를 볼 수 있었습니다. 일반 아이스쇼와 달리 출연진 모두 국적을 비롯한 자기소개를 해주었고, 개인별 장기를 보여줬으며, 출연진의 사적인 부분(A와 B는 부부고 C와 D는 교제 중이라는 등)까지 편하게 이야기하며 즐거운 시간을 가졌습니다.

공연장 백스테이지는 조금 높은 등급의 승객들만 초대를 받았는데, 크루즈에서 알게 된 교포분께서 저에게 기회를 양보해 주셔서 볼 수 있었습니다. 역시 편안한 분위기 속에서 승객들과 질의응답식으로 진행되었고 출연진들의 의상과 가발, 공연 시설 등을 직접 보고 공연 시 에피소드와 애로사항 등에 대해 알 수 있는 특별했던 시간이었습니다.

<멤버십 초대 아이스쇼 & 백스테이지 투어>

### ⚓ CRUISE TALK 백투백 크루즈에서의 인연

**① 셀러브리티 컨스텔레이션호**

세계 일주를 다녀온 후 많은 사람이 저에게 "어떤 크루즈가 제일 좋았어?"라고 물었습니다. 그러면 저는 한 치의 망설임도 없이 "셀러브리티 컨스텔레이션호가 제일 좋았다."라고 대답합니다. 컨스텔레이션호는 규모도 크지 않고 건조된 지 오래된 선박이라 시설 면에서 큰 장점이 없지만, 프리미엄급답게 음식과 서비스, 공연 등의 질이 높아 만족도가 높았습니다. 하지만 이보다 더 좋았던 점은 많은 친구를 만들 수 있었다는 것입니다.

제가 주로 머물던 곳은 썬 베드가 있는 수영장 근처였는데 그늘이 있는 구역은 애연가들의 아지트였습니다. 여기서 많은 친구를 알게 되었고 함께 기항지 투어를 다니고 식사를 하고 매일 밤 우리만의 회식을 즐기며 평생 잊지 못할 추억을 만들게 되었습니다.

나중에 그들이 살고 있는 도시를 방문할 때 다시 만나 집밥을 대접받기도 했고, 친구들은 가이드가 되어 그들의 도시를 소개해 주었습니다. 시드니에 갔을 때는 친구의 집에 머물며 편히 지내기도 했습니다.

지금도 그들과 연락을 주고받으며 다시 크루즈나 그들이 사는 곳, 혹은 한국에서 만나기만을 고대하고 있습니다.

아마도 다음 크루즈는 이 친구들이 사는 곳을 중심으로 일정을 짜게 되지 않을까 생각하네요.

<시드니에서 다시 만난 Melisa와 Vuk>

또 다른 인연도 있었는데, 세계 일주를 하기 1년 전 승선했던 셀러브리티 실루엣호에서 저의 담당 웨이터였던 승무원을 이곳에서 다시 만났다는 것입니다. 마주치는 순간 서로를 알아보고 얼마나 신기하고 반가웠던지….

**② MSC 메라비글리아호**

MSC 메라비글리아호 승선 때는 전 직장의 동기가 합류해 25일간 이용했는데, 운 좋게도 한국인 승무원이 두 명이나 근무를 하고 있었습니다. 여행 기간이 길고 코스 자체가 북극이나 스코틀랜드, 아이슬란드 등 한국인들이 잘 가지 않는 곳이라 승무원들은 우리를 보자 너무 반가워했고 여행 기간 내내 우리를 너무 잘 챙겨주었습니다.

당시 장난을 치고 싶어서 한 승무원에게는 백투백을 한다고 귀띔해 주며 다른 승무원에게는 말하지 말라고 했고, 첫 항차가 마무리되기 전날 다른 승무원에게 아쉬운 표정으로 작별을 고하고 모항지에 도착하면 아시안 마켓에서 한국 음식을 사서 전달해주고 갈 테니 꼭 연락을 하자며 인사를 했죠. 물론 저와 친구는 연락도 안 한 채 함부르크 여행을 마치고 다시 메라비글리아호에 승선했고 태연히 그 승무원이 근무하는 곳으로 가 앉아 있었습니다. 그때 놀랍고도 반가워하는 승무원의 표정이 아직도 생생합니다. 한국 음식은 꼭 사서 승선하려고 했는데 마침 일요일이라 대부분의 마켓이 문을 닫아 헛고생만 했지요. 며칠 뒤 도착한 에든버러의 아시안 마켓에서 음식을 구매해 전달할 수 있었습니다.

메라비글리아호에 승선했을 때는 한창 러시아 월드컵이 열리던 때였고 모항지가 함부르크라 대부분의 승객이 독일인이었는데, 대형 TV로 한국 대 독일전을 보며 수많은 독일인 사이에서 대한민국을 응원했습니다. 우리가 이기자 제 주위의 독일인들이 엄지를 치켜세우며 박수를 쳐줬던 기억도 납니다.

저는 대학생 때 폴란드어를 배웠는데, 학업을 게을리해 겨우 졸업만 할 정도의 실력이었던 데다 졸업한 지 20년이 지나 기본적인 회화도 잘 못하는 수준이었습니다. 그런데 이곳에서 폴란드에서 온 가족들을 만나게 되었습니다. 저는 대학생 때의 기억을 떠올려 폴란드어로 인사를 했는데, 동양인이 폴란드어로 인사를 하자 너무도 반가워하는 것이었습니다. 폴란드어를 거의 잊어버려 간단한 대화조차 영어로 해야 했으나 자주 마주치며 'Dzień Dobry'(진 도브리)라는 폴란드 인사를 주고받으며 친해지게 되었습니다. 대학생 때 배운 폴란드 노래인 '아가씨들아'(Szła dzieweczka)를 함께 부른 것도 추억으로 남아 있습니다.

### ③ 로얄캐리비안 익스플로러호

지난 세계 일주에서 가장 오래, 그리고 가장 많이 승선했던 크루즈는 로얄캐리비안의 익스플로러호입니다. 총 23일간의 태평양 횡단을 비롯해 세 번의 항차로 40일 동안 머물렀는데, 이곳에도 한국인 승무원이 근무하고 있었습니다. 그 승무원은 『나는 크루즈 승무원이다』라는 책까지 낼 정도로 오랜 경력을 갖고 있었고 크루 복장이 너무 잘 어울리는 승무원이었습니다. 바쁜 일정 중에도 함께 식사를 하며 크루즈 이야기를 나눌 수 있어 너무 좋았고 '책이라는 것을 한번 써보고 싶다.'라는 생각을 갖게 된 계기가 되었습니다.지면을 빌어 여행 중 만나 좋은 추억을 선물해준 모든 분께 감사의 말씀을 드립니다.

# 비상 대피 훈련

크루즈에 승선하는 모든 승객과 승무원은 출항 30분 전 비상 대피 훈련에 참가해야 합니다. 비상 대피 지역은 선실의 위치에 따라 모두 다른데, 선실 안쪽의 출입구에 피난 동선이 안내되어 있고 선상 카드에도 피난 구역이 표기되어 있습니다.

피난 구역으로 모이면 선상 카드를 센싱하거나 별도의 출석부에 참석 여부를 체크하는데, 미참여 시 다음날 해당 인원을 대상으로 다시 훈련을 진행합니다. 코스타 콩코르디아호 좌초 사건 이전에는 참석을 하지 않아도 다시 훈련을 하지 않았던 것으로 기억하는데, 그 이후로는 규정이 더욱 강화된 듯합니다.

훈련 절차는 아주 간단합니다. 출석 체크를 하고 구명조끼 착용 방법을 설명한 뒤 방송에서 나오는 주의사항 등의 안내를 들으면 종료됩니다. 구명조끼는 선사에 따라 선내에 있는 것을 소지해 참여하기도 하고, 그냥 참여만 해도 되는 경우도 있습니다. 어느 경우든 안내에 따라 행동하면 됩니다.

참고로 승무원들은 별도의 훈련을 진행합니다. 주로 기항지에 있을 때 진행하는데, 훈련이 있는 날은 정해진 시간 동안 승무원들은 외부로 나갈 수 없고 훈련에 참여해야 합니다. 훈련은 화재 진압, 구명보트 사용 방법 등 승무원으로서 각자가 비상시에 맡은 역할에 해당하는 내용으로 진행된다고 합니다.

CRUISE TALK

## 환자 발생 시 크루즈에서는?

태평양 횡단할 때였습니다. 시애틀을 떠나 하와이를 향해 6박 7일간의 항해를 시작한 다음 날 선내에 안내 방송이 나왔습니다. 선내에 응급 환자가 발생해 기수를 돌려 헬리콥터가 접근할 수 있는 곳까지 이동을 해야 한다는 내용이었는데, 운항 지도를 확인해 보니 이미 다시 시애틀 쪽으로 배가 이동을 하는 것이었습니다. 몇 시간이 지나자 하늘에서 US Coast Guard의 헬리콥터가 나타났고 레펠을 이용해 응급 환자를 싣고 떠나는 광경을 볼 수 있었습니다. 크루즈는 다시 하와이 쪽으로 기수를 돌렸고 평소보다 빠른 속도로 항해해 정해진 날짜와 시간에 하와이에 도착할 수 있었습니다. 만약 6박 7일의 중간쯤에 이런 일이 벌어졌다면 어땠을지, 그 환자는 어떻게 됐을지 궁금하네요.

서부 지중해를 여행할 때 스페인 발레아레스 제도의 마온에서도 응급환자가 발생해 앰뷸런스에 실려 가는 모습을 볼 수 있었고, 각 항차의 중반이 지나면 깁스를 하고 목발을 짚고 다니는 승객을 가끔 접하게 됩니다. 보통은 수영장 등 물기가 있는 곳에서 미끄러져 사고를 당하게 되는데, 크루즈에 승선하신다면 꼭 미끄러지지 않는 슬리퍼와 운동화를 준비하시기 바랍니다.

모든 크루즈에서는 메디컬 센터를 운영하고 있습니다. 이 메디컬 센터에서는 승객들을 비롯해 승무원들이 이용할 수 있는데, 의사가 있지만 공간의 한계 등으로 기본적인 응급 처치와 치료만 가능합니다. 저도 250여 일간의 세계 일주 중 한 번 이용해야 하는 상황에 처한 적이 있습니다. 카리브해에서 스쿠버다이빙과 물놀이를 즐기다가 귀에 염증이 생겼기 때문입니다. 메디컬 센터 이용 전에 직원이 의사 진료를 받을 것인지를 먼저 물었는데, 그 이유는 나중에 알게 되었습니다.

저는 의사의 진료를 받는 것을 선택했는데, 다행히 약 10분간의 검사를 마치고 귀에 넣는 약을 처방받은 것으로 간단히 마무리됐습니다. 그런데… 총비용이 200달러가 넘게 나온 것이었습니다. 이렇게 의사의 진료를 받게 되면 큰 비용이 발생하게 되니 항상 안전을 염두에 두고 여행하시기 바랍니다.

참고로 메디컬 센터에서는 멀미약을 무료로 받을 수 있습니다. 다행히 저를 비롯해 동행했던 사람들 모두 멀미를 하지 않아 필요가 없었지만, 일부 승객들은 귀에 붙이는 멀미약을 사용하기도 했고 파도가 심한 날은 구토를 하는 승객을 본 적도 있습니다. 멀미에 약한 분이라면 꼭 기억하시기 바랍니다.

아울러 소화제, 지사제, 해열제, 종합 감기약 등 비상시 복용할 약을 함께 준비하실 것을 당부드립니다. 크루즈에는 먹을 것이 많아 과식을 하는 경우가 많고, 그 때문에 복통이 생길 수 있습니다. 또 수영장이나 야외에서 오래 머무르다 보면 감기에 걸릴 수도 있는데, 저도 홍해와 수에즈 운하를 지나 지중해에 들어선 다음 날 급격한 기온차로 심한 감기에 걸린 적이 있습니다. 평소 감기에 걸려도 약을 잘 먹지 않는 타입이라 감기약을 챙기지 않았는데, 저를 딱하게 생각한 외국 친구들이 감기약을 주기도 했습니다. 승무원들도 따뜻한 물에 레몬과 꿀을 넣어 마시라는 조언을 해주는 등 그들 덕분에 금세 회복할 수 있었습니다.

# 크루즈의 시설

비상대피 훈련이 마무리되면 크루즈는 곧 출항을 하게 됩니다. 필자는 예약할 때 기항지와 함께 크루즈 내에 어떤 시설이 있는지 선사의 홈페이지 등에서 덱 플랜이나 안내 자료를 보고 결정하는데, 승선 후에도 비상대피 훈련의 전후 시간을 이용해 크루즈에 어떤 시설이 있는지 직접 둘러봅니다.

참고로 선사에서는 출항 일에 SPA 등을 승무원들과 함께 둘러보는 일정도 있고 레스토랑의 작업 공간을 볼 수 있는 갤리 투어나 조종실인 브릿지 투어도 할 수 있습니다. 이 프로그램은 선사에 따라 유료 또는 무료로 운영됩니다.

이렇게 승선할 때 크루즈 내부를 둘러보는 이유는 키즈카페 등의 경우에는 이용자가 아니면 출입을 제한하기도 하고, SPA의 경우에는 승선 날 시설을 소개하며 할인을 해주는 프로모션을 진행하기 때문입니다.

승선 날 또는 승선 기간 중 출입할 수 없는 공간도 있는데, MSC 요트클럽 구역, NCL 스튜디오 라운지 등은 해당 객실을 예약한 승객만 카드 센싱으로 출입할 수 있고, 선사별로 스위트 객실 승객을 위한 공간이나 멤버십 라운지 역시 해당 서비스를 예약한 승객만 출입하고 이용을 할 수 있습니다.

**⚓ CRUISE TALK** **갤리 투어**

제가 처음 크루즈를 경험했던 코스타 빅토리아호와 세계 일주를 할 때 이용한 셀러브리티 컨스텔레이션호에서는 무료로 갤리 투어를 운영해 참여해 보았습니다.

크루즈에서는 많게는 6천 명의 승객들이 끼니마다 식사를 하게 되는데, 그 많은 승객의 음식을 준비하는 뒷공간을 직접 보며 엄청난 크기의 도구와 산더미처럼 쌓인 식재료를 빠르고 능숙하게 손질하는 승무원들을 보는 것은 매우 흥미로운 경험이었습니다.

아쉬운 부분은 그 후로 무료로 진행되는 갤리 투어를 접한 적이 없다는 것인데, 13년 전에 경험했던 코스타 빅토리아호도 지금은 유료로 운영되고 있지 않을까 합니다.

## 1. 크루즈의 기본 시설

바다를 항해하는 크루즈의 규모는 5만 톤에서 23만 톤까지 그 크기가 다양하죠. 그리고 그 규모에 따라 시설에 큰 차이가 있습니다(럭셔리 등급의 크루즈와 일부 프리미엄, 스탠다드 등급의 크루즈는 이보다 더 작은 규모로 운영됩니다).

여기서는 5만 톤급 이상의 크루즈에서 공통적으로 운영하고 있는 시설에 대해 설명할 것입니다.

1) 음식 관련 시설

크루즈에서 먹는 음식은 대부분 결제한 비용에 포함되어 있지만, 스페셜 티 레스토랑과 생수, 소다류, 주류 등은 유료로 운영됩니다.

**(1) 뷔페**

가장 많이 이용하는 무료 시설은 뷔페와 정찬 레스토랑일 것입니다. 두 곳 모두 조, 중, 석식을 제공하는데, 이 중에서 뷔페는 이른 조식부터 늦은 야식까지 제공해 언제 가도 무언가를 먹을 수 있도록 운영됩니다(홀랜드 아메리카 등 일부 선사는 뷔페가 운영되지 않는 시간도 있으니 주의하세요). 뷔페는 복장의 제한이 없어 편안하게 이용할 수 있고 커피, 아이스티, 홍차, 물 등도 무료로 이용이 가능합니다. 물은 생수가 아닌 정제된 물인데 텀블러 등을 이용할 경우 위생을 위해 비치된 컵에 물을 받아 옮겨 담아야 합니다.

대부분의 크루즈는 조식의 경우 메뉴가 크게 바뀌지 않고, 중식이나 석식은 기본적인 음식을 제외한 메인 메뉴가 바뀌는 방식으로 운영됩니다.

뷔페의 메뉴는 일반적으로 크루즈의 규모에 따라 달라집니다. 대형 크루즈의 경우 다양한 국적의 승객들이 이용하기 때문에 아시안, 인디안 등의 동양 음식 코너와 채식주의자를 위한 코너, 글루텐 프리 코너, 해산물 코너, 파스타&피자 코너, 디저트 코너 등을 운영하고, 규모가 작은 크루즈는 이러한 코너들을 선택적으로 또는 축소해서 운영하기도 합니다.

### (2) 정찬 레스토랑

정찬 레스토랑은 뷔페와 마찬가지로 조, 중, 석식을 이용할 수 있습니다. 다른 점이라면 편하게 자리에 앉아 서빙을 받으며 음식을 즐길 수 있다는 점입니다. 일부 선사의 경우 조식은 뷔페식과 서빙을 혼합한 방식으로도 운영됩니다.

정찬 레스토랑을 이용할 때는 복장에 대한 제약이 있는데 반바지, 슬리퍼, 민소매 옷 등은 입장에 제한을 받습니다.

조식과 중식은 정해져 있는 자리가 없어 선착순으로 입장을 하며, 석식은 자리가 정해져 있는 크루즈와 그렇지 않은 크루즈로 나뉩니다. 일부 크루즈는 정찬 레스토랑을 여러 곳 운영기도 하는데, 아시아 레스토랑이 있는 크루즈도 있습니다.

입장을 하고 자리에 앉으면 식기들과 빵 등이 세팅되어 있는데, 메뉴판이 미리 준비된 크루즈도 있습니다. 메뉴는 크게 애피타이저, 샐러드와 수프, 메인 요리, 디저트로 나뉘어 있는데 꼭 코스별로 주문할 필요는 없고 수량에 상관없이 주문할 수도 있습니다.

보통 음식을 주문하기 전 주류 등의 음료를 먼저 권하는데, 꼭 주문해야 하는 것은 아닙니다. 필자는 주로 와인을 병으로 주문했는데 다 마시지 못했을 경우 보관도 가능하며, 식사 자리가 정해져 있다면 다음번 식사 때 미리 세팅되기도 합니다.

주류를 따로 준비해도 되는데 별도의 콜키지는 지불하지 않아도 되고 얼음이 필요하면 웨이터에게 요청하면 됩니다.

정찬 레스토랑에서는 매일 바뀌는 메뉴를 맛볼 수 있고 방문하는 기항지나 나라의 음식을 맛볼 수도 있습니다. 일부 크루즈에서는 유명 쉐프가 개발한 메뉴를 제공하기도 하며, 별도의 요금을 지불하면 조금 더 특별한 요리를 제공하는 선사도 있습니다.

정찬 레스토랑의 백미는 갈라 디너인데, 이날은 랍스터나 안심 스테이크 등 평소보다 더 좋은 요리를 제공하고 식사 중간에 선장의 인사나 승무원들의 공연, 흥겨운 춤과 음악 등을 즐길 수 있습니다.

일부 선사의 경우 선실의 등급에 따라 별도의 정찬 레스토랑을 이용해 더욱 퀄리티 높은 음식과 서비스를 즐길 수 있습니다.

<뷔페 식당>

<정찬 레스토랑>

**(3) 기타 무료 음식**

모든 크루즈가 뷔페와 정찬 레스토랑을 운영하지만, 규모에 따라 다양한 곳에서 무료 음식을 즐길 수 있는 크루즈도 많이 있습니다.

로얄캐리비안의 경우 일정 규모 이상의 크루즈에는 소렌토라는 피자와 샌드위치 코너를 운영하고, 로얄 프로머네이드 카페에서는 커피와 쿠키, 간단한 스낵 등을 제공합니다. 실내 수영장이 있는 솔라리움 비스트로에서도 식사를 할 수 있고, 오아시스급 크루즈의 센트럴 파크에도 식사를 할 수 있는 식당이 있습니다.

대부분의 크루즈에는 뷔페 내부나 선내에 그릴, 멕시칸, 핫도그, 햄버거, 피자 코너 등을 무료로 운영하는데, 일부 선사의 경우 뷔페나 레스토랑보다 맛이 뛰어나 승객들이 줄을 서서 대기하기도 합니다. 훌륭한 수제 햄버거를 제공했던 홀랜드 아메리카의 노르담호는 대기표를 사용할 정도로 인기가 많았습니다.

이 밖에도 멤버십 등급에 따라 라운지를 운영하는 선사에서는 맛있는 커피와 핑거 푸드, 쿠키 등을 제공하고, 혼자 여행하는 여행객들을 위한 선실을 운영하는 NCL의 스튜디오 라운지에서도 간단한 음료와 음식을 즐길 수 있습니다.

**(4) 유료 음식**

위에서 언급한 곳을 제외한 레스토랑이나 음식은 모두 유료로 제공됩니다. 통상적으로 크루즈의 규모에 따라 이러한 시설의 숫자가 결정됩니다. 보통 스테이크, 이탈리안, 일식, 퓨전 등의 스페셜 티 레스토랑과 주류를 즐길 수 있는 각종 바와 펍, 카페나 초콜릿, 캔디 매장 등이 있습니다.

기본적으로 제공되는 음료를 제외한 소다류와 주류, 생수 등은 유료로 이용해야 합니다. 음료 패키지를 이용하면 조금 더 저렴한 비용에 이용할 수 있고, 선내의 모든 식당이나 바 등에서 사용할 수 있습니다.

**(5) 룸서비스**

아침에 일어나 편하게 선실에서 아침식사를 할 수 있을까요?

가능합니다. 일반 호텔에서는 유료로 이용하는 경우가 많지만, 크루즈에서는 룸서비스 아침식사를 무료로 이용할 수 있습니다(일부 선사는 서비스 금액을 지불할 수도 있습니다).

일부 선사의 경우 컨티넨탈 조식 메뉴는 무료, 아메리칸 조식 메뉴는 유료 등으로 구분하기도 하고, 별도의 유료 메뉴가 있는 선사도 있습니다. 선실의 등급에 따라 아침식사 뿐만 아니라 24시간 룸서비스가 가능한 선사도 있지요.

룸서비스를 주문하는 방법은 세 가지가 있습니다.

첫 번째로 선실 안에 있는 룸서비스 종이에 원하는 음식과 서비스를 받을 시간을 체크한 후 선실 문밖의 손잡이에 걸어두는 방법, 두 번째로 선실의 IPTV(운영 시)로 주문하는 방법, 마지막으로 전화로 주문하는 방법이 있습니다. 이 세 가지 모두 지정된 시간까지는 주문을 해야 서비스를 받을 수 있습니다.

2) 엔터테인먼트 시설

크루즈에는 다양한 즐길 것이 있습니다. 기본적으로 매일 다른 주제로 진행되는 공연, 수영장, 카지노 등이 크루즈의 필수 시설로, 어떤 크루즈를 타더라도 이용할 수 있습니다. 이 밖에도 탁구, 미니 골프, 스포츠 코트, 피트니스 등의 운동 시설과 키즈 클럽, 게임장 등 어린이와

<실내 수영장, 스포츠 코트, 피트니스, 카지노>

청소년들을 위한 공간도 운영되고, 각종 라운지와 공용 공간에서는 댄스와 각종 이벤트, 파티 등을 즐길 수 있습니다.

필자가 경험했던 크루즈 중에서 유일하게 공연장이 없었던 것은 5만 톤 규모의 코스타 네오로만티카호였는데, 공연장은 없었지만 규모가 큰 라운지에서 진행되는 공연을 볼 수 있었습니다.

수영장의 경우 실외 수영장은 모두 구비해 놓았지만 실내 수영장이 없는 경우도 많았습니다.

이 밖에도 바나 공용 공간에서 재즈나 팝, 클래식 음악을 즐길 수 있고, 유료로 진행되는 빙고 게임도 크루즈에서 즐길 수 있는 재미있는 경험이었습니다.

**⚓ CRUISE TALK** **빙고 게임에서 1등에 당첨된 romek**

2016년 5월 가족과 동남아시아 크루즈여행을 마치고 저 혼자 20일간 유럽에서 코스타 네오로만티카호로 크루즈여행을 했을 때의 일입니다. 그전까지 잠깐 구경만 해보고 한 번도 참여하지 않았던 빙고 게임에 무심코 참여해 보았는데, 6개 국어를 구사하는 진행자에게 넋을 잃고 겨우겨우 게임에 따라가는 상황이었습니다. 학창 시절 친구들과 했던 빙고는 가로든 대각선이든 세로든 한 줄을 먼저 지우면 이기게 되는 룰이었고, 그것만 알고 게임에 참여했는데 시작한 지 얼마 되지 않아 한 줄을 지운 승객이 '빙고'를 외치며 무대로 올라갔습니다. '무슨 게임이 이렇게 빨리 끝나…?'라고 생각하며 허무하게 무대로 올라간 승객을 바라봤는데, 생각보다 상금이 적었고 바로 뒤이어 진행자는 이제부터 진짜 게임이 시작된다며 다시 빙고의 숫자를 부르기 시작했습니다. 전체 75개의 숫자 중 내가 가지고 있는 숫자판 위 25개의 숫자를 모두 지우면 1등이 되는 것이었는데, 생각보다 당첨자가 빨리 나오지 않는 게임이었습니다.

그렇게 한참을 지나도 여기저기서 탄식 소리만 들릴 뿐 1등이 나오지 않았고 제 숫자판의 숫자는 딱 한 개만 지우면 1등이 되는 상황. 진행자가 숫자를 불렀고 저는 큰 소리로 '빙고'를 외치며 진행자에게 달려갔습니다. 간단한 절차를 거쳐 제가 1등임을 확인했고, 여러 승객 앞에서 한국에서 혼자 크루즈여행을 온 romek이라고 소개를 할 수 있었습니다. 당시 1등 상금은 약 50만 원 정도였는데, 상금보다도 더 좋았던 것은 승선 인원이 적은 크루즈에 동양인 승객은 저 혼자뿐이라 어디를 가든 승객들이 저를 알아보고 먼저 축하 인사를 건네며 다가와 주었다는 것입니다. 덕분에 혼자 처음 크루즈를 탔음에도 남은 기간이 외롭지 않았고, 그만큼 크루즈를 즐길 수 있었습니다.

그런 좋은 기억 때문에 세계 일주를 할 때 첫 크루즈에서 빙고 게임에 참여했습니다. 빙고는 나의 운명인지 다른 승객들보다 빨리 24개의 숫자를 지웠고 마지막 한 개의 숫자만을 기다렸는데 세 번이 넘게 지나도 제 숫자는 나오지 않는 것이었습니다. 아쉽게도 제 숫자는 끝까지 나오지 않았고 그렇게 두 번째 빙고 도전은 끝이 났습니다.

그리고 다음 크루즈에서도, 그다음 크루즈에서도 빙고에 도전했는데 그동안은 정말 운이 좋았는지 1등이 결정되었음에도 제 숫자판에는 지워야 할 숫자가 많이 남아 있더군요.

그렇게 운이 쉽게 오지 않는다는 것을 몇 차례 더 깨달은 후에는 더 이상 빙고 게임을 하지 않았지만, 빙고 1등을 했던 추억은 여전히 제 기억 속에 남아 있네요.

참고로 46번 안에 25개의 숫자를 모두 지우면 50만 원이 아니라 엄청난 금액의 상금을 받는다고 하는데, 저는 다시 도전하지 않을 것 같습니다.

**CRUISE TALK** **키즈 클럽에는 어떤 프로그램이 있을까?**

키즈 클럽은 거의 모든 크루즈에서 운영을 하고 있고 선사나 선박의 규모에 따라 시설이나 프로그램에 차이가 있습니다. 참고로 어린이나 청소년과 함께 크루즈에 승선하면 선상 신문과 함께 키즈 프로그램도 매일 저녁 선실로 배달이 됩니다.

여기서는 로얄캐리비안에서 3세부터 11세까지 이용하는 키즈 클럽인 **어드벤쳐 오션**과 12세부터 17세까지 이용하는 **틴 클럽**을 기준으로 설명을 드리겠습니다.

어드벤쳐 오션은 다시 3~5세(Aquanauts), 6~8세(Explorers), 9~11세(Voyagers)로 나뉘는데, 승선 당일에는 시설과 이용 방법에 대한 프리젠테이션을 진행하고 보호자의 입회하에 간단한 서류를 작성해 등록하면 어린이들은 손목에 별도의 밴드를 착용하게 됩니다. 이 밴드는 하선 시까지 착용하며, 보호자와 떨어져 있는 상황에서 비상 상황이 발생했을 경우 아이를 대피 장소로 보내기 위함입니다.

3세 이하의 어린이는 보호자와 동행을 해야 이용할 수 있는데, 키즈 클럽의 보육사는 베이비시터가 아니라서 기저귀를 갈아주는 등의 일은 하지 않기 때문입니다.

어드벤쳐 오션은 오전, 오후, 저녁 세 타임으로 프로그램이 진행되고, 밤 10시부터 오전 2시까지는 유료(아이 1명당, 시간당 7달러)로 운영되며, 일정별로 차이는 있지만 점심식사 또는 저녁 식사를 보육사의 지도하에 키즈 클럽의 아이들끼리 먹는 시간도 있습니다. 이러한 스케줄을 잘 이용한다면 선내에서 부부 둘만의 시간도 충분히 즐길 수 있습니다.

① 3~5세 프로그램

**ADVENTURE OCEAN OPEN HOUSE**
**1:00pm - 3:30 pm** Come and check out our awesome kids facilities (Deck 12 aft) and chat with your Adventure Ocean Staff for more information about our award-winning kids program!

**DREAMWORKS MOVE IT! MOVE IT! PARADE**
**5:30 pm, Royal Promenade, Deck 5**

**ADVENTURE OCEAN REGISTRATION & EXPO**
**7:00 pm - 9:00 pm** Chat with your Adventure Ocean Staff for more information about our award-winning kids program! Adventure Ocean, Deck 12 aft

② 6~8세 프로그램

**ADVENTURE OCEAN OPEN HOUSE**
**1:00pm - 3:30 pm** Come and check out our awesome kids facilities (Deck 12 aft) and chat with your Adventure Ocean Staff for more information about our award-winning kids program!

**DREAMWORKS MOVE IT! MOVE IT! PARADE**
**5:30 pm, Royal Promenade, Deck 5**

**ADVENTURE OCEAN REGISTRATION & EXPO**
**7:00 pm - 9:00 pm** Chat with your Adventure Ocean Staff for more information about our award-winning kids program! Adventure Ocean, Deck 12 aft

③ 9~11세 프로그램

**ADVENTURE OCEAN OPEN HOUSE**
**1:00pm - 3:30 pm** Come and check out our awesome kids facilities (Deck 12 aft) and chat with your Adventure Ocean Staff for more information about our award-winning kids program!

**DREAMWORKS MOVE IT! MOVE IT! PARADE**
**5:30 pm, Royal Promenade, Deck 5**

**ADVENTURE OCEAN REGISTRATION & EXPO**
**7:00 pm - 9:00 pm** Chat with your Adventure Ocean Staff for more information about our award-winning kids program! Adventure Ocean, Deck 12 aft

**틴 클럽**은 주로 운동 같은 활동적인 프로그램과 파티 중심으로 구성되어 있습니다.

**Port Klang, Malaysia — February — DAY 2**

|  |  |
| --- | --- |
| 10:00 am<br>Living Room, Deck 12 | Impossible Scavenger Hunt<br>A very fun hunt! |
| 11:00 am<br>Living Room, Deck 12 | Crazy Photo Shoot<br>How crazy are you! |
| Noon<br>Living Room, Deck 12 | Movie Time<br>*This session is not hosted* |
| 2:00 pm<br>Living Room, Deck 12 | Capture The Flag<br>Find a good spot to hide! |
| 3:00 pm<br>Living Room, Deck 12 | Item Scavenger Hunt<br>Collect the items! |
| 4:00 pm<br>Living Room, Deck 12 | Selfie Hunt<br>Bring your cameras! |
| 5:00 pm<br>Pool Deck, Deck 11 | DreamWorks* Dance Party<br>Join the characters for a dance!<br>*This session is not hosted by Teen Staff* |
| 8:00 pm<br>Living Room, Deck 12 | Crew Hunt<br>Meet our international team! |
| 9:00 pm<br>Living Room, Deck 12 | Life Raft Challenge<br>Build the best life raft! |
| 10:00 pm<br>Living Room, Deck 12 | Black Jack<br>House always wins |
| 11:00 pm<br>Voyagers Room, Deck 12 | Gagaball Tournament<br>The best game of the seas! |

**Phuket, Thailand — February 15, 2017 — DAY 3**

|  |  |
| --- | --- |
| 10:00 am<br>Living Room, Deck 12 | Fooseball Tournament<br>Pick a partner |
| 11:00 am - 8:00 pm<br>Living Room, Deck 12 | Port Zone Lounge<br>Take a break from the sun and relax...<br>*This session is not hosted* |
| 8:00 pm<br>Living Room, Deck 12 | Bigger& Better<br>Would you trade with me? |
| 9:00 pm<br>Arcade, Deck 12 | Air Hockey Tournament<br>This one is on us! |
| 10:00 pm<br>Living Room, Deck 12 | Celebrity Heads<br>How well do you know your celebs? |
| 11:00 pm<br>**Sports Court, Deck 13** | Dodgeball Night!<br>No headshot! |

**At Sea — February 16, 2017 — DAY 4**

|  |  |
| --- | --- |
| 10:00 am<br>Living Room, Deck 12 | Card Making<br>Something for your friend/family! |
| 11:00 am<br>Living Room, Deck 12 | Egg Drop Challenge<br>Are you up for the challenge? |
| Noon<br>Living Room, Deck 12 | Movie Trivia<br>Do you know your movies well? |
| 1:00 pm<br>Living Room, Deck 12 | Alphabet Scavenger Hunt<br>Get to the ship from A-Z! |
| 2:00 pm<br>Living Room, Deck 12 | Teen Hunt<br>Only for teens! |
| 3:00 pm<br>Living Room, Deck 12 | The Amazing Race<br>Mariner style! |
| 4:00 pm<br>Living Room, Deck 12 | Apples To Apples<br>Try to outsmart each other. |
| 5:00 pm<br>Rock Wall, Deck 14 | Teen Rock Climb<br>Wear your socks!<br>*"Parent/Legal guardian needs to complete waiver. SeaPass required."* |
| 8:00 pm<br>WindJammer Cafe, Deck 11 | Teen Dinner<br>Dinner with your new friends! |
| 9:00 pm<br>Living Room, Deck 12 | Media Swap<br>Keep in touch! |
| 9:30 pm<br>Living Room, Deck 12 | Ninja<br>Be nimble and fast! |
| 10:00 pm<br>Living Room, Deck 12 | Teen Quest<br>Intense and Hilarious |
| 10:30 pm<br>Royal Promenade, Deck 5 | 70' s Street Party<br>Show me your movements!<br>*This session is not hosted* |

시설이 잘 갖춰져 있는 크루즈의 경우 별도의 공연 및 영화 상영 공간, 과학실 등이 있고 모든 수업이 영어로 진행돼 어린이들의 영어 실력 향상에도 도움이 됩니다.

<로얄캐리비안 오아시스 오브 더 씨즈호의 과학실과 어린이 전용 극장>

3) 휴게 시설

크루즈는 다양한 즐길 것뿐만 아니라 휴식을 취하기에도 좋습니다. 편안한 썬 베드와 푹신한 소파나 의자가 있는 곳도 있고, 따뜻한 자쿠지에서 바다를 바라보며 여유를 느낄 수도 있습니다. SPA 안의 사우나에서 여독을 풀기도 하고 미성년자는 이용하지 못하는 수영장에서 조용히 음악을 듣거나 독서를 하며 혼자만의 시간을 가질 수도 있죠. 객실에 발코니가 있다면 나만의 공간에서 선탠을 즐길 수도 있고, 인사이드 객실이라면 한낮에도 빛의 방해를 받지 않고 숙면을 취할 수도 있습니다.

수영장 등에서 사용하는 타올은 모두 무료로 사용할 수 있는데, 프리미엄급 이상의 크루즈에서는 비치되어 있는 장소에서 편하게 가져다 쓰고 사용 후 수거함에 넣거나 자리에 두면 됩니다. 반면 대부분의 스탠다드급 크루즈에서는 보증금을 내고 사용하도록 되어 있습니다. 보증금은 약 25달러로, 선상 카드로 빌리는 수량만큼 보증금을 내고 사용한 후 지정된 장소에서 반납을 하게 됩니다. 일부 크루즈는 종이에 선실 번호와 이름을 적고 대여를 하거나 선실 내에 비치되어 있는 경우가 있습니다. 선실 내에 비치되어 있는 경우 분실 시 명기된 금액을 변상해야 하니 주의하셔야 합니다.

4) 쇼핑 시설

크루즈에서는 면세점을 운영하고 있습니다. 여기서는 각종 주류와 시계, 잡화류, 화장품, 담배 등을 면세 가격으로 구매할 수 있는데, 주류나 시계의 경우 가격적인 측면에서 메리트가 크고 프로모션도 자주 해 저렴한 가격으로 구매할 수 있습니다. 액세서리, 가방 등의 잡화류도 할인 폭이 커 세일이 시작되면 승객들로 인산인해를 이루기도 합니다. 일부 크루즈의 경우 국내 백화점에 입점해 있는 명품이나 준 명품 브랜드의 제품을 구매할 수 있고, 대중적인 유명 브랜드의 제품도 국내보다 저렴한 가격에 살 수 있습니다.

크루즈에는 각 선사의 로고가 있는 다양한 아이템을 구매할 수 있는 로고 샵이 있는데 티셔츠나 모자부터 조그마한 액세서리까지 준비되어 있으니 선물용이나 기념품으로 구매하면 좋습니다. 각 지역을 여행하다 보면 여행지의 기념품 샵에서 자주 접하는 아이템이 있는데, 크루즈가 해당 지역을 운항하면 선내에도 그러한 아이템들을 구비해 놓아 저렴하고 편하게 구매할 수 있습니다.

이 밖에도 선크림이나 치약, 스노클 장비 등 여행 시 필요한 아이템을 취급하는 코너도 있습니다.

이러한 쇼핑 시설은 면세 구역이라 카지노와 함께 정박했을 때는 영업을 하지 않고, 심해에 진입하면 영업을 시작합니다.

5) 기타 공공시설

기타 시설로는 승객들의 다양한 요구사항이나 결제 관련 업무를 처리하는 게스트 서비스 데스크, 기항지 투어 데스크, 멤버십 데스크, 단체 승객들이 이용하는 컨퍼런스룸, 인터넷 라운지, 도서관, 기도실, 보드게임이나 카드 게임을 즐길 수 있는 게임룸, 포토샵, 갤러리 등이 있습니다.

6) 선내 패키지

크루즈에서는 자주 이용하는 음료, 주류, 레스토랑, 인터넷, 세탁, SPA 등을 조금 더 저렴하게 이용할 수 있는 패키지 상품을 판매합니다.

음료나 주류, 인터넷의 경우 일정 금액을 납부하면 무제한으로 이용할 수 있는 패키지도 있는데, 이러한 패키지는 승객의 성향에 따라 보다 경제적으로 사용할 수 있고 승선 전에 온라인으로 구매하면 보다 저렴하게 이용할 수도 있습니다.

**⚓ CRUISE TALK** **크루즈의 주류 패키지 이야기**

MSC 메라비글리아호로 여행했던 북유럽은 모항지가 함부르크여서 많은 수의 독일인이 승선을 했습니다. 맥주를 물보다 더 많이 마신다는 독일인답게 많은 수의 승객이 무제한 주류 패키지를 구매했고, Sea Day 등에는 하루종일 음주를 즐기는 승객들을 볼 수 있었습니다. 게다가 여행했던 시기와 지역은 여름의 북유럽이라 백야 현상을 볼 수 있어서 시간이 가는 줄도 모르고 술을 마시는 승객들 때문에 승무원들은 제대로 쉬지도 못했다고 합니다.

저는 세계 일주를 하며 주류 패키지가 제공되는 크루즈에 두 번 승선을 할 수 있었는데, 맥주부터 와인, 칵테일, 위스키 등 일정 금액만 넘지 않으면 모두 마실 수 있는 패키지였습니다. 저 역시 Sea Day나 기항지 관광 후에는 본전을 뽑겠다는 마음 반, 다양한 칵테일을 마셔보겠다는 마음 반으로 수없이 바를 들락날락 거렸는데 바닷바람 때문인지 평소보다 많은 양을 마셔도 괜찮았던 기억이 납니다.

**⚓ CRUISE TALK** **애플리케이션을 이용한 선내 서비스**

대부분의 선사에서는 애플리케이션으로 선내의 다양한 서비스를 확인하거나 예약할 수 있도록 운영하고 있습니다. 선사마다 구성이나 서비스 내용 등에 차이가 많지만, 이 애플리케이션으로 편하게 공연, 식당, SPA 등을 예약할 수 있고 기항지 투어 프로그램도 예약할 수 있습니다. 일부 선사의 경우 본인의 현재 위치뿐만 아니라 가고자 하는 시설까지 안내하는 내비게이션 기능, 승객들이 편하게 대화를 할 수 있도록 돕는 메신저 기능도 있습니다.

크루즈의 WIFI는 유료로 운영되지만, 이 애플리케이션은 선내에서 무료로 이용할 수 있고 일부 선사의 경우 예약번호와 이름 등으로 로그인을 하면 외부에서도 사용할 수 있습니다.

사용 방법은 출항 전 해당 선사의 애플리케이션을 다운받고 선내의 WIFI로 접속 후 애플리케이션을 실행하고 로그인을 하면 됩니다.

## 2. 크루즈의 특별한 시설들

앞서 기본적인 크루즈의 시설들에 대해 이야기 했고 이번에는 선사나 선박에 따라 운영하고 있는 특별한 시설들에 대해 이야기하겠습니다. 참고로 앞으로 언급될 특별한 시설들은 보통 15만 톤급 이상 규모의 크루즈에서 경험할 수 있습니다.

1) 놀이 시설

"크루즈에 롤러코스터가 있다?" 필자도 놀이기구를 좋아해 그런 크루즈가 있으면 좋겠다고 생각은 해보았지만 실제 그런 크루즈가 올해 출항을 합니다. 테마파크처럼 큰 규모는 아니겠지만 롤러코스터를 탈 수 있는 크루즈는 카니발의 마디그라호로, 바다 위에서 롤러코스터를 타는 경험할 수 있습니다.

카트를 타고 레이싱을 할 수 있고 범퍼카를 탈 수 있는 크루즈도 있습니다. NCL의 브레이크 어웨이 플러스 클래스 크루즈에서는 카트를, 로얄캐리비안의 퀀텀 클래스 크루즈에서는 범퍼카와 해발 91미터 높이의 전망대, 스카이다이빙 체험시설을 즐길 수 있습니다.

세계 최대 규모의 로얄캐리비안 오아시스 클래스 크루즈에는 짚라인을 비롯해 회전목마, 아이스링크, 서핑 체험시설 등을 즐길 수 있고 MSC의 씨사이드 클래스와 메라비글리아 클래스에는 실제 규격의 볼링장이 있습니다.

이 밖에도 서바이벌 게임, 방 탈출 게임, 다양한 슬라이드가 있는 워터 파크, 암벽등반 등 다양한 시설이 있어 크루즈에만 있어도 할 것이 넘쳐납니다.

이러한 시설은 선사나 지역 등에 따라 유료 또는 무료로 이용할 수 있습니다.

<로얄캐리비안의 다양한 즐길 것들>

2) 공연

"크루즈에서 태양의 서커스 공연을 볼 수 있다?" MSC의 씨사이드 클래스와 메라비글리아 클래스에서는 음식이나 음료가 포함된 태양의 서커스 공연(유료)을 볼 수 있습니다.

로얄캐리비안의 보이저, 프리덤, 오아시스 클래스에서는 수준 높은 아이스쇼를, 퀀텀 클래스에서는 270(Two Seventy)라는 별도의 공간에서 환상적인 공연을 무료로 볼 수 있죠. 또한 오아시스 클래스의 아쿠아 시어터에서는 고공 다이빙을 비롯한 아쿠아쇼를, 공연장에서는 2시간이 넘는 뮤지컬을 무료로 관람할 수 있습니다.

<로얄캐리비안의 뮤시컬 공연>

2019년 타임지가 선정한 세계 최고의 장소 100선에 선정된 셀러브리티 엣지호에서는 10개의 파노라믹 프로젝터와 16개의 비디오 맵핑 레이저 프로젝터를 이용한 환상적인 공연을 관람할 수 있습니다.

<셀러브리티 엣지호의 공연장>

이 밖에도 디즈니 크루즈에서는 디즈니 캐릭터들이 등장하는 공연을, 로얄캐리비안에서는 드림웍스의 주인공을 테마로 하는 퍼포먼스 등을 볼 수 있습니다.

3) 카페, 레스토랑

크루즈에는 움직이는 카페도 있습니다. 셀러브리티의 엣지호에는 외부에 매직 카펫이라는 15층까지 이동하는 바가 있고, 로얄캐리비안의 오아시스 클래스의 내부에는 라이징 타이드 바가 상층부의 공원인 센트럴 파크까지 이동합니다.

셀러브리티 엣지호의 르쁘띠 셰프에서는 지루할 수 있는 레스토랑의 대기 시간에 주문한 음식이 조리되는 과정과 이미지를 확인할 수 있는 3D 애니메이션이 테이블 위에서 펼쳐집니다.

<셀러브리티의 매직 카펫과 로얄캐리비안의 라이징 타이드 바>

<셀러브리티의 3D 애니메이션 테이블>

특별한 시설들을 모두 소개하지는 못했지만 크루즈 시장의 규모가 계속 커지고 있고 선사들도 앞다투어 새로운 크루즈를 건조하며 이렇게 상상만 했던 시설들을 접목시키는 것을 보니, 앞으로 어떤 새롭고 놀라운 시설들을 크루즈에서 경험할 수 있을지 기대가 됩니다.

# 크루즈에서 즐길 수 있는 것들

크루즈는 음식과 시설들뿐만 아니라 다양한 이벤트와 파티 등을 즐길 수 있습니다. 이벤트나 파티 등은 선사마다 성격과 프로그램이 조금씩 다르지만, 1인부터 단체까지 참여할 수 있는 수많은 행사를 매일 진행합니다.

## 1. 공연

크루즈에서는 매일 저녁마다 새로운 공연을 볼 수 있습니다. 공연의 종류는 너무도 많은데 서커스, 마술, 오페라, 뮤지컬, 클래식, 코미디, 락, 팝송 등이며 보통 저녁 정찬 식사 시간과 엇갈려 하루 2회 진행합니다. 공연의 퀄리티는 선사마다, 선박마다 다른데 어떤 크루즈는 동일한 출연진이 주제나 구성만 바꿔서 매일 진행하는 반면, 어떤 크루즈는 전문 공연장을 두거나 공연진을 별도로 섭외해 진행하기도 합니다.

일부 선사나 크루즈의 경우 공연장에 승객들을 모두 수용하지 못해 예약을 해야 하는 경우가 있습니다. 예약은 앞서 설명 드린 애플리케이션으로 예약하는 방법이 가장 편하고 전화, IPTV, 게스트 서비스 데스크 방문 등으로 할 수 있습니다. 예약 없이도 공연을 볼 수 있지만 선사에서는 먼저 예약 승객을 입장시키고 자리가 남을 경우 선착순으로 입장할 수 있어 공연을 보지 못하거나 시야가 좋지 않은 자리에서 관람할 수 있으니 이럴 경우를 대비해 미리 예약을 할 것을 추천합니다.

셀러브리티 컨스텔레이션호는 백투백을 포함해 약 한 달 동안 승선을 했는데, 별도의 전문 밴드와 공연진을 운영할 뿐만 아니라 다양한 장르의 출연진을 별도로 섭외해 공연을 했고, 심지어 백투백을 했어도 중복되는 공연의 비중이 20% 미만이었습니다. 공연 후에는 출연진들과 기념촬영을 할 수 있었으며 카드 마술쇼의 경우 공연 다음 날 마술 강의까지 진행하는 등 공연의 만족도가 높은 크루즈였습니다.

일부 기항지에서는 기항지의 공연단이 크루즈에 승선해 민속공연 등을 진행하기도 합니다.

## 2. 각종 이벤트(파티, 게임, 춤, 퍼포먼스 등)

모든 크루즈에서 매일 빠지지 않고 진행되는 것이 파티와 게임입니다. 승선하는 날 출항을 기념하기 위해 열리는 Sail Away 파티부터 하선 전의 Good Bye 파티까지 크루즈는 파티와 함께 합니다. 파티는 화이트, 복고 등의 의상이나 국경일, 기념일 등을 테마로 진행합니다.

게임도 파티만큼 종류가 다양합니다. 각종 퀴즈 게임부터 콩주머니 던지기, 골프 퍼팅, 커플 게임, 1분 게임 등 선사나 선박마다 조금씩 다른 게임들을 즐길 수 있습니다.

이런 게임에 참여하면 우승자에게는 기념품을 주기도 하는데, 필자는 모자와 티셔츠를 비롯해 다양한 기념품을 받을 수 있었습니다.

<코스타 크루즈 70주년 기념 파티>

<게임 우승 기념품>

**CRUISE TALK** **사일런트 디스코**

셀러브리티 컨스텔레이션호와 MSC 씨사이드호에는 사일런트 디스코라는 파티가 있습니다. 무선 이어폰을 쓰고 취향에 맞는 노래를 들으며 각자가 흥겹게 춤을 추는 이색적인 파티였지요. 이어폰을 끼지 않고 바라보고 있으면 각자 열심히 춤을 추며, 간혹 아무 소리도 들리지 않는 상황에서 이어폰을 꽂은 이들이 떼창을 부르는 모습을 볼 수 있었습니다. 아직도 그 기억이 생생하네요.

크루즈에서는 춤도 빠질 수 없는데, 매일 밤 춤과 함께 보낸다고 해도 과언이 아닐 정도로 춤은 크루즈에서 자주 접할 수 있습니다. 그래서인지 초보자를 위해 다양한 종류의 춤 강습도 진행하고 있지요.

이 밖에도 크루즈에서는 만화나 영화의 캐릭터 등이 등장하는 퍼포먼스와 각종 기념일 행사 등을 즐길 수 있고 과일 깎기 시범, 얼음 조형물 만드는 시범 등 다양한 볼거리도 제공합니다.

<갈라 파티때 승무원과 승객들이 춤을 추는 모습과 과일 깎기 시범>

**CRUISE TALK** **배 만들기 게임, 다이빙 컨테스트**

지난번 세계 일주에서는 많은 게임을 즐겼는데, 가장 기억에 남는 게임은 배 만들기와 다이빙 컨테스트였습니다.

배 만들기는 사전에 참가자 신청을 받고 지정된 날짜에 다양한 재료로 만든 배를 수영장에 띄워 가라앉지 않거나 모양이 훌륭한 배를 만든 팀을 선정하는 게임인데, 보기에도 많은 정성이 들어간 배를 보고 모든 승객이 환호성을 지르던 모습이 아직도 생생합니다.

<배 만들기 게임과 다이빙 컨테스트>

다이빙 컨테스트는 육중한 몸을 가질수록 유리합니다. 거구의 사람들이 수영장에 다이빙을 하며, 얼마나 많은 물을 튀기는지를 가리는 게임이라서 그렇습니다. 판정은 구경하고 있는 승객들이 하며, 그들이 손가락으로 0점부터 5점을 매기면 진행자가 대충 파악하고 우승자를 선정합니다.

**CRUISE TALK** **크루즈의 대형 LED**

MSC 메라비글리아호는 2017년 출항한 최신의 크루즈인데 이 크루즈 안에는 대형 LED 돔이 있습니다. 화면을 통해 매일 다른 주제로 웅장한 음악과 함께 LED 쇼를 진행하고 셀피 타임을 진행하기도 합니다. MSC의 씨사이드호의 아트리움에서도 대형 LED를 볼 수 있는데, 수족관 등을 화면으로 보거나 공연이 진행됩니다.

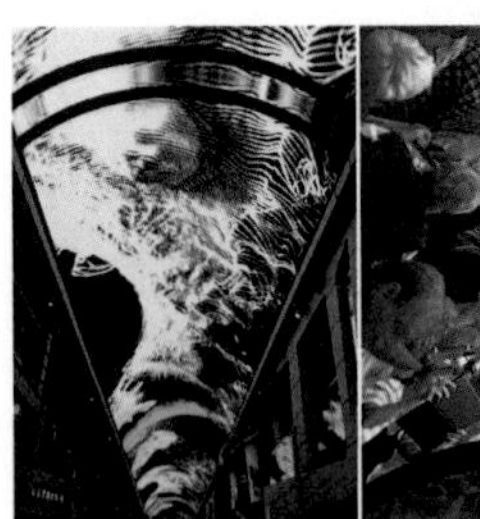

<MSC 메라비글리아호의 LED 돔과 시사이드호의 LED 화면>

### 3. 강의 및 설명회

크루즈에서는 매일 다양한 강의나 설명회가 진행됩니다. SPA에서 진행하는 체중 감량, 치아 미백, 피부 관리부터 컴퓨터, 모바일 사용법, 각종 언어, 기항지의 역사나 문화, 과학 등과 크루즈 선박에 대한 설명회까지 수십 가지의 주제로 강의나 설명회가 진행되죠.

일부 홀랜드 아메리카 선박의 경우 별도의 쿠킹 스튜디오가 있어 매일 요리 강의를 진행하기도 합니다.

<홀랜드 아메리카 잔담호의 쿠킹 클래스와 타올 폴딩>

### 4. 음악, 연주회 등

크루즈에서 또 하나 빠지지 않는 것이 음악과 연주회입니다. 크루즈에는 소규모 공연장이나 라운지, 바 등에서 음악을 즐길 수 있고 가라오케 장비도 있어 승객이 직접 노래를 부를 수도 있습니다. 팝송부터 재즈, 클래식 등 장르도 다양해 원하는 장르를 마음껏 즐길 수 있습니다.

<크루즈에서 열린 노래자랑과 통기타 연주 공연>

**CRUISE TALK** **승객이 참여하는 음악 공연**

크루즈에서는 대부분 전문 공연진과 아티스트들이 공연을 하는데 승객이 직접 참여하는 공연도 볼 수 있었습니다.

셀러브리티 컨스텔레이션호에서는 승객들이 합창을 했는데 완성도는 떨어졌지만 공연 전 지정된 시간마다 연습을 했고, 낯익은 얼굴들이 최선을 다해 노래를 부르고 가족들이 응원하는 모습은 마음을 따뜻해지게 만들었습니다.

코스타 퍼시피카호에서는 공연장에서 승객이 직접 참여하는 TV의 오디션 프로그램을 패러디한 공연도 볼 수 있었습니다.

<승객들이 직접 참여하는 프로그램들>

## 5. 운동

크루즈에는 피트니스를 비롯해 조깅 트랙, 스포츠 코트 등의 시설에서 스트레칭, 요가, 필라테스, 줌바, 인도어 사이클링, 축구, 농구 등을 즐길 수 있습니다. 대부분 무료로 참가할 수 있으나 요가, 필라테스 등 피트니스에서 진행하는 일부 프로그램은 유료로 운영되기도 합니다.

이 밖에도 골프 퍼팅 코스, 테니스 코트, 탁구대 등이 있는 시설을 갖춘 크루즈도 있습니다.

<요가 강습 및 실내 스포츠 코트>

## 6. 기타

이 밖에도 멤버십 회원들을 위한 별도의 칵테일파티, 최신 영화관람, 시뮬레이터 게임기 등 다양한 즐길 거리가 넘쳐납니다.

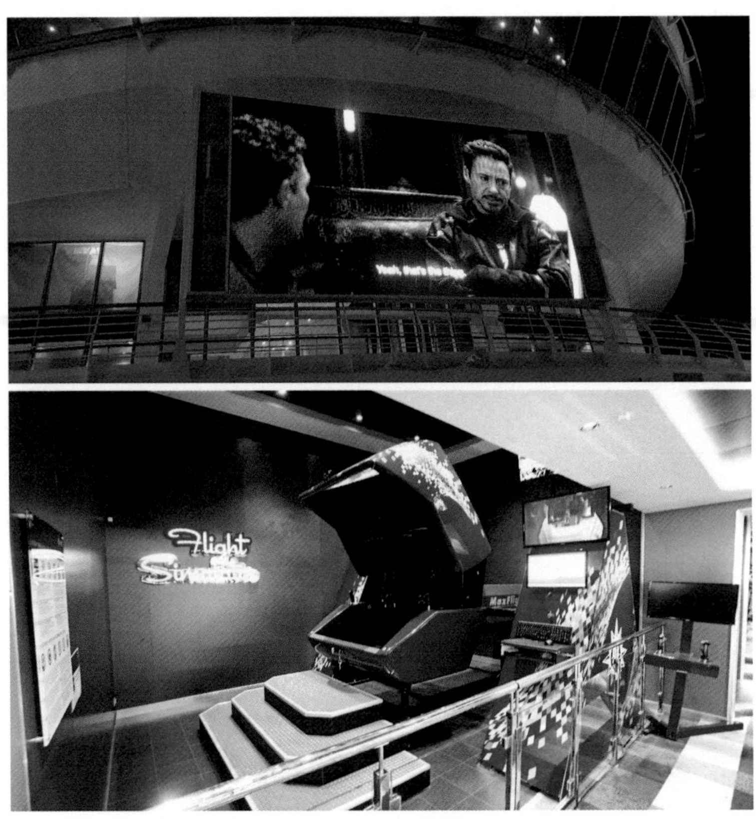


<최신 영화 관람과 시뮬레이터>

## CRUISE TALK 크루즈에서 길 찾는 방법

이렇게 다양한 시설이 있는 크루즈는 규모가 크고 길이가 길 뿐만 아니라 일부 층을 제외하고는 밖을 볼 수 없어 방향을 잡기가 어려울 때가 많습니다. 특히 외부가 보이지 않는 선실이 있는 층은 더욱 어려운데, 이럴 때 가장 쉬운 방법은 선실의 번호를 보는 방법입니다.

대부분의 크루즈는 선수 쪽에서 선미 쪽으로 갈수록 선실 번호가 커지는데, 이동을 하면서 나의 선실 번호를 염두에 두고 숫자가 커지는지 줄어드는지를 보고 이동하면 됩니다. 일부 선사의 경우 선수 쪽을 바라보고 오른쪽 복도의 선실은 짝수, 왼쪽 복도의 선실은 홀수(반대의 경우도 있음)로 되어 있으며, 바닥의 카펫에 물고기 모양(머리 쪽은 선수)을 넣어 방향을 표시하기도 합니다.

또한 각 층의 엘리베이터 주변에 크루즈 모형으로 안내도를 배치해 현재 나의 위치와 가야 할 시설의 위치를 파악하기 쉽게 해놓은 선사도 있습니다.

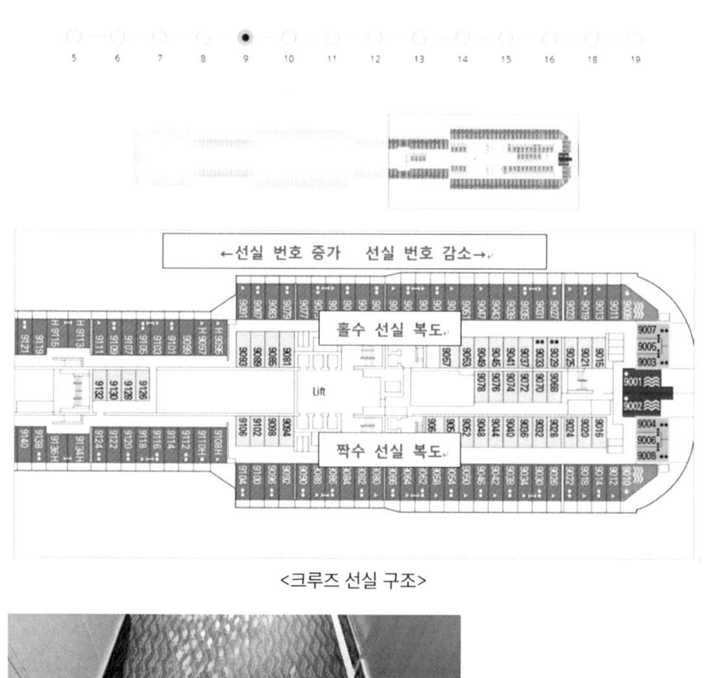


<크루즈 선실 구조>

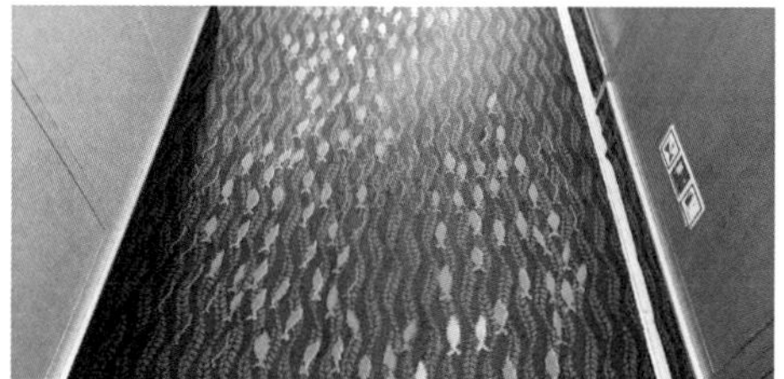

<카펫에 있는 물고기 모양>

선사에서 선내 시설의 위치를 안내하는 자료에 배에서 사용하는 명칭으로 표기해놓거나, 승무원들에게 위치를 물어보면 이러한 명칭으로 답하는 경우가 많습니다. 기본적으로 알아두면 좋은 명칭은 선수를 뜻하는 포워드(Forward), 선미를 뜻하는 애프터(AFT), 중앙을 뜻하는 미드쉽(Mid Ship), 선수 방향을 기준으로 오른쪽을 뜻하는 스타보드(Starboard), 왼쪽을 뜻하는 포트사이드(Port Side) 등이고, 층은 덱(Deck)이라고 합니다.

<크루즈 위치별 명칭>

# 크루즈에서의 결제 수단

유료 음식이나 시설을 이용한다면 결제를 해야 하는데, 크루즈에서는 현금을 사용할 수 있는 카지노를 제외하면 선내에서 발생한 모든 결제는 선상 카드를 통해 이루어집니다. 카지노에서도 선상 카드를 이용할 수 있는데, 테이블 게임에서 사용할 경우 5% 정도 별도의 수수료가 부과되고, 머신에서 사용할 경우 핀 번호 등을 입력해야 합니다.

선상 카드는 결제 수단이자 승·하선 시의 신분증이자 선실의 Key로 이 카드 하나만 있어도 큰 불편 없이 크루즈 라이프를 즐길 수 있습니다. 일부 크루즈에서는 선상 카드로 선내의 안전 금고를 이용하기도 합니다.

선상 카드로 사용한 금액은 신용카드로 청구되거나 하선 전에 현금으로 결제해야 하는데 신용카드로 사용할 경우 선상 카드에 신용카드를 등록하는 절차를 거쳐야 합니다.

신용카드를 등록하는 방법은 체크인 시 등록하는 방법, 게스트 서비스 데스크에서 등록하는 방법, 선내 키오스크에서 등록하는 방법이 있는데, 체크인 시와 게스트 서비스 데스크에서 등록하는 방법은 등록할 신용카드만 제시하면 됩니다.

선내 키오스크는 코스타 크루즈, MSC 크루즈 등에서 사용할 수 있는데, 코스타에서는 한국어가 지원되고 안내에 따라 등록을 하면 됩니다.

현금으로 결제할 때는 매우 번거로운데, 일정 금액을 사용하면 더 이상 결제가 진행되지 않고 게스트 서비스 데스크에서 최소한의 금액을 예치해놓아야 계속 사용할 수 있습니다. 예치금액을 소진하게 되면 또다시 게스트 서비스 데스크로 가서 예치금을 추가해야 하고, 하선 전에 예치금액이 남으면 환불을 받으러 다시 게스트 서비스 데스크로 가야 합니다. 보통 기본적인 예치금은 30만 원 정도이고, 선사의 국적에 따라 US달러 또는 유로 등으로 지불하게 됩니다.

선내에서 사용한 금액을 확인하는 방법은 선실의 IPTV(운영 시)나 선내의 키오스크 등이 있고, 게스트 서비스 데스크에 문의해도 됩니다. 사용 금액은 꼭 확인해야 하는데 워낙 많은 승객이 이용하니 승무원들이 실수를 할 수도 있기 때문입니다. 확인 후 이상이 있을 경우 게스트 서비스 데스크에서 수정을 요청하면 됩니다.

선상 팁은 인당 매일 15달러 정도가 부과되고, 사용 내역은 승선 기간 전부가 한 번에 지불되거나 일정 금액이 매일 부과가 되는 것을 확인할 수 있습니다.

온보드 크레딧(OBC)은 선내에서 사용할 수 있는 일종의 사이버 머니입니다. 온보드 크레딧은 최초 예약 시에 받을 수도 있고, 자주 이용하는 예약 사이트나 선사에서 보너스로 받을 수도 있습니다. 온보드 크레딧 금액을 확인하려면 역시 사용 내역을 보면 되고, 최종 결제 내역은 보유한 온보드 크레딧 금액만큼 차감되어 청구됩니다.

온보드 크레딧은 선사 기항지 투어, 주류, 스페셜 티 레스토랑, 면세점, SPA 등 선내 거의 모든 곳에서 사용할 수 있습니다. 다만 대부분의 크루즈 카지노에서는 사용할 수 없습니다.

# 기항지 관광

1~2박 기간 등 짧은 일정의 크루즈를 제외하면 모든 크루즈는 기항지에 머물게 됩니다. 이때 크루즈에 남아 선내 생활을 즐길 수도 있고, 기항지에 내려 관광을 할 수도 있습니다.

기항지에 머물러 있는 동안 크루즈 내에서는 식당, 바, 수영장, SPA 등을 제외한 다른 시설은 운영을 하지 않거나 제한적으로 이용할 수 있습니다.

기항지 관광을 위해 승·하선을 하려면 선상 카드는 필수로 소지해야 하고, 기항지에 따라 여권이나 비자가 필요할 수도 있습니다. 선상 카드는 승·하선 시 입구에 있는 바코드 리더기에 센싱을 하게 됩니다.

일부 기항지는 입국 심사 시간을 줄이기 위해 선내에서 심사를 하기도 힙니다.

기항지에서는 자유여행, 선사의 기항지 투어 프로그램 이용 등으로 여행을 할 수 있습니다.

자유여행으로 여행을 하려면 먼저 승·하선과 관광지나 도심 등으로 이동하거나 여행하는 방법 등을 알아야 하는데, 자세한 내용은 뒤에서 다룰 지역별 정보에서 언급할 예정이고 여기서는 개념적인 부분에 대해서 언급하겠습니다.

**CRUISE TALK** **선내에서 입국 심사를?**

세계 일주 기간 중 선내에서 입국 심사를 한 경우는 네 번이었습니다. 인도, 영국, 호주에 가기 전이었는데, 인도의 경우 비자까지 있어야 입국을 할 수 있었습니다. 선내의 입국 심사는 아주 간단합니다. 여행 목적이나 체류 기간 등을 물어보지도 않고 그냥 도장만 찍어 주는 곳도 있었고, 영국의 경우 전에 방문했는지 정도만 물어보는 수준이었습니다.

선내 입국 심사를 하는 방법은 먼저 선실별로 입국 심사를 하는 일정표와 절차가 적혀 있는 안내문을 심사 전날 선실로 보냅니다. 해당 시간에 맞춰 심사 장소로 가 여권을 수령하고 심사관이 있는 곳으로 가 입국 허가 도장을 받고 선상 카드를 센싱하면 입국 심사가 마무리됩니다.

여권은 해당 국가의 기항지 관광이 끝나면 다시 수거하고 하선 전날 되돌려줍니다.

<여권 수령>

<선내 입국 심사 데스크>

<선상 카드 센싱>

## 1. 텐더 보트를 이용한 기항지 승·하선

기항지는 항구 사정에 따라 정박을 할 수도, 정박을 하지 않고 텐더 보트를 이용할 수도 있습니다. 텐더 보트는 크루즈에 있는 보트를 이용할 수도 있고 기항지에서 운영 중인 일반 선박을 이용할 수도 있는데, 정박하는 것에 비해 승·하선 시간이 오래 걸린다는 단점이 있습니다.

제한된 기항 시간 때문에 기항지 관광을 하기 위해 대부분의 승객이 일찍 하선을 하려고 하는데, 텐더 보트의 경우 고객 분산을 위해 하선 전에 선착순으로 티켓을 발행해 시간별로 하선을 하게 됩니다. 스위트 등급 선실 고객의 경우 대부분의 크루즈에서 텐더 보트 우선 사용 혜택을 주고 있습니다.

크루즈로 돌아오려면 다시 텐더 보트를 타야 하는데, 탑승 데드라인 시간 안에 탑승해야 합니다.

<텐더 보트를 이용한 하선>

## 2. 셔틀버스를 이용한 이동 방법

크루즈나 텐더 보트가 정박하는 크루즈 터미널이나 항구는 도심이나 관광지와 거리가 멀 수도 있고 바로 인접해 있을 수도 있습니다. 또한 일부 항구는 지정된 구역을 제외하고 사람들의 통행을 금지시키는 곳이 있지요.

선사 기항지 투어를 한다면 크게 신경 쓸 부분은 아니지만 자유여행을 한다면 항구에 대한 정보를 미리 알고 있는 것이 좋습니다. 또한 선사에서는 전날 배달되는 선상 신문에 각종 유의사항 및 이동 방법 등에 대한 안내를 해줍니다.

항구와 도심 간의 거리가 멀 경우 선사에서는 무료, 혹은 유료 셔틀버스를 제공하고, 유료 셔틀버스의 경우 미리 기항지 투어 데스크에서 구매를 하는 선사도 있으며, 아예 선실로 티켓을 보내 사용 시 결제가 되는 시스템으로 운영하는 선사도 있습니다.

유료 셔틀버스는 왕복으로 제공되며, 일반 대중교통에 비해 가격이 비쌉니다. 기항지에 따라 대중교통을 이용하기 어려운 항구도 많으니 자유여행 시에는 사전에 기항지 정보를 체크하는 것이 좋습니다.

셔틀버스의 경우 텐더 보트와 마찬가지로 운행 마감 시간이 있습니다.

<셔틀버스>

**CRUISE TALK** 꼬마 기차 셔틀

크루즈로 키웨스트에 도착했을 때 NCL 썬호가 정박한 항구는 도보로 이동이 금지된 곳이었습니다. 그래서 무료로 제공되는 셔틀을 이용해야 했는데, 특이하게도 꼬마 기차를 셔틀로 운영하는 것이었습니다. 꼬마 기차는 항구를 지나 키웨스트의 도심까지 약 15분 정도 이동을 했는데 개방된 공간에서 이동을 하며 시내 구경을 할 수 있어 좋았습니다.

### 3. 홉온 홉오프(Hope-on Hop-off) 버스를 이용한 기항지 이동 및 관광

크루즈 터미널에서 도심으로 이동하는 다른 방법은 홉온 홉오프(Hop-on Hop-off) 버스를 이용하는 것입니다. 홉온 홉오프 버스는 전 세계 수많은 도시에서 운영되는데, 도시의 관광지에서 타고 내리며 편안하게 여행할 수 있습니다. 대부분의 도시에서는 크루즈 터미널에서부터 관광지까지 편히게 이동할 수 있어 기항 시간이 정해져 있는 크루즈 승객들이 많이 이용하고 있습니다.

<오만 무스카트의 빅버스 투어>

## 4. 현지 투어를 이용한 기항지 관광 방법

대부분의 크루즈 터미널이나 항구에는 현지 여행사 등이 운영하는 투어 프로그램을 비롯해 지역에서 운영하는 투어 부스나 관광안내소, 개별로 가이드가 호객이나 푯말로 손님을 모으는 투어 등 다양한 종류의 투어가 존재합니다. 이것을 이용하면 선사 기항지 투어보다 저렴한 가격에 가이드(영어)가 안내하는 투어를 이용할 수 있는데, 도보나 대중교통으로 여행이 힘들거나 관광지가 크루즈 터미널과 거리가 먼 경우 효율적으로 여행할 수 있습니다.

단점은 제한된 인원만 수용하기 때문에 서두르지 않으면 빨리 마감이 된다는 것과 개별 가이드의 경우 추가 비용을 요구하거나 투어 시작 후 조건이 상이해지는 경우, 여행 코스가 선사의 기항지 투어보다 적은 경우가 있다는 것입니다. 특히 동남아나 중동에는 개별 가이드가 많은데, 흥정할 때 조건을 꼼꼼히 따져보고 여행 중에도 조건을 확인하며 이용하는 것이 좋습니다.

현지 투어는 앞서 소개한 OTA를 이용해 미리 예약해 이용할 수도 있습니다.

**CRUISE TALK** **개별 가이드 투어 시 에피소드**

지난 세계 일주 중 아시아와 중동 여행할 때 가장 많이 이용했던 것은 개별 가이드 투어였습니다. 태국의 푸켓, 스리랑카의 콜롬보, 인도의 코치, 고아, 뭄바이, 오만의 무스카트, 요르단의 아카바에서 툭툭이나 택시 등을 이용해 주변의 관광지를 여행했는데, 여기서 참 많은 일이 있었습니다. 이곳에서 했던 개별 가이드 투어의 장점은 저렴한 가격과 내가 원하는 곳을 편히 여행할 수 있다는 것이었는데, 일부 지역을 제외하고 공통된 특징은 흥정했을 때의 조건과 투어 중 조건이 기사이자 가이드와 최초 협의했던 가격이나 시간, 거리 등 많은 부분이 달라졌다는 것입니다.

콜롬보에서는 투어 중간에 시간이 오버됐다고 가이드가 얘기하는 탓에 인적 없는 곳에서 하차를 했고, 뭄바이에서는 택시를 타자마자 가격과 조건을 확인해 보니 얘기했던 것과는 달라 바로 내려 다른 택시를 이용했으며, 무스카트에서는 투어 종료 후 비용을 지불할 때 기사가 돈을 더 달라고 요구를 했습니다. 게다가 아카바에서는 외국인 친구들과 함께 미니밴으로 협의를 했으나 출발 후 얼마 되지 않아 차를 두 대로 나눠야 하고 비용도 더 지불해야 한다고 해 실랑이를 벌였던 적도 있었습니다.

이러한 기억도 있지만 인도의 코치에서는 기사가 살고 있는 집을 구경한 적도 있었고, 무스카트에서도 기사의 집에 가서 아라비안 커피와 대추야자 등을 대접받았던 좋은 기억도 있습니다.

저는 푸켓을 제외하고 모두 동행자와 함께 개별 가이드 투어를 이용해 안전에 큰 위험은 없었습니다만, 만약 혼자 여행을 한다면 선사 기항지 투어를 이용하실 것을 추천합니다. 아시아나 중동의 경우 대부분 관광안내소나 여행사 부스가 없고 버스나 지하철 등의 대중교통도 없는 곳이 많기도 하며, 무엇보다 가장 중요한 안전을 위해서입니다.

<지은 지 200년이 넘었고 20명이 넘는 대가족과 함께 사는 인도 코치 가이드의 집>

<커피와 대추야자를 대접받고 전통 의상까지 입어볼 수 있었던 오만 무스카트 가이드의 집>

<외국 친구들과 함께 페트라 여행을 시작하자마자 기사와 실랑이를 벌였던
요르단 아카바의 길 한가운데에서>

## 5. 선사 기항지 투어

크루즈 자유여행으로 가장 많이 이용하는 것 중 하나인 선사 기항지 투어는 승객의 취향에 맞게 다양한 프로그램을 운영하고 있으며, 다양한 언어로 진행해 다른 어떤 수단보다 편하고 안전하게 여행할 수 있는 방법 중 하나입니다.

단점은 가격이 다른 수단보다 비싸다는 것과 사용하는 언어가 영어, 스페인어, 프랑스어, 이탈리아어 등으로 한정되어 있다는 것, 일부 투어의 경우 제한된 인원만 받기에 빨리 마감되거나 해당하는 언어로 진행되는 투어의 최소 인원이 충족되지 못하면 투어가 취소되어 다른 언어로 진행되는 투어를 선택해야 한다는 것입니다. 하지만 다른 언어를 사용하는 가이드들도 어느 정도 영어 구사 능력을 보유하고 있으므로 꼭 가고 싶은 목적지가 있다면 다른 언어로 진행되는 투어를 이용하는 것도 큰 문제는 없습니다.

만약 이러한 이유로 투어가 취소된다면 선실로 자동 취소에 대한 안내문을 보내거나 전화로 알려주는데, 이때 다른 언어로 진행되는 투어에 참여하려면 기항지 투어 데스크에 전화 또는 방문해 상담을 하면 됩니다.

일부 선사 기항지 투어의 경우 선내의 전문 사진사나 기항지 투어 데스크 직원이 동행해 멋진 사진을 찍을 수 있고, 몸이 불편한 승객도 어느 정도 케어를 받을 수 있습니다.

전문 사진사가 촬영한 사진은 선내의 포토샵에서 확인 및 구매할 수 있습니다.

<코스타 크루즈 선사 기항지 투어의 가이드>

**CRUISE TALK** **몽생미셸 선사 기항지 투어 이야기**

2016년 코스타 네오로만티카호로 혼자 크루즈여행을 갔을 때 꼭 가보겠다고 마음먹었던 곳 중 하나였던 몽생미셸. 승선하자마자 몽생미셸 영어 선사 기항지 투어를 예약했는데, 아쉽게도 영어로 진행되는 투어가 취소되어 어쩔 수 없이 스페인어로 진행되는 투어를 이용했습니다. 스페인어는 인사말조차 몰랐지만, 가이드는 영어를 아주 잘 구사했고 불행 중 다행인지 몽생미셸에 도착하니 파리에서 출발한 한국어 가이드가 인솔하는 한국 관광객 팀의 동선이 우리와 많이 겹쳐 편하게 한국어로 설명을 들을 수도 있었습니다. 게다가 선사 기항지 투어에 한국어를 어느 정도 할 줄 아는 필리핀 사진사가 함께해 외롭지 않게 여행을 할 수 있었습니다.

기항지 관광에서 가장 중요한 것은 지정된 시간까지 승선을 해야 한다는 것입니다. 보통 승선 시간은 크루즈가 기항지를 출항하는 시간보다 최소 30분에서 1시간 정도 빠르고, 선상 신문이나 하선 시 출입구에 승선 시간이 명기되어 있습니다. 물론 선사 기항지 투어를 이용한다면 이러한 부분은 크게 신경 쓰지 않아도 됩니다.

모든 승객은 기항지에서 돌아오면 선내 반입 금지 품목 등을 확인하기 위해 짐 검사를 하게 됩니다. 주류의 경우 모항지에서 승선할 때와 마찬가지로 맡겼다가 하선 전날 수령 받을 수도 있고, 일부 크루즈에서는 반입을 허용하기도 합니다.

# 크루즈 하선

즐겁게 크루즈 라이프를 즐기고 나면 어느새 하선 날이 다가옵니다. 하선 후 백투백으로 같은 크루즈를 이용하거나 다른 여행을 이어가거나 귀국을 하게 되는데, 크루즈에서는 하선 시에도 다양한 서비스를 제공합니다.

## 1. 크루즈 하선 절차

1) 하선 전날

먼저 선사에서는 하선 전날 하선에 대한 안내문을 선실로 배달합니다. 이 안내문에는 각 선실 카테고리별 하선 시간과 대기 장소, 아침식사 장소, 결제 등의 내용이 안내되어 있습니다.

이 안내문과 함께 색깔이 있는 수하물 태그가 선실로 배달되는데, 이 색상별로 하선 시간이 다르게 배정됩니다. 비행기 시간 등으로 빠른 승선을 원할 경우 게스트 서비스 데스크에서 시간을 변경하거나, 수하물을 부치지 않고 직접 가지고 하선을 하면 됩니다.

수하물 태그에 이름, 주소 등을 기재하고 여행 가방 등 큰 짐에 붙여 하선 전날 밤에 선실의 문밖에 놓아두면 되고, 다음날 사용할 세면도구나 의상, 귀중품 등은 별도로 챙겨 직접 가지고 하선을 하면 됩니다.

하선 전날 저녁에는 맡겨두었던 선내 반입 금지 품목(드라이어, 주류 등)과 선내 면세점에서 구매한 주류와 결제 내역서가 선실로 배달이 됩니다. 결제 내역을 꼼꼼히 확인해보고 이상이 있을 경우에는 게스트 서비스 데스크에 방문해 반드시 내역을 수정해야 합니다.

결제 수단을 신용카드로 해놓았으면 해당 내역은 자동 결제가 되고, 현금으로 해놓았다면 게스트 서비스 데스크에서 사용한 금액을 차감한 예치금을 수령해야 합니다. 아울러 여권을 맡겨놓은 경우 전날 저녁에 지정된 장소에서 여권을 수령해야 하고, 객실 내의 미니바는 하선 전날 물품을 수거하거나 잠금장치가 되어 이용하지 못합니다.

2) 하선 당일

지정된 시간에 맞춰 크루즈에서 하선을 하고 수하물 태그의 색상이 같은 곳에서 짐을 찾으면 하선은 마무리됩니다. 일부 터미널의 경우 도착 시 입국 심사나 수하물 검사를 하는 곳도 있습니다.

이렇게 하선을 마무리하고 택시 등의 대중교통이나 렌터카 등을 이용해 공항으로 이동하거나 다음 여정을 이어가게 됩니다.

## 2. 공항으로 조금 더 편하게 이동하려면

많은 승객이 하선한 후 귀국을 하기 위해 공항을 이용하게 되는데, 선사에서는 공항까지 유료 셔틀버스를 제공합니다. 공항 셔틀버스를 이용하려면 선내의 지정된 장소(기항지 투어 데스크 또는 게스트 서비스 데스크)에서 티켓을 구매하면 됩니다.

비행기 시간에 여유가 있을 경우 선사에서 제공하는 기항지 투어 후 공항에 드롭을 해주는 투어 프로그램을 이용하기도 하는데, 신청하는 방법은 선사 기항지 투어와 같습니다. 이 프로그램을 이용하면 별도의 수하물 태그를 지급받게 되고, 선사의 기항지 투어와 마찬가지로 선내의 미팅 장소에서 투어를 이용하는 승객들과 미팅 후 함께 이동하게 됩니다. 수하물을 찾고 터미널 밖으로 나가 승차할 버스의 짐칸에 수하물을 넣으면 되고, 관광 후 공항에서 일정이 마무리됩니다.

**⚓ CRUISE TALK** **크루즈에서 짐을 싸주는 서비스**

일부 선사에서는 하선 전에 여행 가방을 정리해주는 서비스를 운영하기도 합니다. 여행 가방 정리뿐만 아니라 세탁까지 해주는데, 짐을 싸느라 만사가 귀찮다면 이러한 서비스를 이용해 보는 것도 나쁘지 않을 것 같네요.

# PART 2

MSC ORCHESTRA
MSC

# chapter 4.

# 남부 유럽

남부 유럽은 지중해의 중앙에 있는 이탈리아반도를 중심으로 서부 지중해와 동부 지중해로 나뉘며, 서부 지중해는 연중, 동부 지중해는 겨울철을 제외하고 운항합니다. 윤식당 촬영지로 많이 알려진 카나리 제도는 대부분 서부 지중해의 로마나 바르셀로나 등 대도시에서 출발하고 유럽에서 남미를 오가는 리포지셔닝 크루즈로도 방문할 수 있는 지역입니다.

# 서부 지중해

서부 지중해는 유럽에서 가장 여행객이 많이 방문하는 이탈리아, 프랑스, 스페인의 주요 해안 도시를 운항하며 짧게는 1~2일, 길게는 10일 이상의 다양한 일정의 크루즈를 이용할 수 있어 많은 사람이 크루즈로 여행을 하는 곳이라 연중 운영하는 선사도 있습니다.

크루즈가 대중화되어 있어 크루즈 터미널의 시설이나 대중교통 등도 잘 발달되어 있고, 많은 도시가 모항지로 운영되며, 연중 온난한 기후 때문에 자유여행이나 패키지여행 등으로 크루즈여행을 하기에 최적인 장소입니다.

## 1. 주요 모항지

다른 지역과 달리 동일한 항차에 운항되는 다양한 도시가 모항지로 운영되는 서부 지중해는 이탈리아의 로마, 나폴리, 제노바(MSC 크루즈의 허브 도시), 사보나(코스타 크루즈의 허브 도시)를 비롯해 프랑스의 마르세유, 스페인의 바르셀로나가 주요 모항지입니다.

# 로마

로마는 바다가 없는 내륙에 위치하고 있어 크루즈를 이용하는 승객들은 로마의 중심부에서 약 65㎞ 떨어져 있는 치비타베키아 크루즈 터미널을 이용합니다.

### ① 크루즈 터미널 정보

치비타베키아 크루즈 터미널은 20개 이상의 부두가 있는 큰 규모로, 지중해에서 세 번째로 많은 승객이 이용하는 곳입니다. 크루즈 터미널에서는 각 부두와 크루즈 터미널 입구까지 운행하는 무료 셔틀버스를 이용할 수 있습니다.

주소: Località prato del Turco, 00053 Civitavecchia

### ② 크루즈 터미널로 이동하는 방법

**○ 피우미치노 공항에서 크루즈 터미널로 이동하는 방법**

- **기차:** 로마의 관문인 피우미치노 공항에서 크루즈 터미널이 있는 치비타베키

아까지 이동하는 가장 일반적인 방법은 기차를 이용하는 것입니다. 시간은 1시간 30분에서 2시간 정도가 소요되며, 직행은 없고 로마의 트라스테베레(Trastevere)역에서 갈아타야 합니다(비용은 편도 약 11유로). 치비타베키아(Civitavecchia)역에서 크루즈 터미널까지는 약 1.5㎞ 정도 떨어져 있어 도보로 이동이 가능(약 20분)하고, 해안도로의 평지를 걷기 때문에 두 다리가 튼튼하다면 가장 경제적인 기차를 추천합니다.

- **셔틀버스:** 피우미치노 공항에서 치비타베키아 크루즈 터미널까지 운항하는 셔틀버스는 겟유어가이드(www.getyourguide.com)에서 구매할 수 있고, 공항의 터미널 1에서 크루즈 터미널까지는 1시간 정도 소요됩니다(편도 약 50~100유로). 이 버스는 동일한 가격으로 로마의 중심부(로마 시티 센터)에서도 이용할 수 있고, 크루즈 터미널에서 공항 또는 로마까지 이용할 수 있습니다.
- **택시:** 공항에서 크루즈 터미널까지는 편도 약 150유로 정도이며, 크루즈 터미널 입구까지만 운행할 수 있습니다.

### ○ 로마 시내에서 크루즈 터미널로 이동하는 방법

총 여행 기간이 짧지 않아 로마에서 며칠 관광을 하고 크루즈에 승선하거나 하선 후 로마 관광을 즐기는 승객들은 대부분 로마에서 치비타베키아로 이동하는 경우가 많습니다.

- **기차:** 로마의 테르미니(Termini)역이나 트라스테베레(Trastevere)역에서 치비타베키아역까지는 모두 30분마다 직행으로 기차를 이용할 수 있습니다(편도 약 11유로).
- **셔틀버스:** 로마의 테르미니역에서 치비타베키아 크루즈 터미널까지 이용할

**TIP**

- 구매처: 겟유어가이드(www.getyourguide.com)
- 운행 시간
  로마 → 치비타베키아: 오후 3시 30분, 오후 4시
  치비타베키아 → 로마: 오전 9시, 오전 9시 30분

수 있고, 약 1시간이 소요되며 무료 WIFI가 제공됩니다(편도 약 10유로). 이 셔틀버스는 로마와 크루즈 터미널에서 하루 각 2차례씩 운행하며, 크루즈 터미널에서는 로마 왕복 티켓도 구매할 수 있어 기항지로 치비타베키아에 도착해 로마 자유여행을 하는 분들께 추천합니다(약 20유로).

### ③ 치비타베키아에서 로마 이동하는 방법

치비타베키아 크루즈 터미널이 기항지이거나 하선지일 경우 대부분의 승객은 로마로 이동해 관광을 하고 다시 크루즈로 돌아오거나 숙박을 하게 됩니다.
기항지로 치비타베키아에 도착해 로마 관광을 하려면 기차나 유료 셔틀버스를 이용해 자유여행을 해도 좋지만, 왕복 교통 시간(최소 2~3시간)이 짧지 않기 때문에 비용은 조금 더 들어도 보다 효율적으로 시간을 활용할 수 있는 선사의 기항지 투어나 OTA 등을 이용해 로마 관광을 다녀오는 것을 추천합니다.

### ④ 치비타베키아 여행 TIP

로마를 여행한 경험이 있고 기항 시간이 충분하지 않다면 치비타베키아에서 여유 있게 시간을 보내도 좋을 것입니다.
치비타베키아는 아름다운 해변뿐만 아니라 미켈란젤로 타워, 구시가, 분수, 성 프란시스코 성당(San Francesco d' Assisi), 치비타베키아 고고학 박물관 등의 볼거리가 크루즈 터미널과 인접한 곳에 위치해 있어 도보로도 편하게 구경할 수 있습니다.

TIP **치비타베키아 여행**

- **미켈란젤로 타워:** 교황 율리우스 2 세에 의해 의뢰되었고 1535 년 줄 라노 레노에 의해 완성되었다. 중앙 타워는 미켈란젤로가 설계했다. 로마 제국 함대 병영의 유골 위에 지어진 이 요새는 6미터 이상의 벽으로 만들어졌다.
- **성 프란체스코 아시시 성당:** 17세기 초반 건축가 Francesco Navona가 만든 신고전주의 바로크 디자인의 성당. 내부에는 아름다운 스테인드글라스 창문과 프레스코화가 있다.
- **치비타베키아 해변:** 크루즈 터미널과 기차역 사이에 있는 해변은 매우 깨끗하고 수영하기에 좋다.
- **치비타베키아 올드타운:** 2차 세계 대전 중에 폭격으로 대부분 파괴되었으나 중세 구시가의 일부는 피해를 거의 입지 않았다. 린드라(Leandra) 광장에서 시작하여 아체토(Archetto)를 통해 사피(Saffi) 광장까지 가는 길에서 두 개의 베네치아 시대 분수를 볼 수 있다.
- **치비타베키아 고고학 박물관:** 이곳은 한때 교황 클레멘테 13세가 소유하고 교황 수비대를 위해 건축된 18 세기 건물이다. 에트루리아와 로마 출신의 유물을 볼 수 있다.

# 제노바

제노바는 프랑스의 마르세유에 이어 지중해에서 두 번째로 큰 항구로 연간 백만 명 이상의 크루즈 관광객들이 방문하는 곳입니다.

### ① 크루즈 터미널 정보

제노바 크루즈 터미널은 MSC 크루즈의 허브 터미널로 도시의 중앙부에 위치해 있어 접근성이 뛰어나 도보나 홉온 홉오프 버스(약 20유로) 등으로 구시가지 관광이 용이합니다.

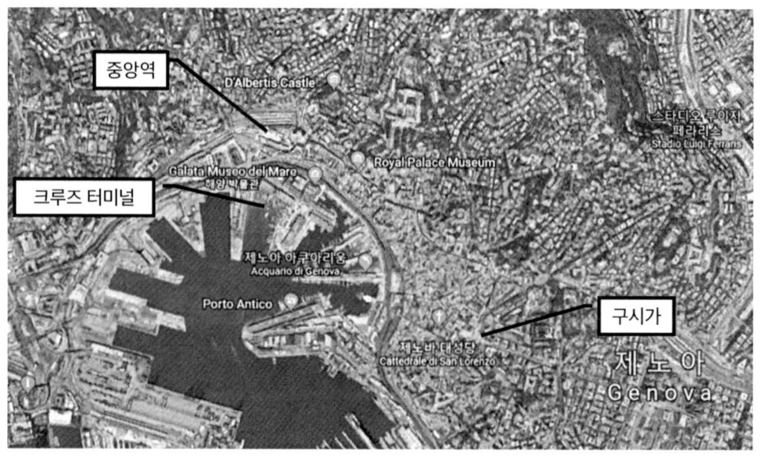


주소: Palazzo SanGiogio, Via della Mercanzia 2, Genoa

### ② 크루즈 터미널로 이동하는 방법

제노바 크루즈 터미널과 가장 접근성이 좋은 공항은 제노바 공항, 밀라노 말펜자 공항입니다.

**○ 제노바 공항에서 크루즈 터미널로 이동하는 방법**

- **버스:** VOLABUS는 편도 약 5유로의 비용으로 제노바 공항과 크루즈 터미널

근처의 프린시페(Principe)역까지 운행합니다. 소요 시간은 30분 정도로 약 40분 간격으로 운항하고, 매일 오전 5시부터 24시까지 이용할 수 있습니다.

- **택시**: 택시는 약 25~30유로 정도에 이용할 수 있고 공항에서 크루즈 터미널까지 15~20분 정도 소요됩니다.

### ○ 밀라노 공항에서 크루즈 터미널로 이동하는 방법

우리나라에서 밀라노 말펜자 공항까지는 직항으로 운항되는 항공편이 있어 제노바 크루즈 터미널을 이용하는 사람들은 제노바 공항보다는 밀라노의 말펜자 공항으로 도착하는 경우가 많습니다. 말펜자 공항에서 제노바까지의 거리는 약 145㎞로 기차나 버스를 이용하는 것이 좋습니다.

- **기차**: 가장 일반적인 방법으로 말펜자 공항 터미널 2에서 승차해 밀라노 중앙역에서 환승한 후 제노바의 프린시페역까지 이동하게 됩니다. 소요 시간은 약 3시간 정도이며 비용은 편도 약 30~35유로입니다.
- **버스**: 말펜자 공항 터미널 1과 2에서 제노바 프린시페역까지 운행하는 플릭스버스(FLIXBUS)는 기차보다 저렴(약 20유로)하고 환승 없이 2시간 30분 정도 소요되나 편수가 많지 않은 단점이 있습니다. 예약은 www.flixbus.com에서 가능합니다.

  밀라노의 리나테 공항에서는 공항과 약 4㎞ 떨어진 람브라테(Lambrate)역에서 제노바 프린시페역까지 환승 없이 2시간 이내에 도착할 수 있습니다(비용 약 15유로).

## ③ 제노바 여행 TIP

제노바는 콜럼버스의 고향으로 유럽 최대의 아쿠아리움을 비롯해 구시가의 산 로렌조 성당 등 볼거리가 풍부하고 접근성이 좋아 기항지로 방문했다면 제노바 시내 관광도 좋고 근교에 있는 포르토피노를 다녀와도 좋습니다.
포르토피노는 제노바에서 약 25㎞ 정도 떨어진 곳에 위치해 있고 세계의 유명한 셀럽들이 휴양지로 찾는 곳입니다. 포르토피노로 가려면 제노바 프린시페역에서 기차를 타고 산타마리아 리구레 포르토피노(S.Margherita Ligure Portofino)

에 내려 82번 버스를 타거나 페리를 타고 가는 방법과 제노바 안티코(Antico) 항구에서 페리를 타고 가는 방법이 있습니다(페리에 대한 정보는 www.golfoparadiso.it를 참조).

이 밖에 선사의 기항지 투어와 OTA에서도 포르토피노에 다녀올 수 있는 선사 기항지 투어를 운영합니다.

**CRUISE TALK** **제노바 세그웨이 투어와 리기(Righi) 전망대**

제노바에 기항했을 때 저는 선사 기항지 투어로 진행하는 세그웨이 투어에 참여했습니다. 난생처음 타보는 세그웨이였지만 아주 쉽게 배울 수 있었고, 제노바 구시가의 곳곳을 가이드(영어)의 설명을 들으며 여행할 수 있던 점과 걷지 않고 편히 다닐 수 있던 점이 세그웨이 투어의 최대 장점이었습니다.

세그웨이 투어 후 제노바를 한눈에 내려다볼 수 있는 리기 전망대로 향했습니다. 리기 전망대로 가려면 제카(Zecca) 역에서 푸니쿨라를 타면 되는데, 전망대에서 바라보는 제노바의 모습은 정말 아름다웠습니다.

<페라리 광장>

<리기 전망대>

# 사보나

## ① 크루즈 터미널 정보

사보나 크루즈 터미널은 코스타 크루즈의 허브 터미널로 제노바 공항에서 약 35㎞, 밀라노의 말펜자 공항에서 약 220㎞, 프랑스의 니스 공항에서 약 160㎞ 떨어져 있습니다. 사보나 중앙역에서 크루즈 터미널까지의 거리는 약 2㎞로 택시로 이동하는 것을 추천합니다(약 10유로). 시내버스도 있지만 운항 편수가 많지 않기 때문입니다.

주소: Calata delle vele, Darsena nuova - 17100 Savona

## ② 크루즈 터미널로 이동하는 방법

### ○ 제노바 공항에서 크루즈 터미널까지 가는 방법

- **택시:** 제노바 공항에서 사보나 크루즈 터미널까지 가는 가장 편리한 방법은 택시입니다. 소요 시간은 약 45분이며 비용은 약 100유로 정도.
- **기차:** 기차를 이용하려면 제노바 공항에서 제노바 프린시페역까지 이동(택시

또는 버스)해 탑승해야 하고, 사보나 중앙역까지의 소요 시간은 약 1시간이며 비용은 약 5유로 정도입니다(약 20분 간격 운행). 사보나 중앙역에서 다시 크루즈 터미널까지 이동하는 번거로움이 있지만, 비용이 싸다는 것이 장점입니다.

참고로 제노바 프린시페역에서 사보나 크루즈 터미널까지 갈 수 있는 셔틀버스(유료)를 코스타 크루즈에서 운행하는데 미리 예약을 해야 하고 비아터(viator)에서는 제노바 공항에서 사보나의 호텔이나 크루즈 터미널을 운항하는 버스를 예매할 수 있습니다(편도 49달러부터).

**TIP**

제노바 공항에서 사보나 크루즈 터미널까지는 택시를 제외하고 이동이 매우 불편하니 밀라노의 말펜자 공항을 이용하거나 제노바에서 숙박을 하고 다음날 크루즈에 승선하는 것을 추천합니다.

### ○ 밀라노 말펜자 공항에서 사보나까지 가는 방법

- **기차:** 말펜자 공항 터미널 2에서 사보나 중앙역까지 기차를 이용하려면 밀라노 중앙역에서 환승을 해야 하고, 소요 시간은 약 4시간, 비용은 약 40유로 정도이며, 밀라노 중앙역에서 사보나 중앙역까지 이동하는 직행 열차는 2시간 간격으로 운항합니다.
- **버스:** 플릭스 버스는 말펜자 공항에서 사보나 중앙역까지 20유로 이하로 이용할 수 있지만 운항 편수가 많지 않은 단점이 있습니다. 소요 시간은 약 4시간.

### ○ 밀라노 리나테 공항에서 사보나까지 가는 방법

- **기차:** 리나테 공항에서 4㎞ 떨어진 람브라테역에서 사보나 중앙역까지 직항으로 운항하는 기차는 일 2편 정도로 약 20유로 정도에 이용할 수 있습니다. 소요 시간은 약 3시간.
- **버스:** 플릭스 버스가 리나테 공항에서 사보나 중앙역까지 운항을 하지만 하

루 1편 정도이며 소요 시간은 약 3시간 10분입니다. 비용은 약 20유로 미만 입니다.

### ○ 니스 공항에서 사보나까지 가는 방법

- **기차:** 니스 공항에서 트램(2번)을 타고 장 메드생(Jean Medecin)역에서 내려 800m정도 거리에 있는 니스 빌레(Ville)역에서 기차를 이용해야 합니다. 하루 세 편 운행하고 소요 시간은 약 2시간 30분, 비용은 약 25유로입니다.
- **버스:** 일 1회 정도 플릭스 버스가 니스 공항에서 사보나 중앙역까지 운항을 합니다. 소요 시간은 약 2시간이며 비용은 약 20유로 미만입니다.

⚓ TIP **사보나 여행**

- **프리아마 요새(Priamar Fortress):** 1542 년부터 제노바에 의해 지어졌으며 오랫동안 감옥으로 사용되었다
- **시스티나 성당(Cappella Sistina):** 1480 년대 건물의 스타일은 로코코에 있으며 웅장한 무덤이 있다.
- **델라 로베레 궁전(Palazzo Della Rovere):** 미완성 된 오래된 궁전. 한때 대학교로도 사용되었다.
- **노스트라 시뇨라 교회(Nostra Signiora de Castello):** 빈첸초 포파(Vincenzo Foppa)가 만든 작품이 있는 교회.

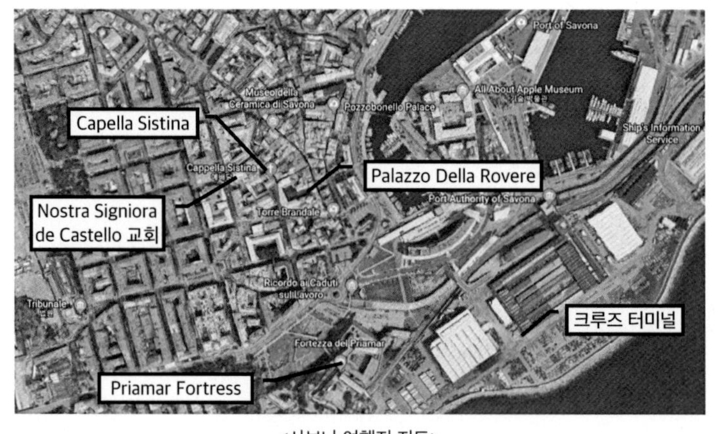


<사보나 여행지 지도>

### ③ 사보나 여행 TIP

사보나의 대표적인 관광지는 대부분 크루즈 터미널에서 도보로 이용하기 좋은 도심에 위치해 있으니 참고하시면 좋을 것 같습니다.

참고로 다른 도시와는 달리 OTA에서는 시내 투어 등의 미식 투어 중심으로 운영합니다.

## 나폴리

리우데자네이루, 시드니와 함께 세계 3대 미항으로 꼽히는 나폴리는 이탈리아에서 세 번째로 큰 도시로 가장 많은 관광객들이 방문하는 도시 중 하나입니다.

### ① 크루즈 터미널 정보

나폴리 크루즈 터미널은 중앙역인 가리발디역에서 약 2㎞ 떨어져 있고 나폴리의 대표적 관광지인 카스텔 누오보 건너편에 위치해 있습니다. 지하철 Municipio역에서 도보로 10분 거리에 있고 시내버스도 이용이 편리합니다.

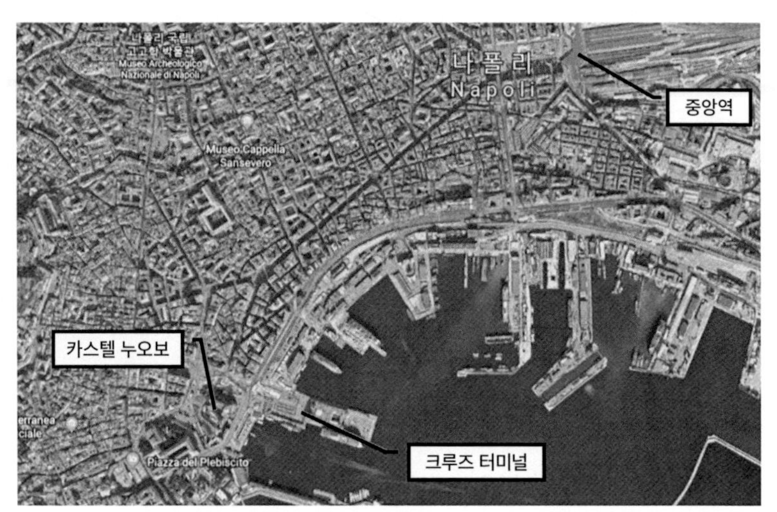


주소: 80133 Naples, Metropolitan City of Naples

### ② 크루즈 터미널로 이동하는 방법

○ 나폴리 공항에서 크루즈 터미널로 이동하는 방법

- **버스**: 나폴리 공항에서 크루즈 터미널까지 이동하는 가장 저렴한 방법은 버스를 이용하는 것입니다. 알리버스(Alibus)(www.anm.it)는 편도 5유로로 공항

에서 크루즈 터미널까지 이용할 수 있고(약 1시간 소요) 배차 간격도 짧아 이용이 편리합니다.

- **택시**: 택시도 편리하게 이용할 수 있는데, 편도 약 30유로로 20분 정도 소요됩니다.

**○ 나폴리 중앙역에서 터미널로 가는 방법**

나폴리 중앙역에서는 대중교통으로 크루즈 터미널까지 이용할 수 있습니다.

- **지하철**: 중앙역에서 피시놀라(Piscinola)행 1호선을 타고 두 정거장 뒤인 Municipio역에서 내려 도보로 약 7분(600m)을 걸어가면 크루즈 터미널에 도착합니다(약 30분 소요).
- **버스**: 중앙역 광장에서 '줄리오 체사레(Giulio Cesare) - 테치오(Tecchio)행' 151번 버스를 타고 아홉 정거장 뒤인 악톤 몰로 베베렐로(Acton-Molo Beverello)에서 내려 도보로 약 3분(300m)을 걸어가면 크루즈 터미널에 도착합니다(약 30분 소요).

  중앙역에서 출발하는 알리버스(Alibus)를 이용할 수도 있습니다(약 45분 소요. 5유로).

**⚓ TIP 대중교통 티켓 종류**

- 시간당 티켓(1.5유로): 버스, 지하철, 푸니쿨라 등 90분 동안 사용 가능
- 일일 티켓(4.5유로): 자정까지 사용 가능
- 주간 티켓(15.8유로): 유효 기간의 마지막 날 자정까지 사용 가능

### ③ 나폴리 여행 TIP

나폴리가 모항지라면 충분한 시간을 갖고 나폴리를 비롯해 폼페이, 소렌토, 카프리, 아말피, 포지타노 등을 여행하는 것을 추천합니다. 하지만 기항지라면 이 중 몇 개만 선택해 여행을 할 수밖에 없죠. 나폴리는 홉온 홉오프(Hop-on Hop-off) 버스(약 25유로. 누오보성에서 탑승)나 앞서 설명한 1일 대중교통 티켓과 도보 등을 이용하는 것을 추천합니다. 선사 기항지 투어나 OTA에는 나폴리와 폼페이, 소렌토, 카프리, 베수비오 등 근교의 다양한 여행 상품을 취급하고 있습니다.

**TIP** **나폴리 근교 여행**

자유여행으로 나폴리 근교를 여행하는 방법은 아주 다양한데 대표적인 것을 설명하겠습니다.

- **페리(카프리, 소렌토)**

  이 두 곳은 크루즈 터미널 옆의 항구에서 페리로 쉽게 여행할 수 있는 곳입니다. www.capri.com에서는 나폴리에서 각 지역으로 운항하는 페리의 시간과 가격을 쉽게 찾아볼 수 있습니다.

- **기차**

  나폴리 중앙역에서 서컴베수비아나(Circumvesuviana) 기차를 타면 40분 정도 후에 폼페이에 도착하고, 여기서 30분 정도 더 가면 쏘렌토에 도착할 수 있습니다(나폴리-소렌토 편도 3.6유로).

- **버스**

  나폴리 크루즈 터미널 옆의 발코 이메콜라텔라(Varco Immacolatella) 버스정류장에서는 아말피까지 운행하는 Sita버스를 이용할 수 있지만, 편도 2시간이 소요되어 기항시간이 넉넉하지 않다면 추천하지 않습니다.

  소렌토에서 포지타노를 거쳐 아말피까지 운행하는 Sita 버스도 있지만 역시 기항시간이 충분하지 않다면 추천하지 않습니다(24시간 권 10유로).

  소렌토 - 아말피 교통에 대한 자세한 정보는 www.positano.com에서 확인하면 됩니다.

TIP **기항지로 방문했다면…**

기항지로 방문해 나폴리 근교를 여행하고 싶다면 크루즈 터미널 옆의 항구에서 출발하는 카프리 또는 소렌토행 페리를, 폼페이를 여행하고 싶다면 서컴베수비아나 기차를 이용하는 것이 좋습니다.

<폼페이>

<포지타노>

<아말피>

<소렌토>

# 마르세유

## ① 크루즈 터미널 정보

마르세유 크루즈 터미널은 공항에서 약 27km, 시내 중심부인 비유 포트(Vieux Port)에서 8km 정도 떨어져 있습니다.

마르세유 중심부에서 크루즈 터미널까지는 택시 또는 무료 셔틀버스를 이용하는 것을 추천합니다. 시내버스도 있지만 크루즈 터미널 입구에서 30분 정도 걸어야 하기 때문입니다.

주소: Port of Marseille - Gate 4. Chemin du Littoral 13015 Marseille

## ② 크루즈 터미널로 이동하는 방법

### ○ 공항에서 크루즈 터미널까지 가는 방법

- **택시:** 공항에서 크루즈 터미널까지 가는 가장 손쉬운 방법은 택시입니다. 편도로 약 20분 정도 걸리며 비용은 약 40유로 정도입니다.
- **버스:** 공항에서 91번 버스를 타면 마르세유 중앙역인 생 샤를(Saint Charles)

역에 갈 수 있습니다. 버스는 10분마다 출발하며 약 25분 정도 소요되고 비용은 8.3유로입니다.

- **기차:** 공항에서 무료 셔틀을 이용해 인근의 마르세유 프로방스 공항(Aeroport Marseille Provence) 마르세유 프로방스 공항역(Vitolles Aeroport Marseille Provence)에서 기차를 타면 마르세유 중앙역인 생 샤를역으로 갈 수 있습니다. 약 20분마다 출발하며 비용은 5.2유로입니다(소요 시간 약 20분).

### ○ 마르세유 시내에서 크루즈 터미널로 가는 방법

- **택시:** 마르세유 중심부에서 크루즈 터미널까지는 약 15분 정도 소요되고 편도 20~25유로 정도의 가격으로 이용할 수 있습니다.
- **무료 셔틀버스:** 마르세유의 Joliette역의 주차장에서 크루즈 터미널까지는 무료 셔틀버스를 운영합니다(30분 간격).
- **시내 버스:** 마르세유 시내에서 크루즈 터미널 입구까지 한 번에 가려면 졸리에트(Joliette)역에서 35번 버스를 이용해야 합니다. 하지만 크루즈 터미널 입구에서 크루즈가 정박해 있는 곳까지는 20분 정도 걸어야 하죠. 중심부인 비유 포트(Vieux Port)나 생 샤를(Saint Charles)역에서 졸리에트(Joliette)역은 각각 약 1㎞ 정도 떨어져 있어 버스나 트램, 도보 등을 이용해야 합니다.

  마르세유의 대중교통 티켓은 2유로이고 1시간동안 버스나 트램, 지하철 등을 환승하며 사용할 수 있습니다.

## ③ 마르세유 여행 TIP

마르세유 주변에는 액상프로방스, 아를, 카시스, 아비뇽 등 유명한 관광지가 많습니다. 물론 마르세유 자체만으로도 볼거리가 많기 때문에 기항지로 마르세유에 방문한다면 이중에서 선택을 해야 합니다.

선사에서는 도심까지 운행하는 유료 셔틀버스를 운영하며, 선사마다 조금씩 차이는 있지만 10~15유로 정도에 왕복으로 이용할 수 있고, 무료 셔틀버스보다 배차 간격이 짧다는 장점이 있습니다.

마르세유 시내에서의 셔틀버스 승하차 장소는 비유포트의 끝자락에 있는 유럽

**TIP** **대중교통으로 마르세유 외곽 도시로 이동하는 방법**

- **액상프로방스**

  대중교통으로 마르세유에서 액상프로방스로 가는 방법은 기차와 버스 두 가지가 있는데, 기차는 역에서 내려 다시 버스로 갈아타야 하는 번거로움이 있어 버스로 이동하는 방법에 대해서만 설명한다. 가는 방법은 아주 간단하다. 마르세유의 Saint Charles역 옆의 버스 터미널에서 액상프로방스행 50번 버스를 타면 된다. 티켓은 기사에게 직접 구매하면 되고, 왕복 10유로이다(소요 시간 약 30분). 버스는 액상프로방스 구시가에서 도보로 5분 거리에 있는 정류장에 도착하고 액상프로방스에서는 도보로 천천히 여유를 가지며 여행을 하면 된다.

- **카시스**

  마르세유에서 카시스에 가는 방법도 액상프로방스와 마찬가지로 기차보다는 버스가 편하다. 비유 포트에서 약 1.5㎞ 정도 떨어져 있는 프라도 카스텔란(Prado Castellane)에서 M08버스를 타면 약 40분 뒤에 카시스에 도착한다.

- **아를**

  마르세유의 생 샤를(Saint Charles)역에서 기차로 1시간 정도면 아를역에 도착한다(비용은 약 20유로).

- **아비뇽**

  마르세유에서 아비뇽도 기차를 이용하면 되는데 TGV를 이용하면 아비뇽 중앙역까지 한 번 환승을 해야 하고, 마르세유에서 아비뇽 중앙역까지 운행하는 직행 열차는 약 1시간 20분 정도 걸린다(비용 약 25유로).

<액상프로방스>

지중해문명 박물관 근처입니다.
선사에서는 이런 곳들을 여행할 수 있는 다양한 선사 기항지 투어 상품을 운영하고 있고, OTA에서도 다양한 상품을 확인할 수 있습니다. 마이리얼트립(www.myrealtrip.com)에서는 한국인 가이드가 운영하는 상품도 이용할 수 있습니다.

<마르세유 주요 시설 지도>

## 바르셀로나

스페인 제2의 도시로 연간 1,600만 명의 관광객들이 방문하는 바르셀로나는 지중해 크루즈의 대표적 모항지로 총 8개의 크루즈 전용 부두를 운영하고 있습니다.

### ① 크루즈 터미널 정보

바르셀로나 크루즈 터미널은 공항에서 약 13㎞ 떨어져 있고 시내 중심부의 동남쪽에 위치해 있습니다.

크루즈 터미널 규모가 매우 커서 도보로 이동하는 것보다는 터미널에서 운영하는 셔틀버스(T3)나 선사의 유료 셔틀버스(약 7유로)를 이용하는 것이 좋고, 해당 수단을 이용하면 콜럼버스 동상까지 이동할 수 있습니다.

T3 셔틀버스는 편도 3유로, 왕복 4유로로 대부분의 크루즈가 정박하는 A, B, C, D, E 터미널을 15분마다 운행합니다. 일부 크루즈는 국제 무역 센터(WTC)의

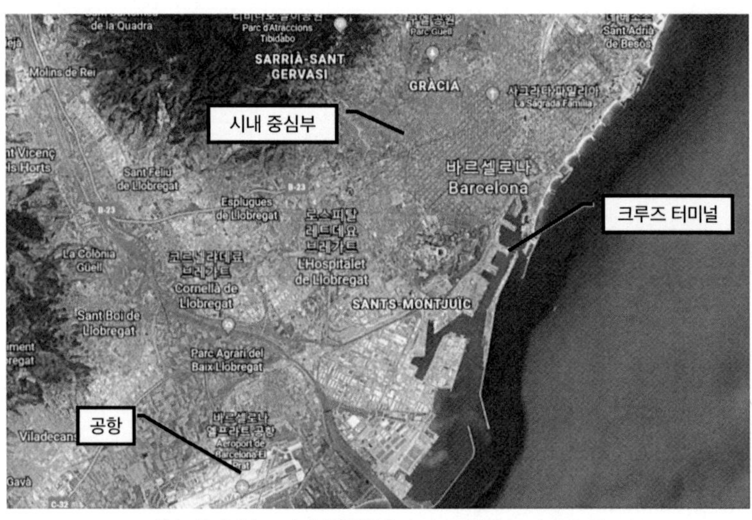


주소: Moll Adossat, 1, 08039 Barcelona(터미널 A, B, C, D, E)
Moll de Barcelona, s/n, 08039 Barcelona(터미널 North, South, East)

South, North 터미널을 이용하는데, 여기서는 도보로 지하철 3호선 드라사네스(Drassanes)역이나 터미널 근처의 시내버스 정류장으로 이동해 대중교통을 이용하면 카탈루냐 광장이나 에스파냐 광장까지 갈 수 있습니다.
주로 대형 크루즈는 터미널 A~E에, 길이 250m 이내의 중소형 크루즈는 North, South, East에 정박합니다.
바르셀로나의 여행 정보와 크루즈 터미널 정보를 자세히 알고 싶다면 www.barcelona-tourist-guide.com을 참고하면 됩니다.

## ② 크루즈 터미널로 이동하는 방법

### ○ 공항에서 크루즈 터미널까지 이동하는 방법

- **택시:** 바르셀로나 공항에서 크루즈 터미널까지 가는 가장 손쉬운 방법은 택시입니다. 택시 비용은 39유로이며(2019년 기준) 공항에서 크루즈 터미널까지는 약 20분정도 소요됩니다.

  스페인에서는 우버 등의 차량 공유 서비스를 이용할 수 없지만, 겟트랜스퍼(Gettransfer)를 이용하면 보다 저렴하게 공항에서 크루즈 터미널까지 이동할 수 있습니다.
- **트랜스퍼 셔틀버스(Shuttle Transfer):** 공항에서 쉽게 크루즈 터미널로 가는 다른 방법은 트랜스퍼 셔틀버스를 이용하는 것입니다. 비용은 인당 12유로로 미니밴을 이용하기에 4인 이상의 이동에 적합합니다. 예약은 www.booking.touristactive.com에서 할 수 있고, 시내로도 이동이 가능합니다. www.barcelona-airport-transfers.com의 셔틀로도 공항에서 크루즈 터미널까지 이동할 수 있습니다.
- **공항 버스:** 공항에서 시내로 이동하는 가장 편리한 방법은 공항버스를 이용하는 것인데, 공항에서 곧바로 크루즈 터미널로 이동하지 않고 바르셀로나 관광 후 크루즈에 승선하는 분들께 추천합니다. 공항버스인 아에로부스(Aerobus)는 시내 중심부인 카탈루냐 광장까지 35분 정도면 이동할 수 있습니다(가격은 편도 5.9유로, 왕복 10.2유로). 배차 간격도 5~10분 정도로 짧아 이용이 편리하죠. 이용권은 버스에서 직접 기사에게 구매하거나 티켓 자동 발매기 또는 온라인(www.aerobusbcn.com)에서 구매가 가능합니다.

- **기차:** 공항에서 시내로 가는 가장 저렴한 방법은 기차를 이용하는 것인데, 버스와 마찬가지로 바르셀로나 관광 후 크루즈 터미널로 이동하는 승객들에게 추천합니다. 기차는 터미널 2(T2)에서 R2선을 타면 되고 시내 중심부인 바르셀로나 산츠(Sants)역까지 약 20분이 걸립니다. 기차는 30분 간격으로 운행하고 비용은 4.1유로입니다.

### ○ 시내에서 크루즈 터미널까지 이동하는 방법

- **대중교통:** 바르셀로나의 대중교통은 많은 지하철, 버스 노선이 있지만, 크루즈를 이용하는 승객들은 택시를 제외하면 접근이 조금 불편합니다. 앞서 설명한대로 바르셀로나 크루즈 터미널은 규모가 커 걷기 힘들기 때문에 크루즈 터미널 셔틀버스(T3)나 선사의 유료 셔틀버스를 이용해야 하기 때문이죠.

  만약 지하철이나 버스를 이용해 크루즈 터미널로 가고자 한다면 콜럼버스 동상이 있는 지하철 3호선 드라사네스(Drassanes)역에서 터미널의 셔틀버스를 이용하면 됩니다.
  지하철과 버스 티켓은 공용으로 사용할 수 있으며, 1회권 2.15유로이고, 1시간 이내에 1회 환승이 가능합니다.
  택시는 크루즈 터미널까지 이동하는 가장 좋은 방법 중 하나로 기본요금은 2.1유로이며 1㎞당 1.03유로씩 가산됩니다. 크루즈 터미널에서는 2.1유로를 추가로 지불해야 합니다. 참고로 기차역인 산츠(Sants)역에서 크루즈 터미널까지는 20유로 정도입니다.
- **홉온 홉오프 버스:** 바르셀로나는 총 3개의 투어 버스 노선이 있고, 크루즈 터미널에서도 이용할 수 있습니다. 다만 정류장이 콜럼버스 동상과 WTC 근처에 있어 A~E에 정박한 크루즈의 승객들은 T3 셔틀버스나 선사 유료 셔틀버스로 이동 후 이용할 수 으니 주의하시기 바랍니다.

  티켓은 www.barcelonabusturistic.cat이나 비아터(viator), 겟유어가이드(Getyourguide) 등에서 구매할 수 있습니다.

## 바르셀로나 근교 여행

- **몬세라트**

바르셀로나에서 북서쪽으로 약 56㎞ 떨어진 곳에 있는 몬세라트는 기암괴석으로 둘러싸인 베네딕트 수도원이 있고 몬세라트 트래킹을 할 수 있는 곳으로 수도원 안에는 검은 성모 마리아상을 볼 수 있다.

몬세라트로 가려면 크루즈 터미널 셔틀버스 승차장 근처의 지하철 3호선 드라사네스(Drassanes)역에서 3정거장 떨어진 에스파냐(Espanya)역에서 R5선 만레사(Manresa)행 열차를 타고 몬세라트수도원(Monistrol de Montserrat)역(산악열차 이용 시) 또는 Montserrat Aeri역(케이블카 이용 시)에서 내려 산악열차나 케이블카를 타면 수도원에 도착할 수 있다. 에스파냐역과 홈페이지에서는 몬세라트 왕복 통합권(기차, 산악열차 또는 케이블카, 산 호안San Joan행 푸니쿨라. 31.6유로)을 구매할 수 있다. 에스파냐역에서 몬세라트수도원역까지는 약 1시간 30분 정도 소요된다(티켓 구매: http://vol.cremallerademontserrat.cat).

버스로도 몬세라트로 저렴하게 갈 수 있지만, 운행 편수가 많지 않아 추천하지는 않는다. 버스를 이용하려면 산츠(Sants)역에서 출발하는 줄리아(Julia) 버스를 이용하면 되고 수도원까지 편하게 갈 수 있다(편도 5.1유로).

- **시체스**

바르셀로나에는 바닷가의 도시라 바르셀로네타라는 해변이 있지만 기차로 30분만 가면 유럽인들에게 사랑받는 시체스라는 휴양지에 갈 수 있다.

시체스에 가려면 산츠(Sants)역에서 산 비벵크 데 칼데르스(Sant Vivenc de Calders)행 R2선 기차를 타면 되고 비용은 왕복 8.4유로이다.

버스로 가는 방법은 에스파냐 광장에서 E16번 버스를 타면 되고 비용은 편도 4.1유로이다.

<시체스>

• **지로나**

지로나는 성벽으로 둘러싸인 중세의 모습을 간직하고 있는 도시이다. 도시를 관통하는 프루트 강 옆으로 다양한 건물을 볼 수 있고 에펠탑보다 먼저 만들었다는 에펠다리와 대성당 등 볼거리가 많은 곳이다.

지로나로 가려면 산츠(Sants)역에서 기차를 타면 되고 약 1시간 30분 정도 소요된다(가격은 열차 종류에 따라 다르고 일반 열차는 편도 약 8유로이다).

버스로 가는 방법은 바르셀로나 북부 버스터미널에서 승차하고 약 1시간 20분 정도 소요된다(왕복 약 25유로).

<지로나>

**CRUISE TALK** **선사 기항지 투어로 다녀온 몬세라트**

2016년 크루즈로 바르셀로나 기항 시 체류시간이 6시간만 주어져 시내관광은 포기하고 선사의 기항지 투어로 몬세라트를 여행했습니다. 버스로 수도원까지 이동해 산악열차나 케이블카를 타지는 못했지만, 산을 돌며 정상까지 올라가는 길은 웅장하면서도 기이한 몬세라트를 자세히 볼 수 있어 좋았습니다.

<몬세라트>

### ③ 바르셀로나 여행 TIP

바르셀로나에는 가우디, 피카소 등 볼거리가 너무 많아 반나절만 머무는 기항지 투어로는 부족한 점이 많습니다. 바르셀로나를 중심으로 크루즈여행을 하려면 모항지로 승·하선 전후를 이용해 최소 3일 이상을 머무르는 것을 추천합니다.

**○ OTA**

우리나라 관광객들이 유럽에서 가장 많이 찾는 도시 중 하나로 마이리얼트립을 이용하면 한국어 가이드가 안내하는 다양한 종류의 투어 프로그램을 이용할 수 있습니다. 또한 비아터(viator)에서는 크루즈 터미널에서 시작하는 다양한 종류의 투어 프로그램을 이용할 수 있습니다.

**○ 선사 기항지 투어**

기항 시간이 짧다면 선사 기항지 투어를 이용해 바르셀로나 시내 투어나 근교 투어를 추천합니다. 바르셀로나는 타 도시에 비해 비교적 저렴한 가격에 선사 기항지 투어를 이용할 수 있습니다.

## 2. 주요 기항지

서부 지중해는 이탈리아, 프랑스, 스페인을 중심으로 몰타와 아프리카 북부의 튀니지, 이집트, 알제리 등을 기항할 수 있는데 최근 아프리카는 거의 기항하지 않아 여기서는 유럽의 주요 기항지를 중심으로 설명하겠습니다.

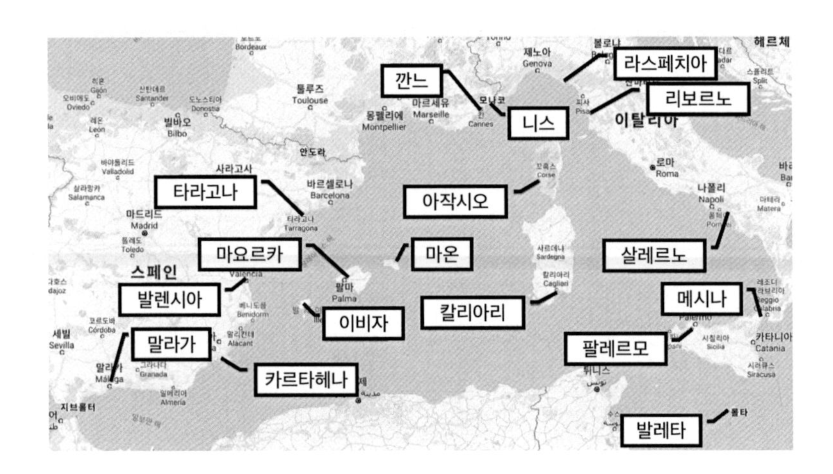

# 이탈리아

## 리보르노

리보르노는 이탈리아의 대표적인 관광지인 피렌체와 피사를 여행할 수 있는 항구도시입니다. 리보르노와 피렌체는 약 80㎞, 피사와는 약 20㎞ 떨어져 있습니다.

### ① 크루즈 터미널 정보

리보르노 크루즈 터미널은 도심의 서쪽 해안에 인접해 있지만 크루즈 터미널은 컨테이너, 크레인 등이 많고 시내 중심부까지 거리도 짧지 않기 때문에 도보보다는 셔틀버스를 이용하는 것을 추천합니다. 셔틀버스는 리보르노의 중심부인 피아자 그란데(Piazza Grande)까지 운행하고, 이곳을 중심으로 여행 계획을 세우는 것이 좋습니다. 셔틀버스는 무료로 제공되기도 하지만 왕복 5~10유로 정도의 비용을 지불해야 하고 일부 선사는 크루즈 터미널과 중앙역을 운행하는 셔틀버스를 운영하기도 합니다.

주소: Italie, Calata Sgarallino, 1, Livorno LI

TIP

## 리보르노와 근교 지역 여행 방법

• **피렌체, 피사, 루카**

중앙역에서 피렌체 까지는 약 1시간 30분 정도 소요되고 비용은 약 20유로이다. 피사까지는 약 15분 정도 소요되고 비용은 왕복 약 7유로이다. 루카까지는 약 1시간 정도 소요되고 비용은 왕복 약 12유로인데 피사에서 한 번 갈아타야 하기 때문에 피사와 루카를 함께 여행하는 경우가 많다.
피아자 그란데에서는 피렌체(왕복 35유로), 피사와 루카(왕복 30유로)를 여행할 수 있는 버스를 이용할 수 있다(관련 정보: www.tuscanybus.com)

• **OTA**

피렌체는 전 세계 관광객들뿐만 아니라 우리나라에서도 많이 찾는 유명 관광지로 국내 OTA에서 다양한 현지 투어 상품을 이용할 수 있고, 비아터(viator)에서는 리보르노의 피아자 그란데에서 출발하는 피렌체, 피사, 루카 등의 투어를 이용할 수 있다.

• **리보르노 볼거리**

기항시간이 충분치 않다면 왕복 3시간이 소요되는 피렌체보다는 루카·피사 또는 리보르노 시내 관광을 추천한다. 리보르노는 메디치 가문의 흔적을 많이 볼 수 있는 곳으로 리보르노 대성당(Duomo di Livorno), 누오바 요새(Fortezza Nuova), 베키아 요새(Fortezza Vecchia), 시립 박물관(Museo della citta) 등을 도보로 여행할 수 있고 피아자 그란데에서 출발하는 홉온 홉오프 버스도 이용할 수 있다(12유로).

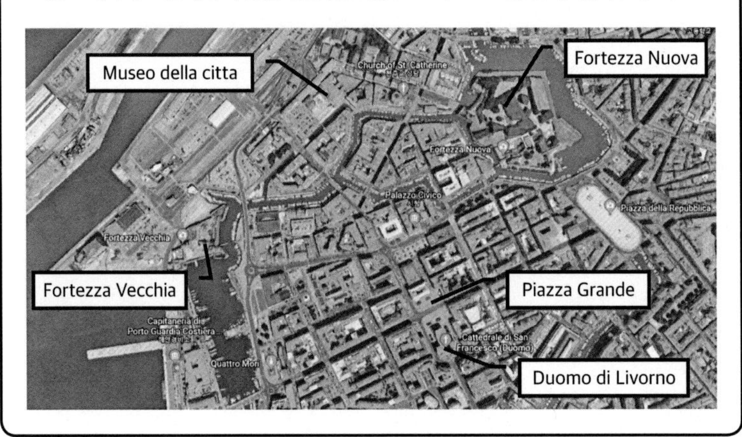

### ② 리보르노 여행 TIP

선사 기항지 투어를 제외하고 리보르노에서 시작하는 모든 여행은 대부분 셔틀버스가 도착하는 피아자 그란데에서 시작합니다.
기차역까지는 피아자 그란데에서 램 블루(Lam Blu - 1번 버스), 램 로사(Lam Rossa - 2번 버스)를 이용하면 중앙역까지 이동할 수 있습니다.

## 라 스페치아(La Spezia)

라 스페치아는 이탈리아에서 가장 아름답기로 유명한 해안 마을인 친퀘테레(Cinque Terre)를 여행할 수 있는 기항지입니다.
친퀘테레는 몬테로소(Monterosso), 베르나차(Vernazza), 마나롤라(Manarola), 코르닐리아(Corniglia), 리오마죠레(Riomaggiore)의 다섯 마을로 구성된 곳인데, 라 스페치아와 레반테의 18km 사이의 절벽에 위치한 아름다운 곳이죠.
라 스페치아에서는 친퀘테레와 앞서 언급한 루카와 피사로도 여행을 할 수 있습니다.

### ① 크루즈 터미널 정보

라 스페치아는 이탈리아 해군의 요새이자 무역항으로 크루즈 터미널은 중앙역에서 약 2㎞ 떨어진 곳에 위치해 있습니다. 크루즈 터미널에서 중앙역으로 가는 가장 좋은 방법은 도보입니다. 버스나 택시도 이용할 수 있지만 버스는 운행 편수가 많지 않고 택시 역시 많은 수가 있지 않기 때문이죠.

### ② 라 스페치아 여행 TIP

라 스페치아에서 가장 많은 승객들이 방문하는 곳은 친퀘테레입니다. 친퀘테레까지 가는 대표적인 방법은 기차와 페리를 이용하는 것인데 페리는 운항 편수가 많지 않고 비용(26유로)도 기차보다 비싸 추천하지 않습니다.

주소: Largo Michele Fiorillo, 19124 La Spezia SP

기차를 이용해 가는 방법은 중앙역에서 친퀘테레 패스(1일 16유로)를 구매하는 것으로, 다섯 마을을 모두 둘러볼 수도 있고 구간권을 구매해 몇 개만 여행할 수도 있습니다. 시간이 충분하지 않다면 마나롤라와 베르나차를 우선순위로 보는 것을 추천합니다.
다만 코르닐리아는 계단을 올라야 하므로 거동이 불편한 사람들에게는 추천하지 않습니다.

**TIP** **라 스페치아의 OTA**

비아터(viator)에서는 크루즈 터미널 앞에서 출발하는 친퀘테레 투어를 이용할 수 있고 기항 시간이 충분하다면 피렌체나 피사도 편하게 여행할 수 있다.

라 스페치아에서는 중세와 르네상스 시대의 예술품을 볼 수 있는 라 스페치아 시립박물관(Amedeo lia museum), 13세기에 만들어진 산 조르지오 성(Castello di San Giorgio)과 산타 마리아 아순타 성당(Chiesa di Santa Maria Assunta), 다양한 배의 모형을 볼 수 있는 해군박물관(Museo Navalo della marina Militdare) 등이 대표적인 관광지다.

<몬테로소>

<베르나차>

<마나롤라>

## 살레르노

살레르노는 세계 최초의 의과대학이 있던 곳으로 이탈리아 남부에서 가장 아름다운 아말피 해안을 여행할 수 있는 곳입니다.

### ① 크루즈 터미널 정보

살레르노 여행은 콩코르디아 광장에서부터 시작합니다. 크루즈 터미널에서 콩코르디아 광장까지의 거리는 약 2㎞로 일부 선사에서는 무료 셔틀버스를 제공하기도 합니다. 아말피행 페리는 대부분 콩코르디아 광장 앞의 항구에서 출발하지만, 크루즈가 입항해 있을 때는 터미널 앞의 항구(만프레디-Manfredi-)에서 출발하기도 합니다.

주소: via Roma, 29 - 84121 Salerno

### ② 살레르노 여행 Tip

살레르노에서 가장 먼저 해야 할 것은 아말피 해안 여행입니다. 아말피나 포지타노로 가려면 페리 또는 버스를 이용하는 것이 가장 좋고, 선사 기항지 투어나 OTA를 이용해도 좋습니다.

**살레르노 근교 여행**

- **아말피, 포지타노**

  www.travelmar.it에서는 살레르노에서 아말피, 포지타노 등을 운항하는 페리를 예매할 수 있다(살레르노 - 아말피 편도 9유로, 35분 소요. 살레르노 - 포지타노 편도 14유로, 70분 소요)

  버스를 이용하려면 중앙역 앞에서 아말피행 5120번 버스를 타면 되고 아말피까지는 약 1시간 15분이 소요된다(편도 4유로).

  포지타노까지 가려면 아말피에서 버스 또는 페리로 갈아타야 하는데 버스(5070번)는 약 40분(편도 4유로), 페리는 약 30분(편도 약 8유로) 정도 소요된다.

  살레르노, 아말피, 포지타노, 소렌토 등을 자유롭게 여행할 수 있는 24시간권 버스는 6,8유로에 구매할 수 있다(www.sitabus.it).

  ※ 주의사항

  아말피 해안의 버스는 이용객들이 많아 입석으로 이동하거나 다음 버스를 이용해야 하는 경우가 많으니 기항 시간을 꼭 체크하자.

- **살레르노의 볼거리**

  살레르노에서는 300미터 정도의 언덕에 위치한 아래치 성(Castello di Arechi), 두오모, 세계 최초의 의대 박물관 등이 유명하다. Castello di Arechi로 가려면 택시 또는 중앙역에서 출발하는 26번 버스를 이용한 후 도보로 약 400미터를 걸어가면 된다.

- **OTA**

  OTA를 이용하면 살레르노 시내 투어, 아말피 해안 투어, 폼페이 투어 등을 이용할 수 있다.

## 칼리아리

이탈리아 서쪽 지중해의 큰 섬인 사르데냐의 주도인 칼리아리는 기원전 6세기부터 번성한 도시입니다. 로마시대의 유적과 언덕 위의 성채, 자연 보호 구역 등 볼거리가 풍부합니다.

### ① 크루즈 터미널 정보

칼리아리 크루즈 터미널은 도심에 인접해 있어 접근성이 좋습니다. 터미널에서는 시청사 앞의 Matteotti 광장까지 무료 셔틀버스를 운영합니다.

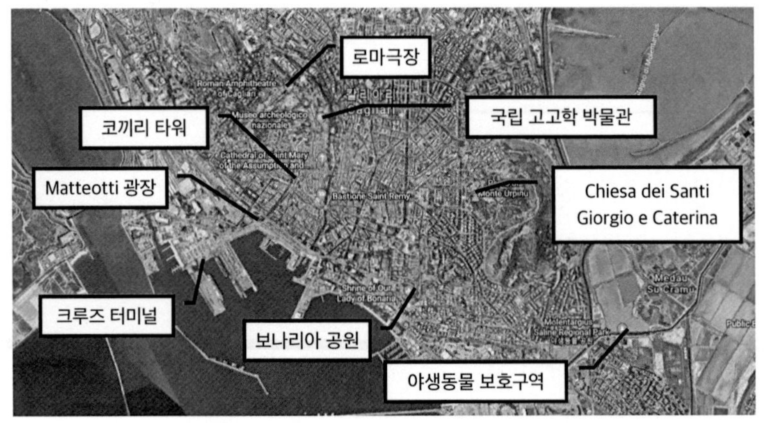


주소: Porto, Molo Rinascita, 09123 Cagliari CA

## ② 칼리아리 여행 Tip

칼리아리는 볼거리가 모여 있지 않아 보나리아(Bonaria) 공원, 야생동물 보호구역 등을 가려면 버스를 적절히 이용하는 것이 좋습니다. 도심만 여행한다면 도보로도 가능하지만, 언덕이 많기에 편한 신발은 필수죠.

칼리아리 버스 티켓은 90분 동안 사용할 수 있는 티켓(1.7유로), 2시간 동안 사용할 수 있는 티켓(2유로), 하룻동안 사용할 수 있는 티켓(3유로) 등이 있어 목적에 맞게 사용하면 됩니다. 메트로 티켓은 1.2유로(90분 사용)이며 버스와 메트로는 혼합해 사용할 수 없습니다.

### ○ 칼리아리 주요 관광지

칼리아리에서 돌아볼 곳으로는 보나리아 공원, 살라인 레지오날 공원(Saline Regional Park), 성 조르지오 카테리나 교회(Chiesa dei Santi Giorgio e Caterina)와 로마 극장 등이 있습니다.

### ○ 선사 기항지 투어, OTA

선사 기항지 투어와 OTA에서는 칼리아리 시내, 노라 등을 여행할 수 있는 투어 상품을 이용할 수 있습니다.

<보나리아 공원>

<살라인 레지오날 공원>

<성 조르지오 카테리나 교회>

<로마 극장>

## 메시나

메시나는 시칠리아 섬에서 이탈리아 반도와 가장 가까운 항구로 1900년대 초반 이 지역을 강타한 지진과 2차 세계대전 때의 폭격으로 다시 재건된 곳입니다. 주요 관광지는 타오르미나와 유럽에서 가장 높은 화산인 에트나 산이 있습니다.

### ① 크루즈 터미널 정보

메시나 크루즈 터미널은 도심에 인접해 있어 도보로 여행하기에 좋습니다. 중앙역도 크루즈 터미널에서 도보로 10분 거리에 있어 근교로 가기에 편합니다.

### ② 메시나 여행 Tip

메시나 시내는 볼거리들이 대부분 크루즈 터미널에서 반경 1㎞ 안에 위치해 있어 도보로 여행하기에 좋습니다. 주요 볼거리는 두오모, 사크라리오 디 크리스

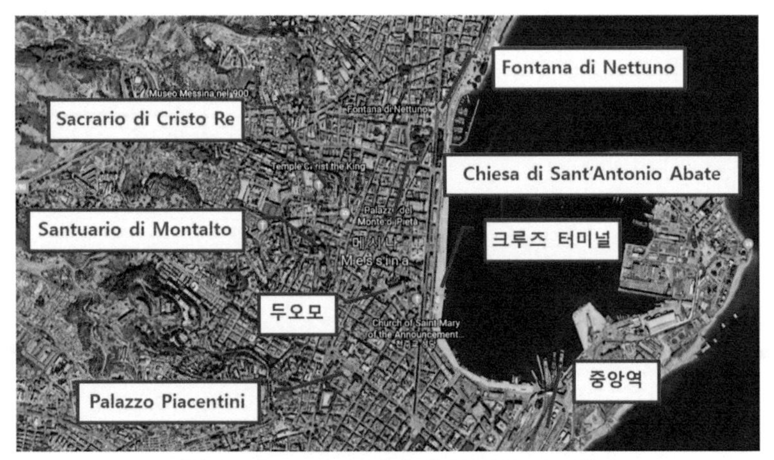


주소: Via Vittorio Emanuele II, 47, 98122 Messina ME

토 레(sacrario di Cristo Re) 등이 있습니다.
만약 에트나 산을 여행하고 싶으실 경우 대중교통을 이용할 수 없다는 점 참고하시기 바랍니다. 에트나 산을 여행하고자 한다면 선사 기항지 투어나 OTA를 이용해야 합니다.

<두오모>

<넵튠 분수(Fontana di Nettuno)>

<사크라리오 디 크리스토 레>

<팔라초 피아센티니(Palazzo Piacentini)>

**TIP** **메시나 근교 여행**

메시나 근교에서 가장 유명한 관광지는 타오르미나이다. 타오르미나는 BC 3세기에 만든 그리스 극장이 보존되어 있다. 또한 해안 절경을 볼 수 있는 곳이다.

타오르미나에 가려면 기차 또는 버스로 가야 하는데, 기차로 간다면 절벽 위까지 걷거나 다시 버스를 타야하기 때문에 메시나에서 버스를 이용하는 것을 추천한다.

버스로는 약 1시간 45분 정도가 소요되며 비용은 편도 4.1유로이고 중앙역 근처의 버스 정류장에서 승차한다.

<타오르미나 그리스 극장>

## 팔레르모

### ① 크루즈 터미널 정보

팔레르모는 시칠리아 섬의 주도로 영화 대부에 나오는 마피아의 본거지입니다. 크루즈 터미널에서는 팔레르모의 중심부인 카스텔누오보(Castelnuovo) 광장까지 무료 셔틀버스를 운영하고, 이곳에서 주요 관광지인 산 도메니코 광장(Piazz San Domenico), 벨리니 광장(Piazza Bellini) 등은 모두 도보로 이동이 용이합니다.

### ② 팔레르모 여행 Tip

팔레르모는 도보 여행 또는 홉온 홉오프 버스(20유로)를 이용해 여유 있게 돌아보는 것을 추천합니다.

주소: Molo Santa Lucia, 90133 Palermo PA

<팔레르모 대성당>

<벨리니 광장>

TIP **팔레르모 근교 여행**

- **몬레알레**(Monreale)

팔레르모에서 서남쪽으로 약 8km 떨어져 있는 도시로 대성당과 수도원 등이 유명한 관광지이다.

몬레알레로 가려면 노르만 궁전에서 389번 버스를 타면 되고 소요 시간은 약 30분 정도이다(비용 2유로).

<몬레알레>

# 프랑스

## 깐느

### ① 크루즈 터미널 정보

깐느에는 대형 크루즈는 정박할 수 없어서 텐더 보트를 이용해야 합니다. 텐더 보트 선착장은 시내 중심부인 비유 포트(Vieux Port)에 위치해 접근성이 아주 좋지요. 깐느에서는 기차 등을 이용해 니스, 모나코에 다녀올 수 있습니다.
기차로 니스까지는 약 45분, 모나코까지는 1시간 15분 정도 소요됩니다.

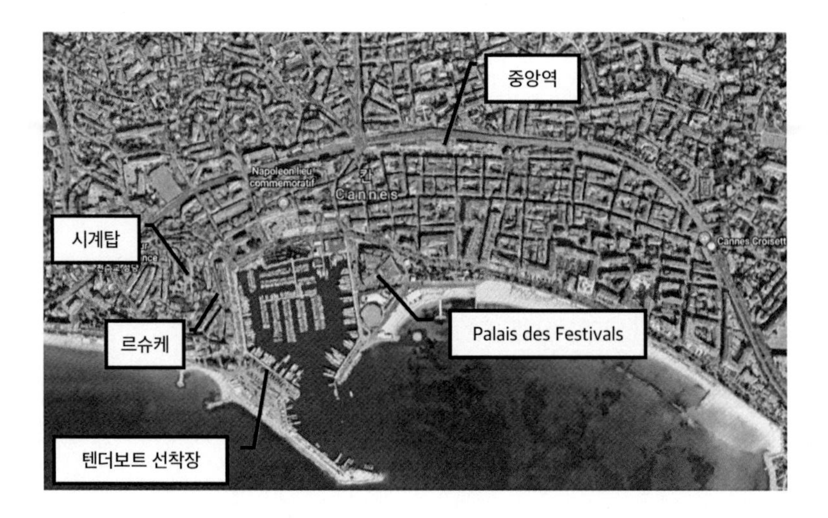


### ② 깐느 여행 Tip

깐느에서는 볼거리가 텐더 보트 선착장에 거의 모여 있어 도보로 여행하는 것을 추천합니다.

<르슈케>

## 🚢 니스

### ① 크루즈 터미널 정보

프랑스 남부의 대표적 휴양도시인 니스는 깐느나 모나코로 여행하기 좋은 기항지입니다. 크루즈로 니스에 도착하면 대부분 텐더 보트를 이용해야 하는데, 보트 선착장은 시내 중심부에서 동쪽으로 약 4㎞ 떨어진 빌프랑쉬메르(Villefranche-sur-Mer)에 있습니다. 중심부로 가려면 도보로 10분 거리인 빌프랑쉬메르(Villefranche-sur-Mer)역에서 기차를 타면 8분 만에 중앙역에 도착할 수 있습니다.

니스에서 모나코까지 가려면 기차가 가장 빠르고 편한데, 빌프랑쉬메르(Villefranche-sur-Mer)역에서 15분이면 도착할 수 있습니다(약 5유로).

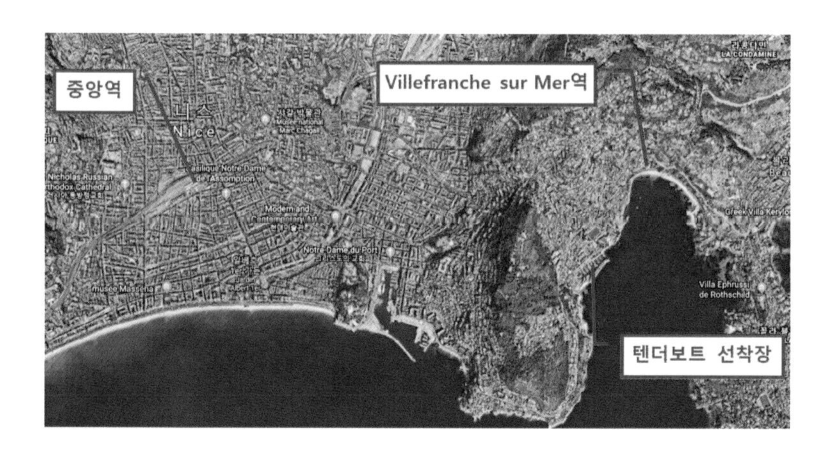

### ② 니스 여행 Tip

니스는 유명한 관광지답게 마이리얼트립 등에서 한국어 가이드가 있는 투어 상품을 이용할 수 있으나, 대부분 10시간이 넘는 긴 일정이라 크루즈로 기항한다면 이용이 쉽지 않습니다. 선사 기항지 투어나 비아터(viator)에서는 텐더 보트 선착장에서 출발하는 투어 상품을 이용할 수 있습니다.

니스에서 가장 효율적인 자유여행 방법은 텐더 보트 선착장에서 이용할 수 있는 홉온 홉오프(Hop-on Hop-off) 버스(약 25유로)를 이용하는 것입니다. 이 버스는 영국인의 산책로(Promenade des Anglais), 샤갈박물관(Chagall Museum) 및 시미에즈(Cimiez)를 포함한 16개 정거장을 이용할 수 있지요.

## 아작시오

### ① 크루즈 터미널 정보

아작시오는 나폴레옹이 태어난 코르시카섬에 있는 도시로 나폴레옹이 세례를 받은 성당, 보나파르트 저택 등의 볼거리와 미식가들이 찾는 다양한 종류의 레스토랑이 있습니다. 크루즈 터미널은 도심에 위치해 있고 규모가 큰 선박은 텐더 보트를 이용해 항구(Quai L'Herminier)에 들어갈 수 있습니다. 도시 규모가 크

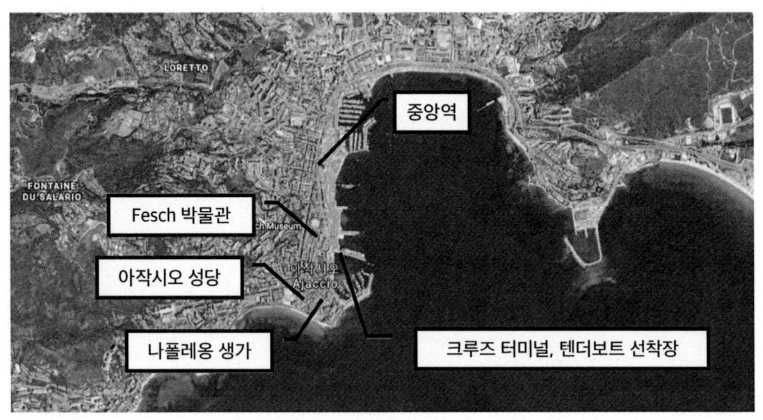


주소: Quai l'Herminier, 20000 Ajaccio

지 않아 걸어서도 충분히 여행이 가능합니다.

### ② 아작시오 여행 Tip

아작시오에서는 도보로 여행하는 것을 추천하지만, 가이드 투어를 원할 경우 선사의 기항지 투어나 OTA를 이용하면 됩니다.

## 카르타헤나

### ① 크루즈 터미널 정보

카르타헤나는 기원전 221년 카르타고인이 정착한 이후 페니키아, 로마, 비잔틴, 이슬람의 문화를 느낄 수 있는 도시로 18세기 이후에는 스페인의 주요 해군기지였으며 현재는 상업항으로 번성하는 곳입니다. 크루즈 터미널(A)은 도심의 남쪽에 위치해 있고 로마 극장 등 주요 볼거리는 도보로 여행이 가능합니다. 중앙역까지는 약 1㎞ 정도 떨어져 있습니다.

더 남쪽에 위치한 크루즈 터미널(B)에 도착하면 무료 셔틀버스를 이용해 도심까지 이동할 수 있지요.

주소: Paseo Alfonso XII, 8, 30202 Cartagena, Murcia

### ② 카르타헤나 여행 Tip

카르타헤나에서는 북쪽으로 약 45㎞ 떨어져 있는 무르시아와 서쪽으로 약 40㎞

떨어져 있는 휴양지인 칼리다 해안(Costa Cálida)을 여행할 수 있습니다.
무르시아까지는 중앙역에서 기차 또는 버스로 약 45분(편도 10유로 이내), 칼리다 해안까지는 버스로 약 30분(편도 약 5유로) 정도 소요됩니다.
비아터(viator)에서는 크루즈 터미널에서 카르타헤나와 무르시아까지 여행할 수 있는 상품을 예약할 수 있습니다.

## 말라가

### ① 크루즈 터미널 정보

스페인의 대표적인 휴양도시 말라가는 로마 유적, 이슬람의 흔적을 비롯해 피카소 박물관과 아름다운 해변을 즐길 수 있는 곳입니다.
말라가에서는 그라나다, 론다, 네르하, 안테케라 등 스페인 안달루시아 지역의 유명한 관광지로 여행할 수 있습니다.
말라가 크루즈 터미널은 도심의 동남쪽에 위치해 있고, 말라가 항만청에서는 셔틀버스를 운영(5유로) 하지만, 도보로도 충분히 이동이 가능합니다. 셔틀버스는 마리나 광장(Plaza de la Marina)까지 운행합니다.

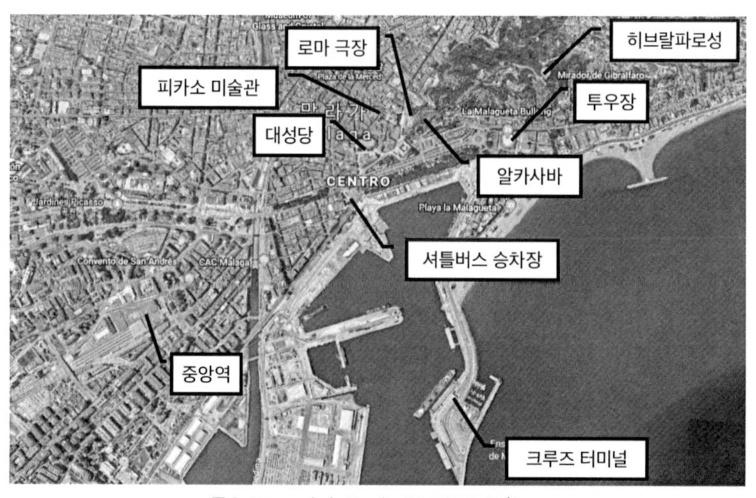


주소: Paseo de la Farola, 25, 29016 Málaga

### ② 말라가 여행 Tip

말라가에서는 버스(1.3유로)나 도보, 자전거 등을 이용해 여행하는 것을 추천하고, 홉온 홉오프(Hop-on Hop-off) 버스(약 20유로)를 이용해도 좋습니다.

말라가에서 그라나다까지는 버스로 약 2시간(약 15유로), 론다는 기차로 약 2시간(약 15유로), 네르하는 버스로 약 1시간 20분(약 5유로), 안테케라는 버스로 약 1시간(약 6유로) 정도 소요됩니다.

기차나 버스를 이용하려면 크루즈 터미널 입구의 파세오 데 라 팔로라(Paseo de la Farola) 정류장에서 14번 버스를 타고 중앙역 근처의 안달루시아 거리(Avda de Andalucía) 정류장까지 이동(약 10분)하면 되고, 자세한 일정과 비용은 www.andalucia.com에서 확인할 수 있습니다. 만약 그라나다의 알함브라 궁전에 가려면 미리 예약을 하는 것을 추천합니다(예약: www.alhambradegranada.org).

기항 시간이 충분하다면 선사의 기항지 투어, OTA, 대중교통 등을 이용해 근교 여행을 다녀오는 것을 추천합니다.

마이리얼트립에서는 말라가에서 출발하는 한국어 가이드 투어 상품을 이용할 수 있습니다.

## 발렌시아

### ① 크루즈 터미널 정보

스페인 음식 빠에야의 도시인 발렌시아는 스페인에서 세 번째로 큰 도시로 중세의 모습을 간직한 구시가와 현대 예술과 과학을 모두 체험할 수 있는 곳입니다.

크루즈 터미널은 도심에서 동쪽으로 약 5㎞ 정도 떨어진 곳에 위치해 있고, 대중교통이나 셔틀버스를 타려면 도크에서 터미널까지 꽤 먼 거리를 걸어야 합니다.

크루즈 터미널에서 도심까지는 걷기에는 거리가 멀어 시내버스(4번. 1.5유로)나 선사의 유료 셔틀버스(7~10유로)를 이용하는 것이 좋습니다. 셔틀버스는 구시가 북쪽의 깔레르 델 살바도르(Carrer del Salvador) 또는 시청 앞 광장인 라윤타미엔트 광장(Plaça De L'Ayuntamient)까지 운행합니다. 일부 선사에서는 예술 과학 도시(Ciudad de las Artes y las Ciencias)까지 운행하기도 하죠. 터미널에서 시내버스로 예술 과학 도시로 가려면 95번 버스를 이용하면 됩니다.

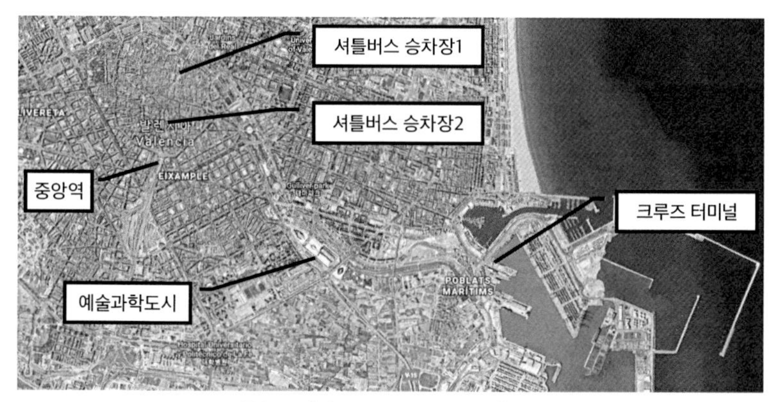

주소: Moll de Ponent, 46024 València

### ② 발렌시아 여행 Tip

홉온 홉오프(Hop-on Hop-off) 버스(약 20유로)를 이용하면 크루즈 터미널에서 출발해 발렌시아의 주요 관광지들을 보다 손쉽게 여행할 수 있습니다.
OTA에서는 빠에야의 도시답게 쿠킹 클래스도 선택할 수 있지요.

## 팔마 데 마요르카

### ① 크루즈 터미널 정보

스페인의 동쪽 발레아레스 제도의 가장 큰 섬인 마요르카는 유럽의 대표적인 휴양지로 많은 크루즈들이 방문하는 곳입니다.
팔마에는 크루즈 터미널이 두 군데 있고, 대부분은 시내까지 도보로 약 45분 정도 소요되는 터미널 1에 도착하게 됩니다.
크루즈 터미널(1, 2)에서 도심까지는 선사의 셔틀버스(유료 또는 무료)나 시내버스(1번. 2.5유로), 택시 또는 홉온 홉오프(Hop-on Hop-off) 버스(약 20유로)를 이용하는 것을 추천합니다.

주소: Avinguda de Gabriel Roca, 44E, 07015 Palma, Illes Balears

### ② 팔마 데 마요르카 여행 Tip

팔마에서 북쪽으로 약 20㎞ 떨어진 발데모사는 쇼팽이 머물렀던 곳으로 유명한 조용한 마을인데, 발데모사까지는 팔마 중앙역에서 210번 버스를 타면 30분 정도 소요됩니다(비용 약 2유로).

<벨버성에서 바라본 팔마>

소예르는 목제 트램과 해안이 유명한 곳으로 팔마에서 가려면 중앙역에서 버스(211번, 40분 소요, 약 3유로) 또는 기차(1시간 소요, 약 20유로)를 이용하면 됩니다.
발데모사에서 소예르까지는 버스(210번, 비용 약 2유로)로 약 40분 정도 소요됩니다.
추천 루트는 '팔마 - 소예르 - 발데모사 - 팔마'로 순환하는 루트입니다.

## 마온

### ① 크루즈 터미널 정보

마온은 발레아레스 제도에서 두 번째로 큰 섬인 메노르카섬의 도시로 크루즈 터미널은 세계에서 가장 큰 자연의 항구입니다. 터미널까지 진입하는 6㎞의 해안이 정말 아름다운 곳이죠.

주소: Carrer Andana de Ponent, 41, 07701 Maó, Illes Balears

### ② 마온 여행 Tip

크루즈 터미널은 도심에 위치해 있어 도보로 여행하기에 좋고 섬의 반대편인 시우타데야(Ciutadella)까지 버스(약 5유로, 1시간 소요)나 선사의 기항지 투어를 이용해 다녀와도 좋습니다.
메노르카섬에는 다양한 볼거리가 많은데 보다 효율적으로 여행하려면 렌터카를 이용하는 것을 추천합니다. 크루즈 터미널 앞에는 렌터카 회사와 관광 안내소가 있어 승객들이 편리하게 여행할 수 있습니다.

<크루즈에서 바라본 마온>

## 이비자

### ① 크루즈 터미널 정보

이비자는 클럽으로 유명한 곳이지만, 유네스코 세계문화유산으로 선정된 성곽과 고딕양식의 성당 등 볼거리가 풍부한 곳이기도 합니다.

크루즈 터미널은 바다를 사이에 두고 동쪽으로 약 1㎞ 떨어진 곳에 위치해 있어 도보로 중심부인 달트 빌라(Dalt Vila)까지 가려면 40분 이상 소요됩니다. 터미널에서 달트 빌라(Dalt Vila)까지 가는 방법은 선사의 유료 셔틀버스(13유로)나 시티보트(편도 2.6유로, 왕복 4유로)를 이용하는 것입니다.

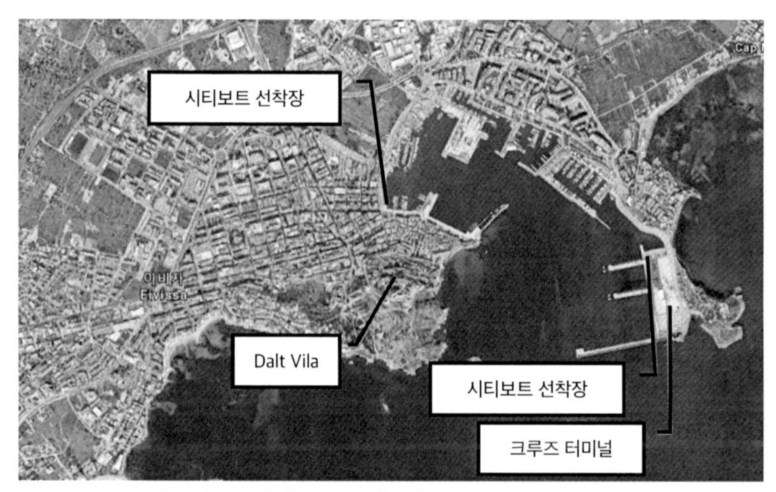


주소: Avinguda de Santa Eulària des Riu, 17, 07800 Eivissa

### ② 이비자 여행 Tip

이비자 근교에는 칸 말차(Can Marçà) 동굴, 히피 마켓 등이 있고 칸 말차(Can Marçà) 동굴까지는 버스로 약 45분(L25A번. 약 3유로), 히피 마켓까지는 버스로 약 20분(L13번. 약 2유로)이 소요됩니다.

이비자에서는 스노클링, 스쿠버다이빙, 패러세일링 등 다양한 액티비티를 즐길 수 있는데, OTA로 미리 예약을 하거나 현지 관광안내소 등을 이용하면 쉽게 체험할 수 있습니다.

# 몰타

## 🚢 발레타

### ① 크루즈 터미널 정보

발레타는 몰타의 수도로 요한기사단, 나폴레옹 점령, 영국의 지배 등 지중해의 전략적 요충지였습니다. 바로크풍의 이 도시는 유네스코 세계문화유산에 지정되어 있기도 합니다. 영국의 영향으로 주민들은 몰타어와 함께 영어를 사용해 어학연수로도 많이 가는 곳이죠.

발레타 크루즈 터미널은 도심에 위치해 있어 접근성이 좋고, 크루즈 터미널과 언덕에 있는 구시가까지 엘리베이터(1유로)를 설치해 쉽게 이동할 수 있습니다.

주소: Waterfront, Floriana, Malta

### ② 발레타 여행 Tip

음디나는 몰타의 옛 수도로 발레타에서 약 11㎞ 정도 떨어져 있습니다. 음디나로 가려면 버스(X3번. 약 3유로)를 이용하면 되고 30분 정도 소요됩니다.

몰타를 여행하는 방법은 아주 다양한데, 마이리얼트립에서는 한국어 가이드 투어를 이용할 수 있고, 홉온 홉오프(Hop-on Hop-off) 버스(약 20유로)를 이용해도 좋습니다. 홉온 홉오프(Hop-on Hop-off) 버스는 북쪽, 남쪽 두 개의 노선을 운행하며, 이를 이용하면 몰타 남부의 해안 동굴인 블루 그로토(Blue Grotto), 중부의 모스타 교회(Mosta Church)까지 여행할 수 있습니다.
선사의 기항지 투어나 OTA를 이용하면 뽀빠이 마을, 골든 베이, 폼이리 베이, 음디나 등 몰타의 주요 관광지들을 효율적으로 여행할 수 있습니다.

<크루즈에서 바라본 발레타>

<뽀빠이 마을>

<음디나>

# 동부 지중해

동부지중해는 이탈리아와 그리스를 중심으로 크로아티아, 몬테네그로, 터키 등의 해안 도시를 여행할 수 있습니다. 대부분의 선사들은 7일에서 10일사이의 일정으로 동부지중해 크루즈를 운영하고 있습니다.

## 1. 주요 모항지

동부지중해 크루즈의 주요 모항지는 이탈리아의 베니스이고, 로마에서도 많은 크루즈들이 출도착을 합니다.

## 베니스

### ① 크루즈 터미널 정보

베니스 크루즈 터미널1(Venezia Terminal Passeggeri)은 베니스에서 차로 진입할 수 있는 로마 광장 근처에 위치해 있어 접근성이 아주 좋습니다. 산타루치아 역에서 도보로 이동하거나 로마광장에서 무료 셔틀버스(토, 일, 월 운행)를 이용하면 크루즈 터미널에 쉽게 도착할 수 있고 베니스 피플 무버(Venice People Mover)로도 산타루치아역과 시외버스 터미널에서 크루즈 터미널 입구까지 쉽게 오갈 수 있습니다.

2020년부터 승객 2,000명, 55,000톤 이상의 대형 크루즈는 본토에 있는 마르게라 크루즈 터미널(Marghera Terminal)을 이용할 수도 있는데, 베니스 메스트레역에서 약 2㎞ 떨어져 있어 도보나 택시를 이용해야 합니다(여기서는 터미널 1을 중심으로 설명하겠습니다).

주소: Marittima Fabbricato 248, 30135 Venezia(터미널 1)
Porto Commerciale, Porto Molo A, 30175 Venezia(터미널 2)

## ② 크루즈 터미널로 이동하는 방법

### ○ 공항에서 크루즈 터미널까지 가는 방법

공항버스는 마르코폴로 공항과 로마광장을 연결하고 30분 간격으로 운행하며 소요시간은 30분 정도입니다(비용 6유로).

겟유어가이드(Getyourguide)에서도 공항과 로마광장을 운행하는 셔틀을 이용할 수 있습니다.

수상 버스는 약 1시간 동안 베니스를 구경하며 이동할 수 있는 장점이 있고, 공항에서 리네아 블루(Linea Blue) 버스를 타면 크루즈 터미널에 도착할 수 있습니다(15유로. www.alilaguna.it).

짐이 많거나 거동이 불편하다면 공항에서 택시로 이동하는 것을 추천합니다(약 50유로. 20분 소요).

<마르코폴로 공항 - 베니스를 연결하는 수상 버스>

선사에서는 하선 시 베니스나 파도바를 여행하고 공항에 드롭해주는 기항지 투어나 공항까지 가는 셔틀버스를 운영합니다.

### ○ 시내에서 크루즈 터미널로 가는 방법

베니스는 본토에서 로마광장까지만 육상 교통을 이용할 수 있고 섬에서는 도보나 수상 버스, 수상 택시 등을 이용해야 합니다.
크루즈 터미널은 수상버스 2번 라인(로마광장 정류장 하차)을 이용하면 되고, 일부 선사의 경우 산마르코 광장까지 유료 셔틀 서비스를 운영합니다.

TIP

- **수상버스 요금: 1회권 7.5유로, 24시간권 20유로(www.actv.it)**

### ② 베니스 여행 Tip

베니스의 주요 볼거리는 산마르코 광장을 중심으로 1㎞ 이내에 모여 있어 도보로 여행하기도 좋고 수상버스를 이용하면 인근의 리도, 무라노, 부라노까지 다녀올 수 있습니다.
베니스는 세계적인 관광지답게 우리나라를 포함한 전 세계 관광객들이 많은 방문을 하는 곳이라 OTA에서는 다양한 종류의 단기 투어 상품을 이용할 수 있습니다.

## 2. 주요 기항지

동부지중해 크루즈는 그리스의 산토리니, 미코노스를 비롯한 섬들과 크로아티아의 두브로브니크 등 육상 교통으로 갈 수 없거나 접근성이 떨어지는 곳을 편하게 여행할 수 있는 장점이 있습니다.

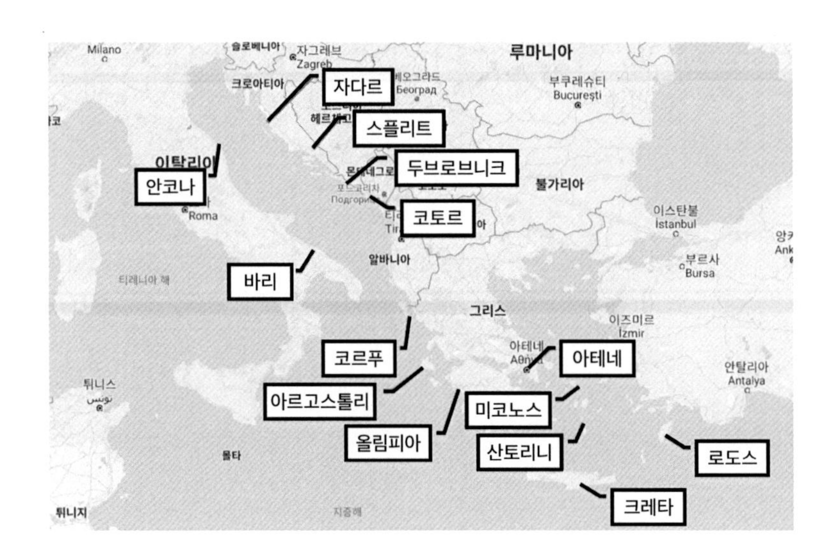

# 그리스

## 🚢 아테네

아테네 크루즈 터미널은 서남쪽으로 약 15㎞ 떨어진 피레우스에 위치해 있습니다.

### ① 크루즈 터미널 정보

피레우스 크루즈 터미널은 총 3개의 크루즈 선박이 정박할 수 있고 터미널 B, C에서는 터미널 A까지 무료 셔틀버스를 운영합니다.

크루즈 터미널에서 아테네까지 가는 방법은 아주 다양한데, 가장 편한 방법은 선사의 유료 셔틀버스를 이용하는 것입니다. 하지만 이 방법은 아테네에 도착해 다시 대중교통이나 도보로 이동을 해야 하기 때문에 홉온 홉오프(Hop-on Hop-off) 버스(약 20유로)를 이용하는 것을 추천합니다. 홉온 홉오프(Hop-on Hop-off) 버스는 아테네 내의 많은 관광지들을 효율적으로 여행할 수 있다는 장점도 있습니다.

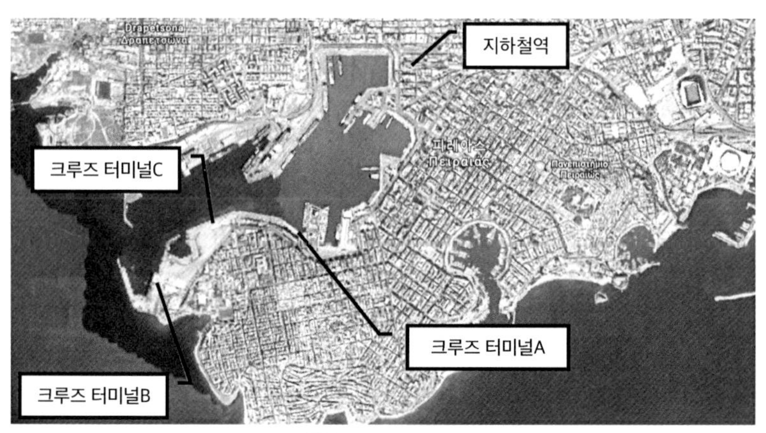


주소: Pireas 185 38

### ② 아테네 여행 Tip

아테네에서 몇 군데만 돌아볼 계획이라면 크루즈 터미널에서 지하철이나 버스를 이용해도 좋습니다. 터미널에서 지하철역까지는 무료 셔틀버스를 제공하기도 하고 859, 843, 826번 버스를 타고 지하철역에서 내려 아테네까지 이동하면 됩니다(버스, 지하철 통합권 1.4유로. 90분간 유효). 크루즈 터미널에서 지하철역까지는 도보로 약 20분 정도 소요됩니다. 크루즈 터미널에서 아테네의 신타그마 광장까지 가는 직행 버스(X80. 4유로)도 아테네로 가는 주요 교통수단입니다.

아테네는 우리나라에서도 많이 찾는 관광지이기 때문에 마이리얼트립에서는 한국어 가이드 투어를 찾을 수 있고, 비아터(viator)에서는 크루즈 터미널에서 출발하는 아테네 투어 상품을 이용할 수 있습니다.

## 코르푸

코르푸는 그리스어로 케르키라라고도 불리는 그리스 서쪽의 섬으로 유네스코 세계문화유산으로 지정된 구시가와 팔라이오카스트리차 해변 등 볼거리가 많은 곳입니다.

### ① 크루즈 터미널 정보

코르푸 크루즈 터미널은 코르푸의 중심부인 구시가에서 약 2㎞ 서쪽에 위치해 있습니다. 크루즈 터미널 입구까지는 무료 셔틀버스를 운행하고 일부 선사의 경우 구시가까지도 무료 셔틀버스를 운영합니다(대부분 유료이고 약 8유로).

터미널 입구에서 16번이나 17번 버스를 타면 구시가까지 갈 수 있지만(1.7유로) 운행 시간이 일정치 않아 택시 또는 도보를 추천합니다. 도보로는 약 30분 정도 소요됩니다.

### ② 코르푸 여행 Tip

코르푸는 도보로 여행이 가능한 곳으로 베네치아 양식의 구시가와 Old Fortress 등을 여유 있게 둘러보는 것도 좋고, 기항 시간이 충분하다면 팔라이오카

주소: Eth. Antistaseos 24, Kerkira 491 00

스트리차 해변을 다녀오는 것도 좋습니다. 팔라이오카스트리차까지는 크루즈 터미널 근처의 버스 정류장에서 A9번 버스로 갈 수 있고 약 45분이 소요됩니다. 홉온 홉오프(Hop-on Hop-off) 버스(약 19유로)를 이용할 경우 구시가지뿐만 아니라 바다 위에 떠 있는 교회인 브라체나 모나스테리(Vlacherna Monastery)까지 다녀올 수 있습니다.

보다 효율적으로 여행하려면 선사의 기항지 투어 프로그램을 이용해도 좋겠지요.

## 크레타(헤라클리온)

크레타는 유럽 문명이 시작된 유서 깊은 곳으로 헤라클리온은 크레타의 주도입니다.

### ① 크루즈 터미널 정보

헤라클리온 크루즈 터미널은 도심에 인접해 있어 접근성이 매우 좋습니다. 도심까지는 도보로 편하게 이동할 수 있고, 크루즈가 터미널 입구에서 멀리 떨어져 정박하는 경우 입구까지 무료 셔틀버스를 운행합니다.

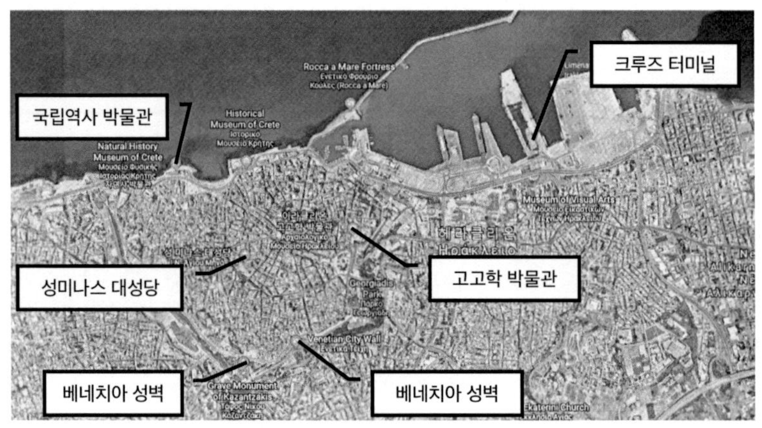


주소: Leof. Nearchou, Iraklio 713 07

### ② 헤라클리온 여행 Tip

헤라클리온 구시가지는 베네치아 공화국 시절의 성벽으로 둘러싸여 있고 규모가 크지 않아 박물관 등을 구경해도 반나절 정도면 충분히 볼 수 있습니다.
헤라클리온에서 남쪽으로 5㎞ 정도 떨어진 곳에는 크노소스 궁전이 있습니다. 크노소스 궁전은 크레타섬의 미노스왕의 궁전이 있던 곳으로, 신석기 시대부터의 유적을 볼 수 있습니다.
크노소스 궁전에 가려면 택시나 시내버스(고고학 박물관 앞 정류장에서 2번 버스 승차. 약 30분소요. 3유로)를 이용하면 되고, 선사의 기항지 투어나 OTA, 홉온 홉오프 버스(약 18유로)를 이용해도 좋습니다.

## 올림피아(카타콜론)

올림피아는 고대 올림픽의 발상지이자 현대 올림픽의 성화를 채화하는 곳으로 크루즈 터미널은 서쪽으로 약 30㎞ 떨어진 카타콜론에 위치해 있습니다.

### ① 크루즈 터미널 정보

카타콜론은 작은 마을로 크루즈로 올림피아로 가는 관문인 곳이라 볼거리가 많지는 않습니다. 중심부까지는 도보로 이동하면 되고 500m 정도의 거리에 상점 및 레스토랑이 모여 있지요.

주소: Katakolo 270 67

### ② 올림피아 여행 Tip

카타콜론에서 올림피아까지 가는 가장 좋은 방법은 크루즈 터미널 입구에서 셔틀버스를 이용하는 것입니다(왕복 10유로).

<크루즈 터미널 입구에는 푯말을 들고 있는 셔틀버스 직원을 쉽게 찾을 수 있다>

대중교통을 이용하려면 기차나 버스를 타야 하는데, 기차역까지는 1㎞ 정도를 걸어가야 하고 버스는 피르고스(Purgos/Pyrgos)에서 한 번 갈아타야 하기 때문에 추천하지 않습니다. 때문에 조금 더 편하게 여행하려면 선사의 기항지 투어나 택시를 이용하는 것을 추천합니다. OTA에서는 터미널에서 출발하는 투어가 있지만 가격이 비싸기 때문입니다.
만약 올림피아를 다녀오고도 시간이 남는다면 터미널 옆의 해변에서 해수욕을 즐겨도 좋고 세그웨이를 타고 산 정상에 올라가 경치를 즐기는 것도 좋을 것입니다.

<크루즈 터미널 옆의 작은 해변과 카타콜론 세그웨이 투어>

## 미코노스

흰색 집들과 풍차, 펠리컨들이 담긴 미코노스의 사진들은 어디선가 많이 접했을 그리스 하면 떠올릴 수 있는 풍경들입니다.

### ① 크루즈 터미널 정보

미코노스 크루즈 터미널은 도심에서 북쪽으로 약 2㎞ 떨어진 곳에 위치해 있습니다. 도심으로 가려면 선사의 유료 셔틀버스(약 8유로), 시내버스(1.6유로)가 가장 일반적이고 페리(2유로)를 타도 미코노스의 중심부까지 갈 수 있습니다. 도보로 가는 것은 추천하지 않는데, 길이 평탄치 않기 때문입니다.
일부 크루즈는 텐더 보트를 이용해 미코노스의 중심부까지 이동할 수 있습니다.

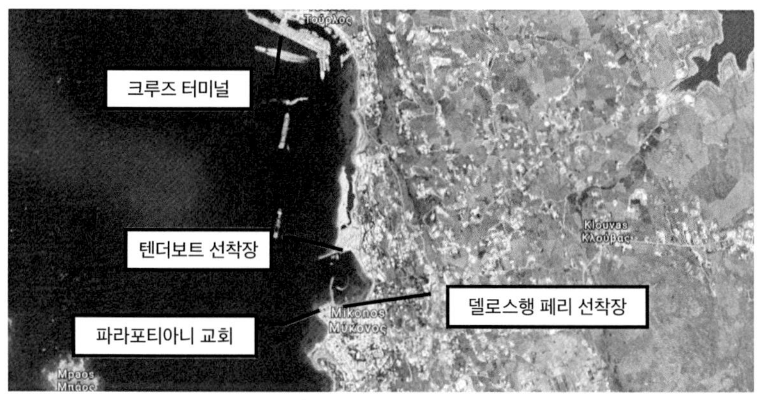


주소: 그리스 846 00 Tourlos Mykonos

② 미코노스 여행 Tip

미코노스는 규모가 작아 도보로 충분히 돌아볼 수 있는 곳입니다. 시내 이외에 가장 인기 있는 곳은 아폴로의 출생지인 델로스 섬으로, 페리를 이용하면 쉽게 갈 수 있습니다. 비용은 왕복 17유로(소요시간 약 30분)이고 오전에만 출발하며(9시, 10시, 11시) 돌아오는 페리는 오후 12시~3시에 있습니다.
선사 기항지 투어나 OTA를 이용하면 보다 편하게 미코노스와 델로스를 여행할 수 있습니다.

## 산토리니

그리스 하면 가장 먼저 떠오르는 이미지는 하얀색 건물에 파란색의 동그란 지붕이 있는 산토리니일 것입니다.

### ① 크루즈 터미널 정보

산토리니에는 크루즈 터미널이 없어 텐더 보트를 이용해 피라의 항구에 도착합니다. 피라의 중심부는 절벽 위에 위치해 있는데 항구에서 중심부까지 가려면 케이블카(편도 6유로), 당나귀(7유로) 또는 도보로 이동해야 합니다. 다만 도보는 추천하지 않는데 600개가 넘는 계단을 올라야 하기 때문입니다.

### ② 산토리니 여행 Tip

텐더 보트가 도착하는 피라는 언덕만 올라가면 도보로 충분히 둘러볼 수 있는 곳입니다. 여기서 가장 많이 이동하는 곳은 이아마을로 피라에서 약 10㎞ 정도 떨어져 있습니다.

이아마을로 가는 방법은 버스를 이용하는 것인데, 피라 고고학 박물관 근처에서 버스를 타면 20분 정도 소요됩니다(비용 약 2.5유로).

다른 방법은 텐더 보트 선착장에서 페리를 이용하는 것(약 25유로)입니다. 이 방법을 이용하면 이아마을의 아무디 포트(Ammoudi Port)까지 이동할 수 있고, 이아마을까지의 버스도 포함되어 있습니다.

산토리니에서 다양한 지역을 여행할 수 있는 수단 중 하나는 쿼드 바이크입니다. www.in-santorini.com에서는 쿼드바이크 렌트(일 25~45유로)를 비롯한 다양한 정보를 찾을 수 있습니다.

선사의 기항지 투어나 OTA를 이용하면 이아마을을 비롯한 산토리니의 다양한 지역을 여행할 수 있습니다.

## 로도스

성 요한 기사단의 섬인 로도스는 유네스코 세계문화유산으로 지정된 구시가지와 아크로폴리스 유적이 있는 린도스가 유명한 관광지입니다.

### ① 크루즈 터미널 정보

로도스 크루즈 터미널은 성벽으로 둘러싸인 구시가지의 바로 옆에 위치해 있어 접근성이 매우 좋습니다. 만약 도보로 구시가지를 여행하고자 한다면 조약돌로 된 길이 많으니 밑창이 두꺼운 신발을 추천합니다.

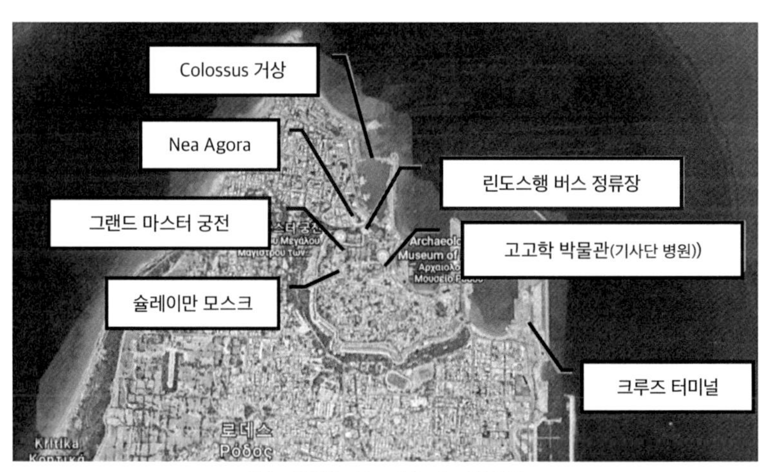


주소: Akti Sachtouri, Rodos 851 00

### ② 로도스 여행 Tip

로도스의 볼거리는 기사단의 궁전인 그랜드 마스터 궁전, 기사단 병원으로 사용되었던 고고학 박물관, 이슬람의 지배를 받았던 흔적인 술레이만 모스크 등으로 대부분 구시가지에 위치해 있습니다. 거기에 구시가지에서 북쪽으로 올라가면 로도스 거상이 있던 곳을 볼 수 있습니다.
로도스는 카약, 스쿠버다이빙, 패들 보드 등 해양 액티비티를 즐기기에도 좋은 곳입니다.
린도스는 로도스에서 남쪽으로 약 45㎞ 떨어진 곳에 있으며, 로도스에서 버스를 타면 1시간 30분 정도 소요됩니다(비용 약 7유로).

## 아르고스톨리

### ① 크루즈 터미널 정보

아르고스톨리 크루즈 터미널은 도심에서 도보로 약 10분 정도 되는 곳에 위치해 있습니다. 정박할 수 있는 크루즈는 단 한 대뿐이라 2대 이상의 크루즈가 정박하게 된다면 텐더 보트를 이용하게 될 수도 있습니다.

주소: Leof. Antoni Tritsi 2, Argostoli 281 00

### ② 아르고스톨리 여행 Tip

아르고스톨리 시내는 유명한 관광지가 많지 않아 대부분 선사 기항지 투어나

OTA, 택시 등을 이용해 근교를 여행하게 됩니다.
시내의 주요 볼거리는 현지인들의 생활을 볼 수 있는 발리아노스 스퀘어(Vallianos Square), 오벨리스크가 있는 데 보세트 다리(De Bosset Bridge) 등으로 모두 도보로 이동하면 됩니다.
근교에는 드로가라티 동굴(Drogarati Caves), 멜리사니 호수(Melissani Lake), 아기오스 제라시모스(Agios Gerasimos) 수도원, 성 게오르그 성채(St. George Castle), 아소스 성(Assos Castle), 미르토스 해변(Myrtros Beach) 등 볼거리가 많은데 택시를 제외하고는 대중교통이 원활하지 않으니 참고하시기 바랍니다.

# 크로아티아

크로아티아의 통화는 유로가 아닌 쿠나(Kune)입니다. 때문에 버스 등의 대중교통을 이용하려면 그 비용을 쿠나로 지불해야 하니 참고하시기 바랍니다.

## 두브로브니크

### ① 크루즈 터미널 정보

두브로브니크 크루즈 터미널은 구시가에서 북쪽으로 약 3㎞ 떨어져 있습니다. 선사에서는 크루즈 터미널에서 구시가의 입구인 파일 게이트(Pile Gate)까지는 유료 또는 무료 셔틀버스를 운영합니다.

일부 크루즈는 텐더 보트를 이용해 구시가의 동쪽 선착장에 도착하기도 합니다. 셔틀버스를 제공하지 않는다면 버스(1A, 1B, 8)를 이용해 구시가지까지 갈 수 있습니다(소요시간 약 15분. 비용 12쿠나. 환전소는 터미널 내부에 있습니다).

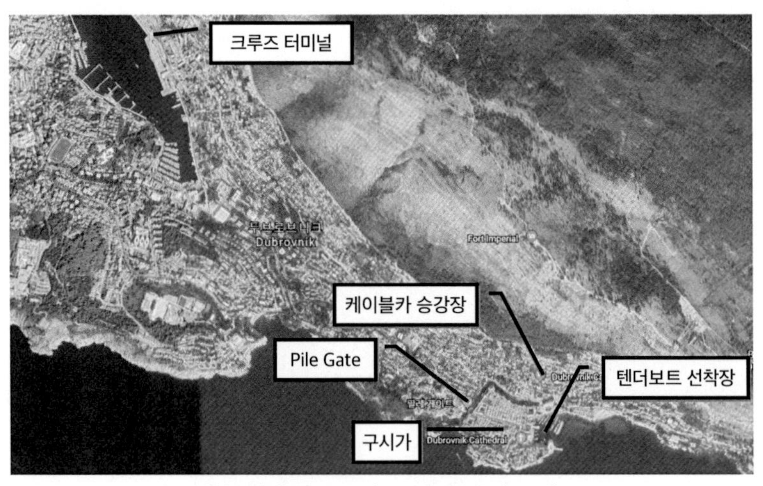


주소: Obala Ivana Pavla II, 20000, Dubrovnik

### ② 두브로브니크 여행 Tip

두브로브니크의 볼거리는 대부분 성벽 안의 구시가지에 있습니다. 그러니 도보로 구시가지 내부와 성벽을 둘러본 후 케이블카를 타고 스르지산 정상에서 환상적인 뷰를 즐기는 것도 하나의 방법이죠.
케이블카 이용권은 승강장에서 구매할 수도 있고 도심의 여행사 등에서도 구매할 수 있습니다. 케이블카에 대한 정보는 홈페이지를 참고하시기 바랍니다(www.dubrovnikcablecar.com).
두브로브니크는 우리나라에서도 유명한 관광지라 한국어 가이드 투어를 이용할 수 있고 OTA 및 현지 투어로 카약과 스노클링을 즐기기에도 좋습니다. 선사 기항지 투어는 가격이 비싸니 OTA를 이용하는 것을 추천합니다.

## 스플리트

### ① 크루즈 터미널 정보

스플리트 크루즈 터미널은 도심에서 약 500m 떨어진 곳에 위치해 있어 접근성이 아주 좋고 도시의 규모가 크지 않아 도보로 여행하기에 최적인 곳입니다.
스플리트에서는 근교에 위치한 중세의 모습을 간직한 트로기르, 크르카 국립공

주소: Gat Svetog Duje 1, 21000, Split

원 등을 다녀올 수 있습니다.

### ② 스플리트 여행 Tip

스플리트에서 트로기르로 가려면 크루즈 터미널이나 터미널에서 약 1.5㎞ 떨어진 버스 터미널에서 출발하는 버스를 이용하면 되고, 약 40분이면 중세의 도시 트로기르에 도착할 수 있습니다.

선사의 기항지 투어나 OTA를 이용하면 트로기르와 크르카 폭포 등을 편하게 여행할 수 있습니다.

스플리트에서는 래프팅과 스쿠버다이빙, 카약 등 액티비티를 즐길 수 있고, 기항 시간이 충분하다면 스플리트 구시가지와 근교 여행을 마치고 크루즈 터미널 뒤쪽에 있는 해변에서 해수욕을 즐기는 것도 좋을 것입니다.

<크루즈 터미널 뒤쪽의 해변>

## 자다르

### ① 크루즈 터미널 정보

자다르 크루즈 터미널은 구시가에서 남동쪽으로 약 4㎞ 떨어진 곳에 위치해 있습니다. 일부 소형 크루즈는 바다 오르간이 있는 항구에 정박하기도 합니다.

크루즈 터미널에서 구시가까지 이동하는 가장 좋은 방법은 선사의 유료 셔틀버스(약 15유로)를 이용하는 것입니다. 이 셔틀버스는 바다 오르간까지 운행합니다. 만약 시내버스를 이용하고자 한다면 터미널 앞에서 9번 버스를 타고 중간에 다시 버스(2번 또는 4번)를 갈아타야 합니다. 환승을 한 번 해야 하기 때문에 추천하지는 않는 방법입니다.

주소: Gazženička cesta 28, 23000, Zadar

### ② 자다르 여행 Tip

자다르에서는 구시가 관광을 도보로 편하게 즐길 수 있고, 선사의 기항지 투어나 OTA 등을 이용해 근교의 플리트비체나 시베닉 등으로 다녀올 수 있습니다. 버스로 플리트비체에 가려면 버스 터미널에서 931, 934번 버스를 이용하면 되고(1시간 30분), 시베닉은 플릭스 버스로 1시간 20분 정도 소요됩니다.

# 몬테네그로

## 코토르

크루즈를 타고 코트로로 진입하는 약 한 시간 동안, 유럽에서 가장 남쪽에 위치한 피오르를 볼 수 있는 훌륭한 관광지입니다.

### ① 크루즈 터미널 정보

코토르 크루즈 터미널은 구시가의 서쪽에 위치해 있어 접근성이 아주 좋습니다. 다만 2대 이상의 크루즈가 접안할 수 없어 한 척의 크루즈가 입항하면 나머지 크루즈 승객들은 텐더 보트를 이용해야 한다는 단점이 있습니다.

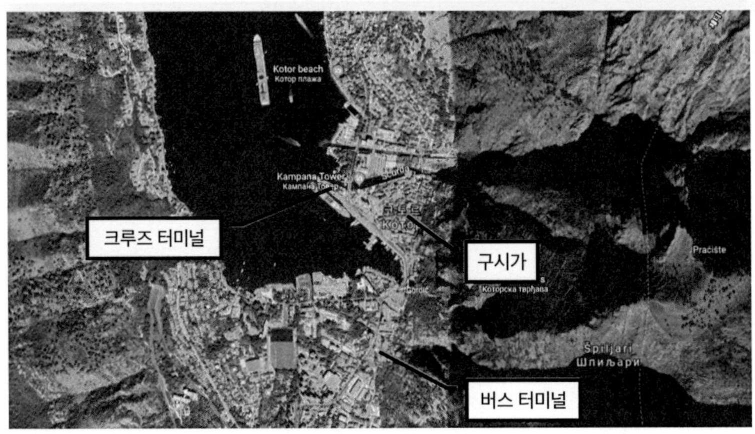


주소: E65, Kotor

### ② 코토르 여행 Tip

코토르의 구시가지는 직경 500미터가 안 되는 조그만 규모이지만, 도시 전체가 유네스코 세계문화유산에 등재된 곳이라 볼거리가 많습니다. 체력이 허용된다면 구시가지의 산 중턱에 있는 성채까지 가보는 것도 좋겠지요.

코토르에서 남쪽으로 약 20㎞ 떨어진 곳에는 부드바가 있습니다. 만약 기항 시간이 충분하다면 코토르는 물론 부드바까지 여행하는 것을 추천합니다.
부드바로 가려면 코토르 구시가지의 남쪽에 위치한 버스 터미널에서 버스를 이용하면 됩니다.
코토르 구시가지에서 버스로 약 25분 정도 걸리는 부드바는 로마 유적이 있는 구시가지와 해변으로 유명합니다. 부드바의 또다른 명소인 Sveti Stefan까지 가려면 부드바에서 택시를 이용하는 것이 가장 좋습니다.
만약 조금 더 편하게 부드바를 여행하고자 한다면 선사의 기항지 투어나 OTA 투어를 이용하면 됩니다.
또한 홉온 홉오프(Hop-on Hop-off) 버스를 이용하면 코토르 근교의 여행지를 편하게 여행할 수 있습니다. 주요 정류장은 리산(Risan), 페라스트(Perast), 바조바 쿨라(Bajova Kula)이며 비용은 20유로입니다(자세한 내용은 www.montenegro-pulse.com 참조).

## 안코나

### ① 크루즈 터미널 정보

안코나 크루즈 터미널은 도심의 서쪽에 인접해 있어 접근성이 아주 좋습니다. 대부분의 볼거리도 항구 근처에 위치해 있어 도보로 여행하기 편하죠.

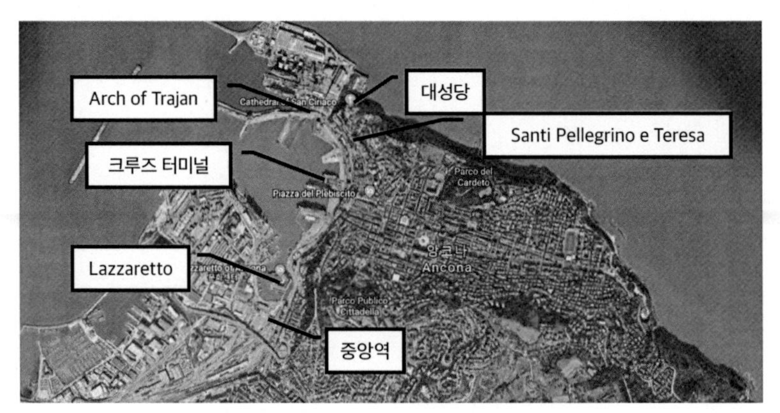


주소: 60121 Ancona, Province of Ancona

### ② 안코나 여행 Tip

안코나는 마르케주의 주도로 대중교통으로 리미니(기차로 1시간 소요), 페자로(기차로 30분 소요), 우르비노(페자로에서 버스로 50분 소요), 마체라타(기차로 1시간 소요) 등을 여행할 수 있습니다.
보다 편하게 근교를 여행하려면 선사의 기항지 투어를 이용하는 것을 추천합니다. 안코나의 OTA 투어는 시내투어 중심으로 운영되고 있으니 더 편리하게 여행하실 수 있습니다.

## 바리

### ① 크루즈 터미널 정보

바리 크루즈 터미널은 구도심에서 북쪽에 위치해 있습니다. 바리는 구시가지를 제외하면 상당히 큰 도시이므로, 근교 여행을 위해 중앙역까지 가려면 버스(20번, 약 2유로)를 이용해야 합니다.

일부 선사에서는 크루즈 터미널과 중앙역에서 멀지 않은 Corso Cavour까지 가는 셔틀버스를 제공하기도 합니다.

또한 크루즈 터미널 입구에는 바리 구시가를 둘러볼 수 있는 꼬마 기차 투어를 운영합니다(1.5시간, 15유로).

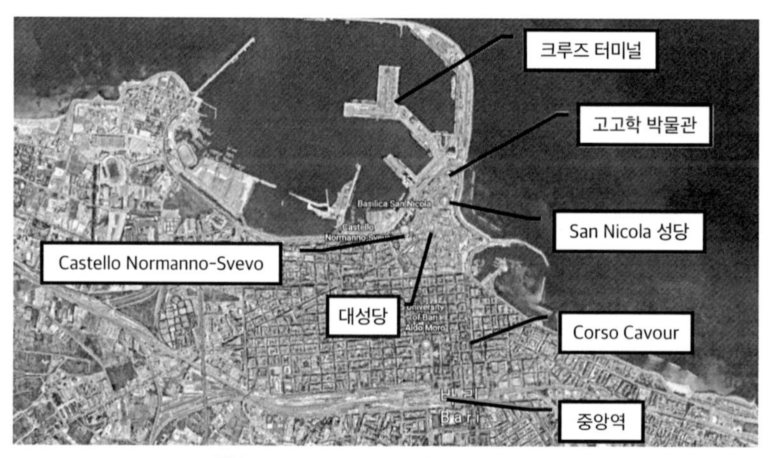


주소: 70123 Bari, Metropolitan City of Bari

### ② 바리 여행 Tip

바리의 주요 볼거리는 구시가 안에 있어 도보로 충분히 여행할 수 있습니다. 다만 신시가나 교외로 가려면 시내버스 등을 이용해야 합니다.

알베로벨로는 스머프의 집을 닮은 트룰로(Trullo)라는 전통 가옥으로 유명한 곳인데 이곳에 가려면 중앙역에서 버스(1시간 20분 소요), 나 기차(1시간 30분 소요, Ferrovia del Sud-Est 노선)를 이용하면 됩니다

# 카나리 제도

윤식당에서 방영되어 관심이 높아지고 있는 카나리 제도는 아프리카 대륙의 북서쪽의 대서양에 위치해 있는 스페인의 섬으로 산타크루즈 데 테네리페주와 라스팔마스주로 구성되어 있습니다.

## 1. 주요 기항지

대부분의 크루즈는 유럽의 주요 모항지인 로마, 제노바, 마르세유, 바르셀로나, 사우스햄튼에서 출발하며 유럽과 남미를 오가는 리포지셔닝 크루즈에서도 기항하는 곳이며 많은 선사들이 카나리 제도와 함께 포르투갈의 푼샬, 아프리카 모로코의 탕헤르 등을 기항합니다.

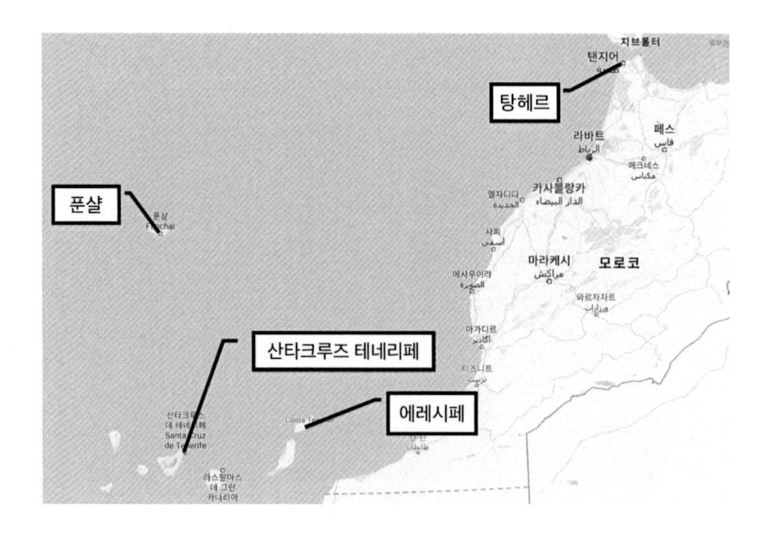

## 산타크루즈 테네리페

### ① 크루즈 터미널 정보

산타크루즈 테네리페 크루즈 터미널은 도심의 동쪽에 위치해 있습니다. 크루즈 터미널의 부두가 길어(약 1.5km) 크루즈가 어느 위치에 정박하느냐에 따라 도심까지의 이동 시간이 달라집니다. 터미널에서는 무료 셔틀버스를 스페인 광장까지 운행합니다.

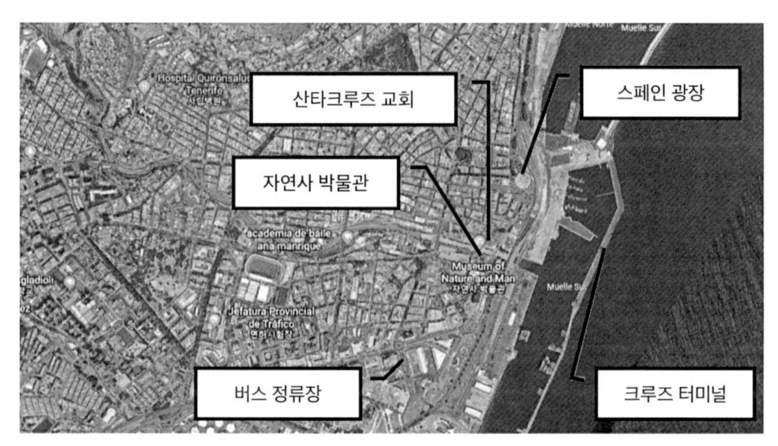


주소: 38001 Santa Cruz de Tenerife

### ② 산타크루즈 테네리페 여행 Tip

산타크루즈 테네리페의 주요 볼거리는 도보로 찾아갈 수 있습니다. 기항지 투어로 가장 많이 찾는 곳은 카나리 제도와 스페인에서 가장 높은 화산인 테이데 국립공원이며, 테네리페에서 서쪽으로 약 20㎞ 떨어져 있습니다. 테이데 국립공원으로 가려면 대중교통보다는 선사 기항지 투어나 OTA를 이용하는 것이 효율적이니 참고하시기 바랍니다.

유네스코 세계문화유산인 라 라구나로 가려면 자연사 박물관 옆에서 트램을 타고 약 40분 정도 가면 됩니다(2유로).
참고로 윤식당에 나왔던 곳은 가라치코(Garachico)라는 곳인데, 테네리페에서 서쪽으로 약 60㎞ 떨어져 있습니다. 만약 이곳을 방문하고 싶다면 대중교통보다 택시나 렌터카를 이용하는 것을 추천합니다(겟트렌스퍼 이용 시 약 50~60유로, 1시간 소요). 버스로 가려면 인터캄비아도르(Intercambiador) 버스 터미널에서 106번이나 108번 버스를 타고 엠팔메 로스 레알레호스(Empalme Los Realejos)나 에스타시온 이코드(Estación Icod)에서 버스를 다시 갈아타야 하며, 2시간 이상이 걸리기 때문에 추천하지는 않습니다.
그 밖에도 테네리페에서는 고래 관찰, 거북이 스노클링, 스쿠버다이빙 등 다양한 해양 활동을 할 수 있습니다.

## 아레시페

아레시페는 스페인 라스팔마스주 란사로테에 위치해 있는 도시로 아프리카와는 약 110㎞ 떨어져 있는 곳입니다.

### ① 크루즈 터미널 정보

아레시페에는 크루즈 터미널이 두 곳 있습니다. 도심에서 멀리 떨어져 있는 크루즈 1터미널(Muelle de Los Mármoles)과 도심까지 약 1㎞ 떨어져 있는 크루즈 2터미널(La Boca de Puerto Naos)이 바로 그곳입니다.
크루즈 1터미널에서 도심으로 가는 방법은 무료 셔틀버스, 택시, 도보(약 40분)이고, 크루즈 2터미널 역시 무료 셔틀버스 또는 도보(10분)를 이용해서 갈 수 있지만, 도심까지 걸리는 시간은 터미널1보다 짧습니다.

### ② 아레시페 여행 Tip

아레시페는 해안가의 주요 볼거리를 제외하고는 큰 볼거리가 없어 대부분 근교 투어를 하게 됩니다. 란자로테는 길이 60㎞, 폭 20㎞ 정도의 규모라 렌터카로

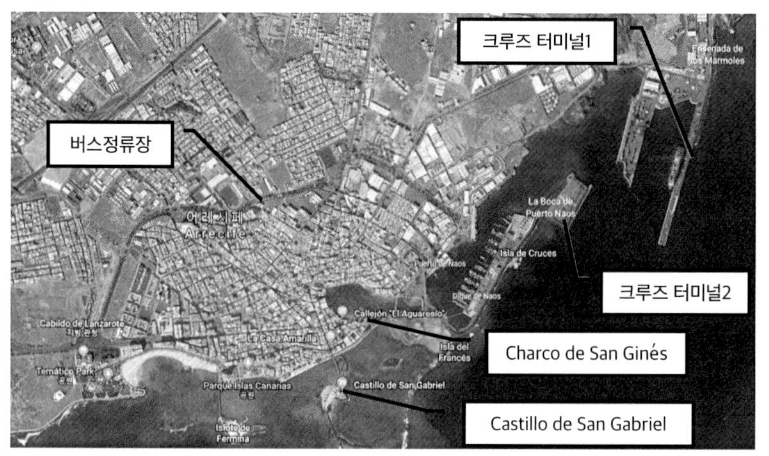


주소: Av. de los Marmoles, 4-38, 35500 Arrecife, Las Palmas(터미널1)
Av. Olof Palme, s/n, 35500 Arrecife, Las Palmas(터미널2)

여행하기에 좋고, 하루 40유로 정도를 투자하면 충분히 둘러볼 수 있습니다. 터미널 1의 입구에는 렌터카 사무소가 있고, 터미널 2에서 산 가브리엘 쪽으로 가는 길에도 렌터카 사무소가 있으니 어느 쪽에서든 이용이 가능합니다.

근교의 볼거리로는 용암 동굴인 로스 베르데스 동굴(Cueva de los Verdes)과 하메오스 델 아과 동굴(Jameos del Agua), 활화산인 티만파야 국립공원(Parque Nacional de Timanfaya), 옛 수도였던 테기세(Teguise) 등이 있습니다.

버스를 타고 로스 베르데스 동굴(Cueva de los Verdes)과 하메오스 델 아과 동굴(Jameos del Agua)로 가려면 경기장 앞의 정류장에서 9번 버스를 이용해 하메오스 델 아과 동굴(Jameos del Agua)에서 내리면 되고(약 50분 소요), 로스 베르데스 동굴(Cueva de los Verdes)은 그곳에서 도보로 이동이 가능한 거리인 약 700m 이내에 있습니다.

테기세(Teguise)로 가려면 경기장 앞 정류장에서 52, 53, 7, 9, 10, 26번 버스를 이용하면 됩니다(약 20분 소요). 다만 티만파야 국립공원은 시내버스로 바로 가는 방법이 없기 때문에 택시 등을 이용해야 합니다.

선사의 기항지 투어나 OTA는 가장 편안하게 란사로테를 여행할 수 있는 방법 중 하나이니 참고하시기 바랍니다.

## 푼샬

푼샬은 포르투갈의 마데이라 제도의 주도로 포르투갈에서 약 1,000㎞ 서쪽의 대서양에 위치해 있습니다. 푼샬은 축구선수 크리스티아노 호날두의 고향으로 마데이라 와인으로도 유명한 곳이죠.

### ① 크루즈 터미널 정보

푼샬 크루즈 터미널은 도심에 인접해 있어 도보 관광도 용이합니다.

주소: Gare Marítima da Madeira-Pontinha, 9004-518, Funchal

### ② 푼샬 여행 Tip

크루즈 터미널 근처에는 크리스티아노 호날두 박물관과 동상이 있고 해안도로를 따라 약 1㎞ 정도 걸어가면 케이블카를 탈 수 있습니다. 케이블카를 타고 몬테(Monte)로 올라가면 몬테 터보건(Monte Toboggan)이라는 나무로 만든 썰매를 탈 수 있죠. 약 20유로로 이용이 가능합니다.

트래킹을 좋아한다면 산에 있는 수로를 따라 트래킹을 하는 다양한 코스의 Levada 투어를 해도 좋습니다(www.madeira-levada-walks.com참조).
근교의 볼거리는 카마라 데 로보스(Camara de Lobos), 카보 기라오(Cabo Girao), 에이라 도 세라도(Eira do Serrado) 등이 있습니다.
카마라 데 로보스(Camara de Lobos)까지 가려면 산로렌초 궁전 앞의 버스 정류장에서 1번 버스를 타면 되고(약 25분 소요), 카보 기라오(Cabo Girao) 스카이워크로 가려면 버스 터미널에서 7번 버스를 타면 됩니다(약 50분 소요). 또한 에이라 도 세라도(Eira do Serrado)까지는 산로렌초 궁전 앞 버스 정류장에서 81번 버스(약 25분 소요)를 이용하시면 됩니다.
홉온 홉오프(Hop-on Hop-off) 버스(약 18유로)를 이용하면 카마라 데 로보스(Camara de Lobos)와 카보 기라오(Cabo Girao) 스카이워크를 모두 여행할 수 있으니 참고하시기 바랍니다.
선사 기항지 투어와 OTA에서는 와인 투어 등 다양한 테마의 마데이라 투어를 선택할 수도 있습니다.

## 모로코

모로코의 통화는 디르함(MAD)으로 1디르함은 원화로 약 125원 정도 입니다.

### 탕헤르

탕헤르는 모로코의 북쪽에 위치해 있는 도시로 지브롤터 해협을 사이에 두고 유럽 대륙과 마주보고 있는 곳입니다.

#### ① 크루즈 터미널 정보

탕헤르 크루즈 터미널은 구시가인 메디나의 동쪽에 인접해 있고 시내까지 운행하는 무료 셔틀버스를 운영하고 있어 접근성이 아주 좋은 편입니다.

주소: Ave Mohammed VI, Tangier

### ② 탕헤르 여행 Tip

탕헤르를 여행하는 가장 좋은 방법은 홉온 홉오프(Hop-on Hop-off) 버스를 이용하는 것입니다. 탕헤르의 홉온 홉오프(Hop-on Hop-off) 버스는 한국어를 지원하고 두 개의 루트(Tanger Ville, Espartel Tour)로 운행하는데 모두 항구를 중심으로 운영되기 때문입니다(비용 130MAD, 48시간 유효. 자세한 내용은 www.tanger.city-tour.com 참조).

탕헤르는 메디나와 Grand Socco의 재래시장과 영화 '본 얼티메이텀'에 나왔던 Gran Café de Paris, 카스바 등 볼거리가 많지만, 근교에 있는 헤라클레스 동굴, 아실라(Asilah) 등의 유적지를 여행하기에도 좋은 곳입니다.

대중교통으로 아실라에 가려면 기차나 버스를 이용해야 합니다. 버스 정류장과 기차역 모두 크루즈 터미널에서 2㎞ 이상 떨어져 있는데, 탕헤르에서 아실라까지는 약 40분 정도 소요됩니다.

헤라클레스 동굴(탕헤르에서 서쪽으로 약 14㎞에 위치)까지는 택시를 이용하거나 홉온 홉오프(Hop-on Hop-off) 투어를 이용하는 것이 가장 좋은 방법입니다.

선사의 기항지 투어나 OTA를 이용하면 탕헤르 도심 투어를 비롯해 쉐프하우엔, 아실라 등을 편하게 여행할 수 있으니 참고하시기 바랍니다.

CARNIVAL BREEZE

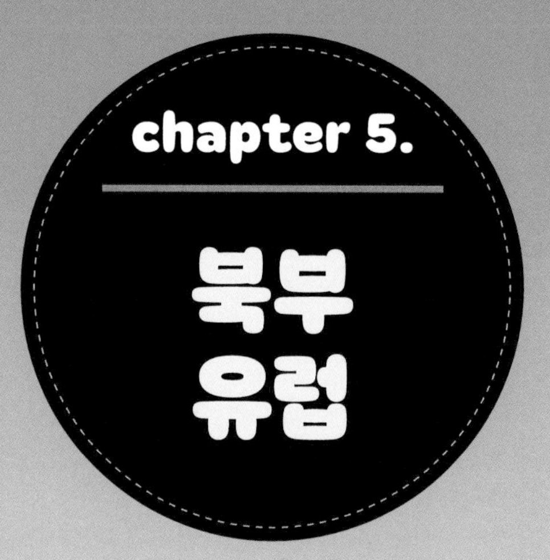

# chapter 5.

# 북부 유럽

북부 유럽은 덴마크를 중심으로 동쪽의 발트해 크루즈, 서쪽의 북해 크루즈로 크게 나뉘고, 북해는 다시 노르웨이, 영국, 아이슬란드, 북해 연안 등 다양한 지역으로 나눠 크루즈여행을 할 수 있습니다. 북부 유럽의 크루즈는 대부분 5월부터 9월까지만 운항하고 시즌이 끝나면 남부 유럽, 카리브해, 남미 등으로 이동하게 됩니다.
북부 유럽의 크루즈는 대부분 7박부터 14박까지의 일정으로 운항됩니다.

# 발트해

발트해를 접하고 있는 나라는 독일, 덴마크, 폴란드, 스웨덴, 핀란드, 러시아, 에스토니아, 라트비아, 리투아니아가 있으며 크루즈는 발트해 연안의 도시를 편하게 여행할 수 있는 수단입니다.

## 1. 주요 모항지

발트해 크루즈의 주요 모항지는 덴마크의 코펜하겐, 스웨덴의 스톡홀름, 독일의 킬과 바르네뮌데입니다(암스테르담, 사우스햄턴 등에서도 출항합니다).

# 덴마크

## 코펜하겐

덴마크의 통화는 덴마크 크로네(DKK)로 1크로네는 약 175원입니다.

### ① 코펜하겐 크루즈 터미널 정보

코펜하겐에는 총 3개의 크루즈 터미널이 있습니다.

가장 많이 이용하는 터미널은 노르드하브넨(Nordhavnen)에 위치한 오션 콰이(Ocean Quay) 터미널로 대형 크루즈들이 정박합니다. 규모가 작은 크루즈는 인어공주 동상 근처의 랑게리니에(Langelinje) 터미널 또는 노르드 톨보드(Nordre Tolbod) 터미널(3)에 정박하게 됩니다.

오션 콰이(Ocean Quay) 터미널은 규모가 커 도보로는 이동이 힘들고 버스나 택시 등을 이용해야 합니다.

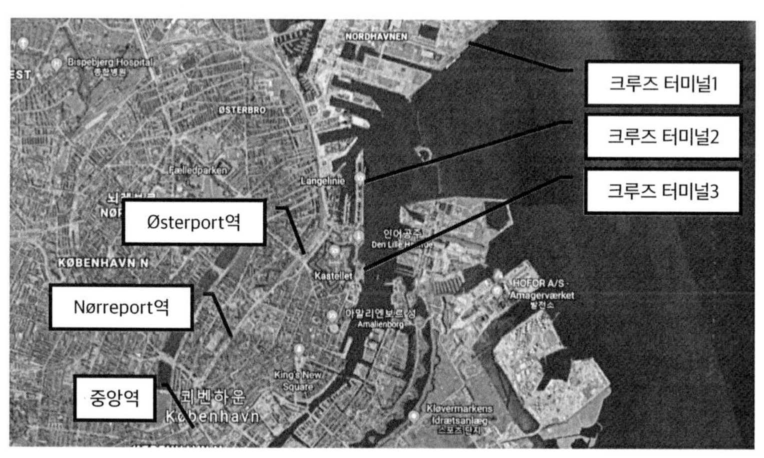


주소: 2150 Copenhagen(터미널1 Ocean Quay)
Langeliniekaj 2, 2100 Copenhagen(터미널2 Langelinje)
Nordre Toldbod, 1259 Copenhagen(터미널3 Nordre Tolbod)

### ② 크루즈 터미널로 이동하는 방법

#### ○ 공항에서 크루즈 터미널로 이동하는 방법

공항에서 세 곳의 크루즈 터미널로 가는 가장 편한 방법은 택시로, 교통 상황에 따라 약 40분 정도면 편하게 터미널로 이동할 수 있습니다.
하선 시 코펜하겐이나 근교를 여행하고 공항에 Drop 해주는 선사 기항지 투어나 크루즈 터미널에서 공항까지 운행하는 유료 버스를 이용해도 좋습니다.

- **오션 콰이(Ocean Quay) 크루즈 터미널:** 대중교통으로 오션 콰이(Ocean Quay) 터미널로 이동하려면 공항에서 기차를 타고 Østerport역에서 27번 버스를 이용(약 50분 소요)하거나 지하철(M2라인) 을 타고 뇌어포트(Nørreport)역에서 25번 버스를 이용하면 됩니다(25번 버스는 여름철에만 운행). 티켓을 구매할 때는 3Zone으로 구매해야 한다는 것 참고하시기 바랍니다(36DKK).
- **랑게리니에(Langelinje) 크루즈 터미널:** 공항에서 M2 지하철을 타고 콩겐스뉘토르(Kongens Nytorv)역에서 26번 버스를 타고 종점(Indiakaj역)에서 하차하시면 됩니다(3 Zone 티켓. 약 40분 소요).
- **노르드 톨보드(Nordre Tolbod) 크루즈 터미널:** 공항에서 M2 지하철을 타고 콩겐스뉘토르(Kongens Nytorv)역에서 1A번 버스를 타고 에스플라나덴(Esplanaden)에서 하차 후 도보로 약 10분 정도 이동하시면 됩니다(3 Zone 티켓. 약 40분 소요).

#### ○ 중앙역에서 크루즈 터미널로 이동하는 방법

- **오션 콰이(Ocean Quay) 크루즈 터미널:** 중앙역에서 S 열차를 타고 Østerport 역까지 이동 후 27번 버스를 이용하거나 뇌어포트(Nørreport)역까지 이동 후 25번 버스를 이용하시면 됩니다(2 Zone 티켓. 24DKK).
- **랑게리니에(Langelinje) 크루즈 터미널:** 중앙역에서 S 열차를 타고 Østerport 역까지 이동한 후 26번 버스를 이용하시면 됩니다(2 Zone 티켓).
- **노르드 톨보드(Nordre Tolbod) 크루즈 터미널:** 중앙역 근처의 호우드벤거든(Hovedbanegården)에서 1A 버스를 이용하시면 됩니다(2 Zone 티켓).

### ③ 코펜하겐 여행 Tip

코펜하겐에 기항지로 도착했다면 가장 좋은 여행 방법은 홉온 홉오프(Hop-on Hop-off) 버스를 이용하는 것입니다. 멀리 떨어져 있는 오션 콰이(Ocean Quay) 크루즈 터미널에도 정차하고 48시간 또는 72시간동안 유효한 티켓이 있기 때문에 코펜하겐이 모항지라면 승·하선 전후에 홉온 홉오프(Hop-on Hop-off) 버스(약 230DKK)를 이용해 관광도 하고 크루즈 터미널까지 쉽게 오갈 수 있습니다. 추가 비용을 지불하면 뉘하운에서 출발해 크리스티아니아와 인어공주 동상까지 보트를 이용할 수도 있지요.

코펜하겐은 북유럽의 대표적인 대도시로 마이리얼트립 등에서 한국어 가이드 투어를 이용할 수 있습니다.

선사의 기항지 투어나 OTA에서는 덴마크 북부의 크론보르 성이나 로스킬데 등을 다녀올 수 있는 투어를 이용할 수 있습니다.

# 스웨덴

## 스톡홀름

스웨덴의 통화는 스웨덴 크로네(SEK)로 1크로네는 원화로 약 125원입니다.

### ① 스톡홀름 크루즈 터미널 정보

스톡홀름에는 3개의 크루즈 터미널이 있습니다. 프리함넨(Frihamnen) 터미널은 주로 대형 선박과 스톡홀름이 모항지인 선박이 정박하고, 도심에서 동쪽으로 약 4㎞ 떨어져 있어 선사의 셔틀버스(약 12유로. 감라스탄까지 운행)나 시내버스, 택시 등을 이용해야 시내로 들어올 수 있습니다.

스텟스가덴(Stadsgården) 크루즈 터미널은 중심부인 감라스탄에서 남쪽으로 약 1.5㎞ 떨어져 있어 접근성이 좋으며 중형 선박이나 기항하는 선박들이 주로 정박하는 곳입니다.

마지막으로 쉽스브론(Skeppsbron) 크루즈 터미널은 감라스탄에 위치해 있어 접근성이 가장 좋고 소형 선박만 이용이 가능합니다.

일부 크루즈의 경우 스톡홀름에서 남쪽으로 약 50㎞ 정도 떨어진 뉘네스함(Nynäshamn)을 이용하기도 합니다.

### ② 크루즈 터미널로 이동하는 방법

**○ 공항에서 크루즈 터미널까지 가는 방법**

스톡홀름의 알란다(Arlanda) 공항에서 크루즈 터미널까지 가는 가장 편한 방법은 택시입니다. 공항에서 시내 중심부까지의 비용은 520SEK이고 3인~4인이 함께 이용한다면 가장 편하고 경제적으로 크루즈 터미널까지 갈 수 있습니다. 1~2인이라면 중앙역까지 대중교통으로 이동해 크루즈 터미널까지 택시를 타고 이동하는 방법을 추천합니다.

공항에서 중앙역까지 이동하는 방법은 크게 두 가지가 있습니다. 첫 번째 방법

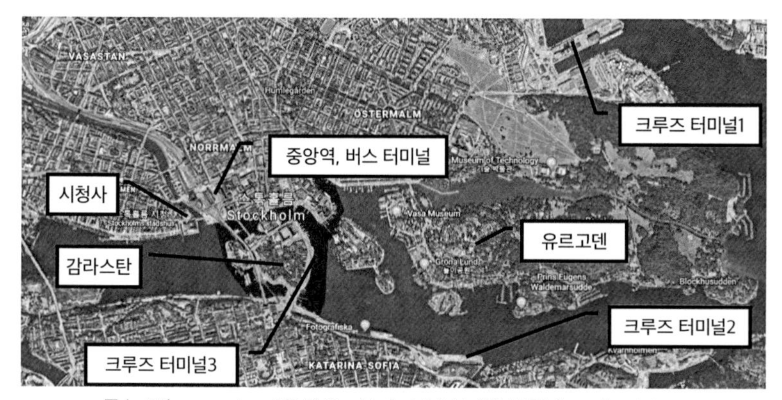


주소: Frihamnsgatan, 115 41 Stockholm(터미널1), 116 45 Södermalm(터미널2)

은 고속 기차인 알란다 익스프레스(Arlanda Express)를 이용하는 것으로 중앙역까지 20분 정도 소요됩니다(비용 280SEK). 두 번째 방법은 공항버스를 이용하는 것으로 중앙역까지 45분 정도 소요됩니다(비용 119SEK).

- **프리함넨(Frihamnen) 크루즈 터미널:** 스톡홀름 중앙역에서 1번 또는 76번 버스를 타면 Frihamnen 크루즈 터미널 입구까지 갈 수 있습니다(약 40분 소요. 43SEK). 중앙역에서 택시를 이용하면 15분 정도 소요됩니다(약 350SEK).
- **스텟스가덴(Stadsgården) 크루즈 터미널:** 스톡홀름 중앙역에서 스텟스가덴 크루즈 터미널까지 버스나 지하철로 가려면 환승을 해야 하기 때문에 택시(약 10분 소요. 60~100SEK)를 이용하는 것이 편리합니다.

### ③ 스톡홀름 여행 Tip

스톡홀름에 기항지로 도착했다면 크루즈 터미널에서 승차할 수 있는 홉온 홉오프(Hop-on Hop-off) 버스(약 480SEK)를 추천합니다(버스와 보트를 모두 이용 가능). 물론 선사의 기항지 투어와 OTA에서도 다양한 투어를 이용할 수 있습니다.

## 킬

### ① 킬 크루즈 터미널 정보

킬에는 6개의 터미널이 있는데 이중 크루즈가 주로 정박하는 터미널은 오스트제카이(Ostseekai), 오스투퍼하펜(Ostuferhafen), 노르베겐카이(Norwegenkai)의 세 곳입니다.
이중 가장 많은 크루즈선이 정박하는 오스트제카이 크루즈 터미널(1)은 중앙역에서 도보로 10분이면 갈 수 있어 접근성이 좋습니다.
오스투퍼하펜 크루즈 터미널(2)은 주로 대형 크루즈선이 정박하는데, 거리가 멀어 11번 또는 60번 버스를 이용해야 중앙역을 오갈 수 있습니다. 일부 선사에서는 셔틀버스(무료 또는 유료)를 제공합니다.
노르베겐카이는 중앙역에서 보행자 다리를 건너면 도착할 수 있는데, 주로 여름 성수기에만 크루즈 터미널로 이용됩니다.

주소: Wall 65, 24103 Kiel(Ostseekai 크루즈 터미널)
Ostuferhafen, 24149 Kiel(Ostuferhafen 크루즈 터미널)
Zur Fähre 1, 24143 Kiel(Norwegenkai 크루즈 터미널)

### ② 크루즈 터미널로 이동하는 방법

#### ○ 공항에서 크루즈 터미널까지 가는 방법

킬에서 주로 이용하는 공항은 함부르크 공항으로 남쪽으로 약 80㎞ 정도 떨어져 있습니다. 함부르크 공항에서 킬까지는 택시(100유로 이상)나 버스를 이용하는데, Flix버스가 가장 저렴하고 빠른 이동 수단입니다(1시간 30분 소요. 10유로 미만. www.flixbus.com).

기차를 이용하는 방법도 있는데 직행은 없고 함부르크 중앙역에서 환승을 해야 합니다(약 1시간 50분 소요. 20유로).

### ③ 킬 여행 Tip

킬은 볼거리가 많지 않아 대부분의 승객들은 함부르크, 뤼벡 등을 여행하게 됩니다. 킬에서 함부르크까지는 기차로 1시간(20유로), 버스로 1시간 30분 정도 소요되고 뤼벡까지는 기차로 1시간 30분(20유로), 버스로 1시간 30분(약 10유로) 정도 소요됩니다.

뤼벡은 14~15세기 한자 동맹의 중심 도시로 구시가지는 유네스코 세계문화유산으로 지정된 도시입니다. 홀슈타인문, 선원 조합 건물, 시청, 성모 마리아 성당, 마리엔 교회와 당시 부호들의 집 등 볼거리가 풍부한 곳입니다. OTA에서는 뤼벡 현지에서 조인하는 단기 투어 상품까지 찾을 수 있습니다.

함부르크나 뤼벡 등을 가지 않고 킬에서 머무른다면 도보로 여행하는 것이 가장 좋은데, 여유가 된다면 홉온 홉오프(Hop-on Hop-off) 버스(약 20유로)를 이용하는 것도 괜찮은 방법일 것입니다.

## 바르네뮌데

바르네뮌데는 베를린에서 북쪽으로 약 200㎞, 로스톡과는 10㎞ 정도 떨어져 있는 휴양도시입니다.

### ① 크루즈 터미널 정보

바르네뮌데 크루즈 터미널은 기차역과 바로 맞닿아 있어 접근성이 매우 좋으며 선사에서는 로스톡까지 셔틀버스(유료 또는 무료)를 제공합니다.

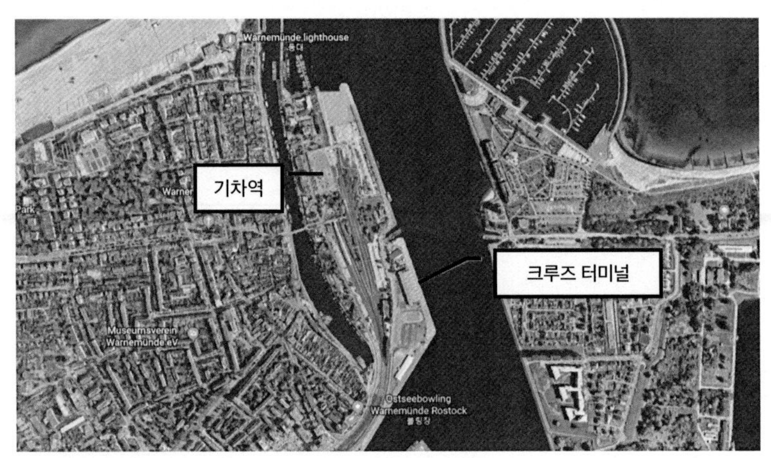


주소: 18119 Rostock

### ② 크루즈 터미널로 이동하는 방법

○ 주요 도시에서 크루즈 터미널까지 가는 방법

- **로스톡 공항**: 바르네뮌데 크루즈 터미널과 가장 인접한 공항은 로스톡 공항이지만, 승객들은 대부분 대도시인 베를린, 함부르크 공항을 주로 이용합니다.

  로스톡 공항에서 크루즈 터미널까지 가려면 택시가 가장 편리하지만 비용이 많이 소요(100유로이상)되니 겟트랜스퍼(Gettransfer) 등을 이용하는 것을 추천합니다. 버스를 이용한다면 공항에서 로스톡까지 이동 후 다시 베르네뮌데까지 버스나 기차를 이용해야 하고, 로스톡 공항의 비행 편수가 많지 않으니 공항 홈페이지(www.rostock-airport.de)에서 버스 시간표를 미리 확인하는 것이 중요합니다.

- **베를린, 함부르크:** 베를린에서는 중앙역에서 기차로 약 2시간 30분, 버스(Flix 버스)로 3시간 30분이 소요되고, 함부르크에서는 기차나 버스 모두 로스톡에서 환승을 해야 합니다. 소요 시간은 기차 약 2시간 30분, 버스 약 3시간 30분입니다.
- **로스톡:** 로스톡은 바르네뮌데에서 남쪽으로 약 10㎞에 위치해 있고 기차(약 2유로)나 49번 버스를 이용할 경우 20분 정도면 도착할 수 있습니다.

### ③ 바르네뮌데 여행 Tip

바르네뮌데는 해변과 리조트가 있는 휴양지로 대부분의 승객들은 휴식을 하거나 로스톡, 베를린, 슈베린 등으로 향하게 됩니다.

베를린은 약 200㎞ 떨어져 있어 기차나 버스 등의 대중교통을 이용해 여행하는 것은 추천하지 않습니다. 선사에서는 베를린을 여행하는 기항지 투어 프로그램을 운영하고, OTA에도 크루즈 터미널에서 베를린까지 여행하는 상품이 있기 때문에 이런 것을 이용하는 편이 좋습니다.

슈베린은 베르네뮌데에서 남서쪽으로 약 80㎞ 떨어져 있고 기차를 이용하면 1시간 30분 정도 소요됩니다. 선사의 기항지 투어, OTA에서 슈베린을 여행하는 상품을 이용할 수 있습니다.

## 2. 주요 기항지

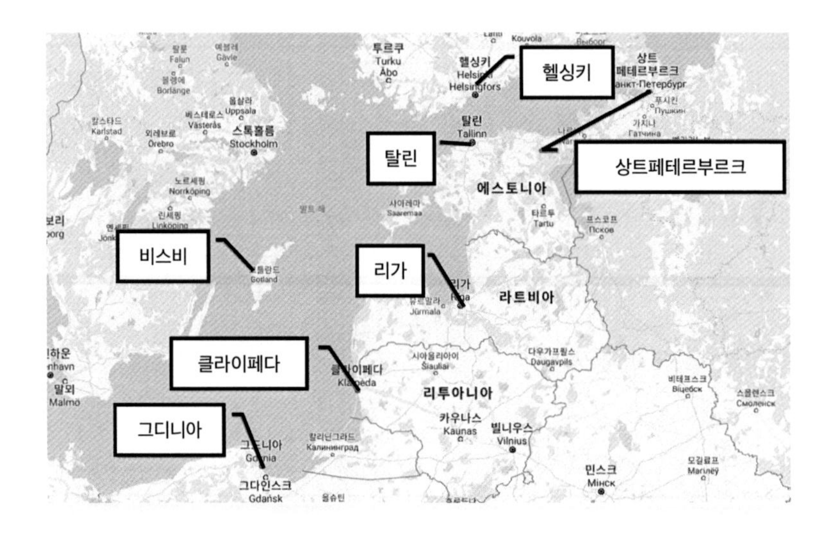

# 러시아

## 상트 페테르부르크

러시아의 통화는 루블(RUB)이고 100루블은 약 1,850원 정도입니다.

### ① 크루즈 터미널 정보

상트 페테르부르크의 크루즈 터미널은 도심에서 서쪽으로 약 7㎞ 떨어진 바실예프스키 섬(Vasilyevsky Island)에 위치해 있습니다. 동시에 크루즈 7대가 정박할 수 있는 매우 큰 규모이지만, 'ㄷ'자로 구성되어 있어 터미널 입구까지 도보로 이동이 가능합니다.

크루즈 터미널에 도착하는 승객은 입국 심사를 받기 때문에(한국인은 60일 무비자로 체류 가능) 터미널 외부로 나가기까지 시간이 많이 걸릴 수도 있습니다.

일부 소형 크루즈는 도심과 가까운 잉글리쉬 엠방크멘트(English Embankment)나 레이테난타 시미타 엠방크멘트(Leytenanta Shmidta embankment)에 정박합니다.

대부분의 크루즈는 상트 페테르부르크에서 1박 또는 2박의 오버나이트로 운영

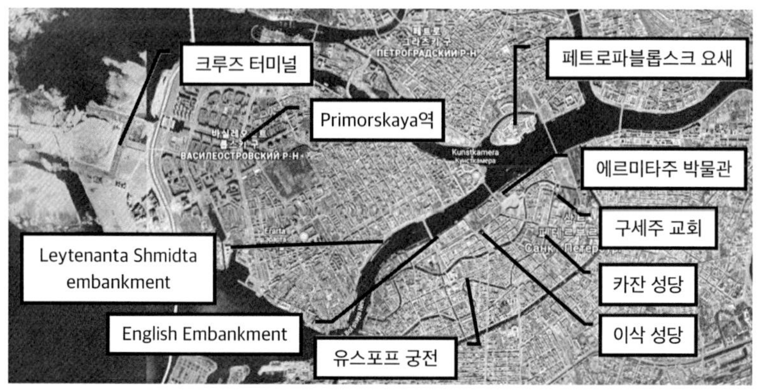


주소: 1 Bereg Nevskoy gubi V.O. St. Petersburg, 199405 Russia

하기 때문에 다른 도시에 비해 오래 체류할 수 있습니다.

○ 도심으로 가는 방법

가장 편하게 도심으로 가는 방법은 택시이지만 비용이 비싸 우버나 겟트렌스퍼(Gettransfer)를 이용하는 것을 추천합니다(비용 약 700루블. 30분).
대중교통으로 도심까지 가려면 크루즈 터미널 입구에서 158번 버스를 타고 프리모르스카야(Primorskaya)역에서 내려 지하철을 타면 되는데, 역에서 도심까지는 약 30분 정도 소요됩니다(30루블).

## ② 상트 페테르부르크 여행 Tip

크루즈를 이용하는 대부분의 외국인은 비자가 있어야 자유여행을 할 수 있고, 비자가 없다면 현지 여행 사 예약한 투어 티켓이나 선사 기항지 투어 티켓을 여권 심사시 제시해야 무비자로 여행을 할 수 있습니다. 한국은 러시아와 2014년에 무비자 협정을 체결해 쉽게 자유여행을 할 수 있으니 이 부분은 큰 문제가 없을 것입니다.
상트 페테르부르크는 볼거리가 많고 주요 여행지들이 먼 곳에 떨어져 있어 오버나이트로 1박이나 2박을 정박해도 시간이 모자랄 수 있습니다. 보다 효율적으로 여행하려면 자유여행보다는 선사의 기항지 투어나 OTA를 이용하는 것을 추천합니다.
마이리얼트립에서는 한국어 가이드가 안내하는 상트 페테르부르크 투어를 이용할 수 있고, 비아터(viator) 등의 OTA에서는 크루즈 터미널에서 출발하는 1일, 2일 투어 상품들을 이용할 수 있습니다. 선사 기항지 투어에는 1박 이상 머무를 시 모스크바까지 여행할 수 있는 프로그램도 있습니다.

## 핀란드

### 헬싱키

#### ① 크루즈 터미널 정보

헬싱키에는 크루즈 터미널이 두 곳 있는데 가장 많이 이용하는 터미널은 도심에서 약 3㎞ 떨어진 웨스트 하버(West Harbor) 크루즈 터미널입니다. 일부 소형 선박은 중심부이자 마켓 광장과 가까운 사우스 하버(South Habor) 터미널을 이용합니다.

웨스트 하버(West Harbor) 크루즈 터미널에서는 트램(6T, 7번 2.5유로)을 이용하면 중심부까지 빠르고 편하게 이동할 수 있습니다. 선사에서는 중심부까지 셔틀 버스(약 8유로)를 운행하기도 합니다.

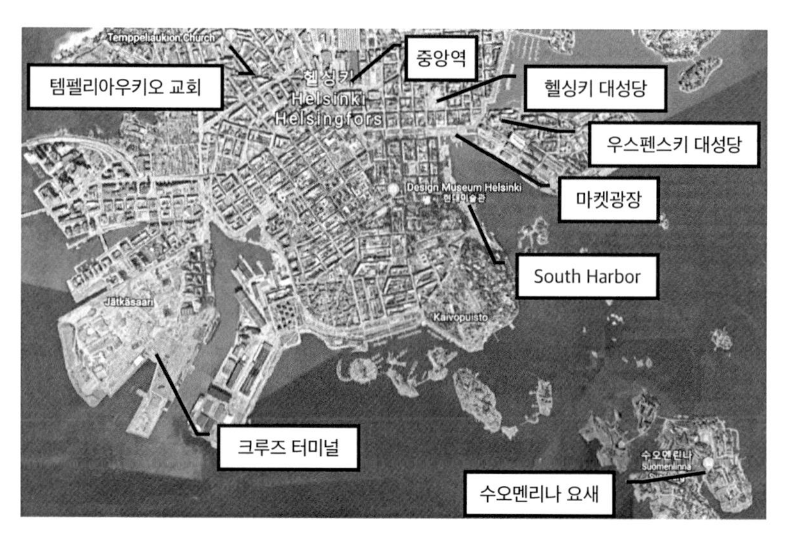


주소: West Harbor terminal two, Helsinki

### ② 헬싱키 여행 Tip

헬싱키는 마켓 광장을 중심으로 볼거리들이 모여 있으나 수오멘리나 요새(페리 이용), 템펠리 아우키오 교회, 시벨리우스 공원 등은 대중교통을 이용해야 합니다. 크루즈 터미널에서 출발하는 홉온 홉오프(Hop-on Hop-off) 버스가 있으나 한국어 오디오 가이드가 지원되지 않고, 비용은 헬싱키 교통 1일권(버스+트램+페리. 약 10유로)과 비교해 3배 이상 비싸며 수오멘리나로 가려면 별도의 페리 티켓을 구매해야 하기 때문에 추천하지는 않습니다.

헬싱키에서는 한국어 가이드 투어 상품을 선사 기항지 투어보다 저렴하거나 비슷한 가격에 이용할 수 있습니다.

# 에스토니아

## 탈린

### ① 크루즈 터미널 정보

탈린 크루즈 터미널은 도심에서 북쪽으로 약 1㎞ 떨어진 곳에 위치해 있습니다. 도심으로 가려면 선사의 유료 셔틀버스나 도보를 이용하면 됩니다.

주소: 10111 Tallinn

### ② 탈린 여행 Tip

탈린의 볼거리는 대부분 구시가지 안에 모여 있어 도보로 여행하기에 좋습니다. 다만 언덕을 올라가거나 바닥이 평탄하지 않은 곳이 많기 때문에 편한 신발을 준비하셔야 합니다.

탈린은 한국인들도 많이 방문하는 곳이라 마이리얼트립에서는 한국어 가이드 투어 상품을 많이 찾을 수 있습니다.

카드리오르 궁전에 가려면 구시가지 동쪽의 호텔 비루(Hotel Viru)의 버스 정류장에서 버스를 이용(10분)하거나 도보(25분)로 이동할 수 있으니 편한 쪽으로 여행을 하시면 되겠습니다.

# 라트비아

## 🚢 리가

### ① 크루즈 터미널 정보

리가 크루즈 터미널은 구시가지에서 북쪽으로 약 1㎞ 떨어진 곳에 위치해 있어 접근성이 아주 좋습니다. 일부 크루즈는 셔틀버스(유료 또는 무료)를 제공하지만, 거리가 멀지 않기 때문에 도보로도 충분히 도심까지 갈 수 있다는 점 참고하시기 바랍니다.

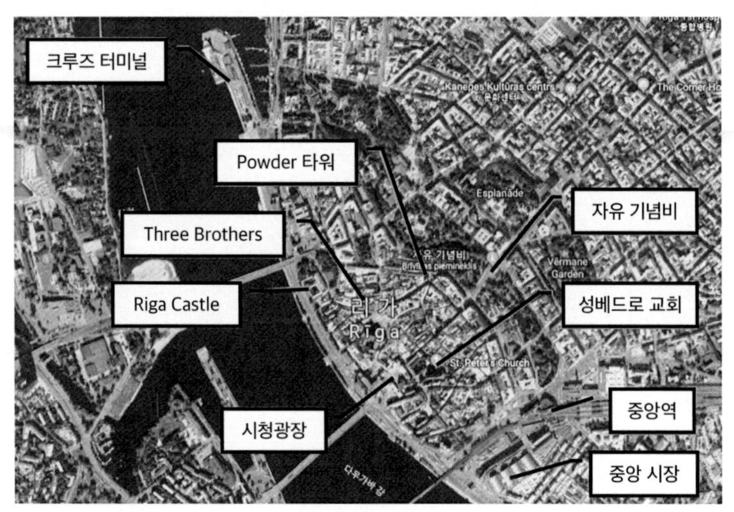


주소: 3a Eksporta Str., Riga

### ② 리가 여행 Tip

리가는 주요 관광지가 구시가지에 모여 있어 걸어서 여행하는 것이 가장 좋습니다. 다만 투라이다 성으로 유명한 시굴다는 중앙역에서 기차로 약 1시간 15분 정도 이동해야 합니다.

선사 기항지 투어와 OTA를 이용하면 리가와 리가 근교를 편하게 여행할 수 있습니다.

# 리투아니아

## 클라이페다

### ① 크루즈 터미널 정보

클라이페다 크루즈 터미널은 도심에서 약 800m 떨어져 있어 접근성이 좋습니다. 320미터 이상 길이의 크루즈는 텐더 보트를 이용해야 하며, 크루즈 터미널에서 중앙역이나 버스 터미널까지는 약 2㎞ 떨어져 있습니다.

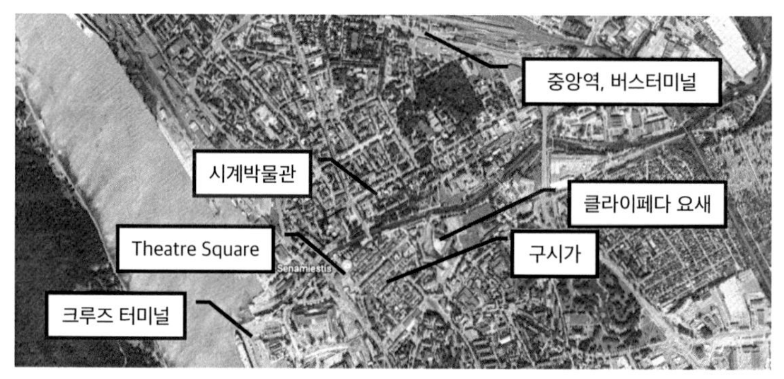


주소: Pilies g. 4, Klaipėda 91240

### ② 클라이페다 여행 Tip

클라이페다 구시가지는 한 시간 정도면 둘러볼 수 있는 작은 규모로, 대부분의 승객은 북쪽으로 약 25㎞ 떨어져 있는 팔랑가 또는 남쪽으로 약 20㎞ 떨어져 있는 쿠로니안 스핏을 찾습니다.

팔랑가는 10㎞에 이르는 해변과 호박 박물관이 있는 휴양 도시로 버스터미널에서 버스로 약 30분이면 갈 수 있습니다.

쿠로니안 스핏은 '리투아니아의 사하라'라고 불리는 모래 언덕으로 유명한 섬으로 크루즈 터미널에서 페리로 갈 수 있고, 섬에서는 버스를 이용하면 쉽게 돌아다닐 수 있습니다.

선사의 기항지 투어나 OTA를 이용하면 근교의 팔랑가, 쿠로니안 스핏 등을 편하게 다녀올 수 있습니다.

# 폴란드

## 그디니아

폴란드의 통화는 즈워티(PLN)로 1즈워티는 약 305원이고, 2020년경에 유로화로 변경될 수 있다는 점 참고하시기 바랍니다.

### ① 크루즈 터미널 정보

그디니아는 폴란드 북부의 최대 도시인 그단스크의 북쪽에 있는 도시로 약 20㎞ 정도 떨어져 있습니다. 대부분의 크루즈는 그디니아에 정박하고 일부 소형 크루즈는 그단스크에 위치한 올리프스키에 피어(Oliwskie Pier)에 정박하게 됩니다.

그디니아 크루즈 터미널은 중앙역에서 약 2㎞ 떨어져 있고, 도심으로 가려면 선사의 유료 셔틀버스(8유로)를 이용하거나 터미널 앞의 버스(119, 133, 147번)을 이용해 센트럼 바토리(Centrum Batory) 쇼핑몰에서 하차하시면 됩니다.

그디니아 크루즈 터미널에는 별도의 환전소가 없기 때문에 즈워티가 없다면 버스 이용이 쉽지 않은 점 유의하시기 바랍니다.

택시는 유로나 달러를 사용할 수 있지만 기사와 흥정해야 합니다. 보통은 약 5유로 정도에 이용이 가능합니다.

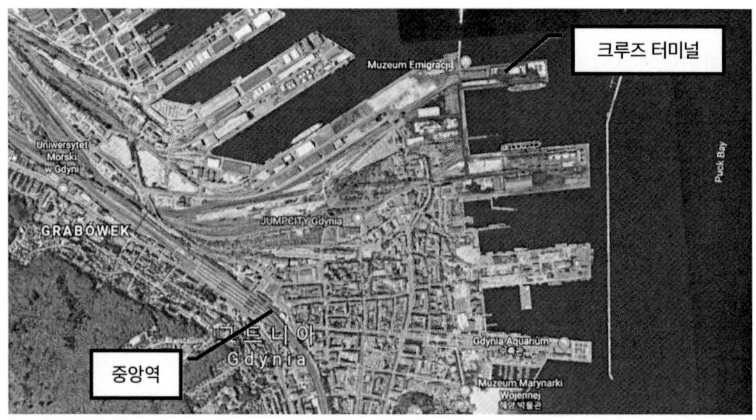


주소: Rotterdamska 9, 81-337 Gdynia

### ② 그단스크로 가는 방법

그단스크 중심부로 가려면 그디니아 중앙역에서 SKM 열차(약 40분 소요. 6.5즈워티)를 타야 하는데, 자동판매기나 키오스크에서 티켓을 구매하거나 기차 내부에서 직접 결제할 수 있습니다(추가 비용을 지불해야 하고 신용카드를 사용할 수 있습니다). 그단스크 그워브니역에 도착해 도보로 15분 정도 걸으면 구시가에 도착하게 됩니다.

### ③ 그디니아 여행 Tip

대부분의 승객들은 자유여행이나 선사의 기항지 투어, OTA를 이용해 그단스크와 말보르크 성을 여행하게 됩니다.

크루즈 터미널에서 출발하는 선사 기항지 투어나 OTA는 이용이 편하지만, 보다 저렴하게 그단스크를 여행하려면 대중교통으로 그단스크로 이동해 OTA나 현지 투어를 이용하는 방법을 추천합니다.

**TIP** 그다니아 근교 여행

- **말보르크성 가는 방법**

  말보르크성은 13세기에 지어진 유럽 최강의 요새로 벽돌로 지어진 세계 최대의 건축물입니다. 말보르크성으로 가려면 그디니아 중앙역에서 기차를 타고 약 1시간 30분 정도 이동해야 합니다.

- **슈트트호프 수용소 가는 방법**

  슈트트호프 수용소는 폴란드에 있는 여러 나치 수용소 중 하나로, 그단스크역에서 버스를 타면 45분 정도 걸려서 갈 수 있습니다.

<말보르크 성>

<슈트트호프 수용소>

# 스웨덴

## 비스비

스웨덴의 통화는 스웨덴 크로네(SEK)로 1크로네는 원화로 약 125원입니다.

### ① 크루즈 터미널 정보

비스비는 발트해 가운데에 위치한 고틀란드 섬의 주도로 유네스코 세계문화유산으로 지정된 곳입니다.

비스비 크루즈 터미널은 2018년에 완공되어 2개의 대형 크루즈가 정박할 수 있습니다. 일부 크루즈는 텐더 보트를 이용해야 합니다. 크루즈 터미널에서 구시가까지의 거리는 약 1㎞ 정도입니다.

성벽으로 둘러싸인 구시가지는 항구에 바로 인접해 있어 도보로 여행하기에 좋습니다.

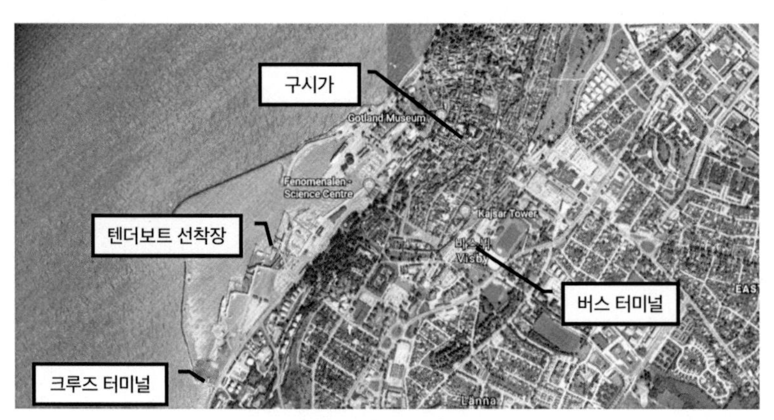


주소: 621 57 Visby

### ② 비스비 여행 Tip

비스비 구시가지는 약 3.4㎞의 성벽으로 둘러싸여 있고 대부분의 볼거리가 구시가지에 위치해 있습니다. 도로가 좁고 언덕길이 많은 구시가지를 둘러보려면 편한 신발은 필수!

<비스비>

**⚓ TIP** **비스비 근교 여행**

- **바이킹 마을**

  토프타(Tofta)는 비스비에서 남쪽으로 약 15㎞떨어져 있는 곳으로, 바이킹 마을을 방문할 수 있습니다. Tofta로 가려면 비스비 버스 터미널에서 버스(10번)를 이용하면 되며 약 20분 정도 소요됩니다.

- **루멜룬다(Lummelunda) 동굴**

  석순과 화석이 있는 루멜룬다(Lummelunda) 동굴까지는 버스(61번)로 약 15분 정도 소요됩니다.

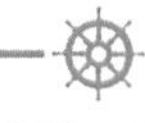

# 북해, 노르웨이해, 켈트해, 도버해협

북부 유럽의 주요 모항지들은 북해, 노르웨이해, 켈트해, 도버해협을 비롯해 발트해까지 다양한 노선으로 운영되고 있습니다. 이 지역의 크루즈는 보통 10일에서 2주일 정도의 기간으로 운항합니다.

## 1. 주요 모항지

대부분의 크루즈는 독일의 함부르크와 브레머하벤, 네덜란드의 암스테르담과 로테르담, 영국의 사우스햄튼을 비롯해 덴마크의 코펜하겐에서 북부 유럽의 주요 기항지들로 운항합니다.

## 🚢 함부르크

### ① 크루즈 터미널 정보

함부르크는 유럽에서 두 번째로 큰 크루즈 항구로 연간 5백만 명의 크루즈여행객이 이용합니다. 이런 함부르크에는 세 개의 크루즈 터미널이 있습니다.

#### ○ 함부르크의 크루즈 터미널

- **슈타인베르더(Steinwerder) 크루즈 터미널(1):** 슈타인베르더(Steinwerder) 크루즈 터미널은 대중교통을 이용해 접근하기 가장 어려운 곳으로 상파울리 란둥스브뤼켄(St. Pauli Landungsbrücken)과 아르겐티니엔브뤼케(Argentinien-brücke) 간의 페리(73번. 12분 소요) 또는 버스(156, 256번. 평일에만 운행)를 이용해야 도심까지 갈 수 있습니다. 중앙역까지 가는 가장 편한 방법은 유료 셔틀버스(사전 예약 필수)와 택시(약 30유로)입니다.
- **하펜 시티(Hafen City) 크루즈 터미널(2):** 하펜 시티(Hafen City) 크루즈 터미널

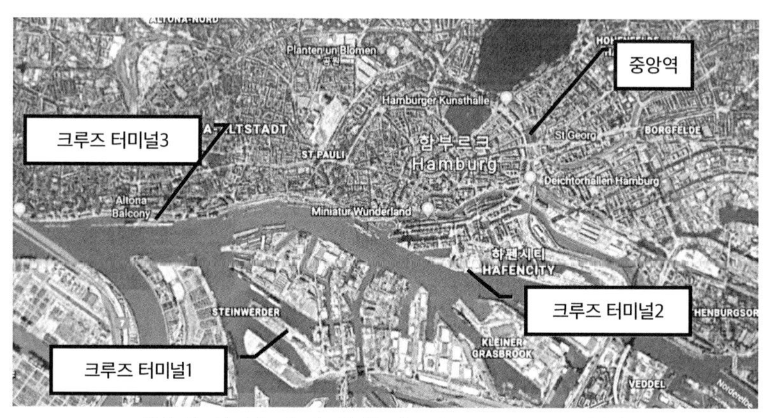


주소: Buchheisterstraße 16, Hamburg(Steinwerder 크루즈 터미널)
Grosser Grasbrook, 20457, Hamburg(Hafen City 크루즈 터미널)
Van-der-Smissen-Straße 522767, Hamburg(Altona 크루즈 터미널)

은 함부르크 중앙역에서 1.5㎞ 떨어져 있어 도보로도 이동이 가능하고 터미널 앞에 지하철역(위베르제콰티에르, Überseequartier)이 있어 가장 접근성이 좋습니다.

- **알토나(Altona) 크루즈 터미널(3):** 알토나(Altona) 크루즈 터미널은 함부르크 중앙역에서 약 5㎞ 떨어져 있고 터미널 입구에는 버스 정류장(Kreuzfahrtterminal Altona)이, 도보 10분 거리에는 지하철역(Königstraße)이 있어 접근성이 좋습니다.

## ② 크루즈 터미널로 이동하는 방법

### ○ 공항에서 크루즈 터미널까지 이동하는 방법

- **슈타인베르더(Steinwerder) 크루즈 터미널:** 공항에서 슈타인베르더(Steinwerder) 크루즈 터미널까지 이동하는 가장 좋은 방법은 택시 또는 우버입니다(40분 소요. 약 60~70유로). 조금 더 저렴하고 편하게 이동하려면 선사의 유료 셔틀버스(사전 예약)를 이용하거나 하선 시 투어 후 송영 프로그램을 이용하는 것이 좋습니다.
  대중교통으로 이동하려면 공항에서 S1 지하철을 타고 상파울리의 란둥스브뤼켄(Landungsbrücken)역에서 페리를 타야 하고, 약 1시간 30분 정도 소요됩니다(비용 약 6유로).
- **하펜 시티(Hafen City) 크루즈 터미널:** 공항에서 S1 지하철을 타고 중앙역에서 S4 지하철로 환승해 위베르제콰티에르(Überseequartier)역에서 하차하시면 됩니다(약 40분 소요).
- **알토나(Altona) 크루즈 터미널:** 공항에서 S1 지하철을 타고 쾨니그스트라세(Königstraße)역 또는 알토나(Altona)역에서 하차해 도보(약 15분)로 이동하거나(약 1시간 소요), 택시(20분 소요. 약 30유로)를 이용하시면 됩니다.

## ③ 함부르크 여행 Tip

함부르크의 중심부는 도보로 여행할 수 있지만, 상파울리(St.Pauli)나 래퍼반(Reeperbahn) 등은 대중교통을 이용하는 것이 좋습니다.

Altona 크루즈 터미널에서는 홉온 홉오프(Hop-on Hop-off) 버스를 이용할 수 있지만, 나머지 터미널에서는 중앙역이나 주요 지점까지 이동해야 하니 주의가 필요합니다.
함부르크에서 며칠 머물 예정이라면 근교의 뤼벡, 뤼네부르크, 하노버, 브레멘 등을 다녀오는 것도 좋은 여행이 될 것입니다.

## 브레머하펜

브레머하펜은 브레멘에서 북쪽으로 약 55㎞ 떨어진 곳에 위치한 도시로 유럽 최대의 어항입니다. 브레머하펜의 지명은 브레멘의 항구라는 뜻이라 대부분의 승객은 브레멘을 중심으로 여행을 합니다.

### ① 크루즈 터미널 정보

브레머하펜 크루즈 터미널은 도심에서 약 2㎞ 떨어져 있습니다. 도심으로 가려면 도보 또는 유료 셔틀버스(약 10유로)를 이용해야 합니다. 중앙역은 터미널에서 약 4㎞ 떨어진 곳에 위치해 있습니다.

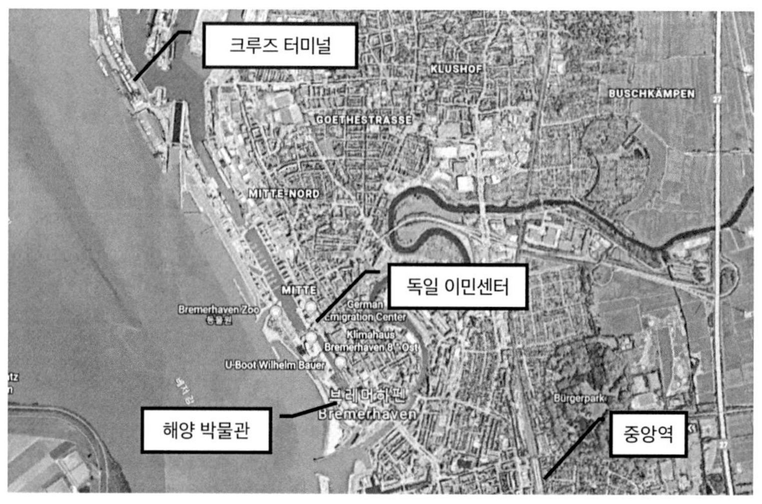


주소: Columbuskaje 1, 27568 Bremerhaven

### ② 크루즈 터미널로 이동하는 방법

#### ○ 공항에서 크루즈 터미널까지 이동하는 방법

브레머하펜 크루즈 터미널에서 가장 가까운 공항은 브레멘 공항으로 약 70㎞ 떨어져 있습니다. 공항에서 크루즈 터미널까지 가는 가장 편한 방법은 택시 또는 우버이고, 1시간 정도 소요됩니다(비용 80유로 이상).

대중교통으로 가려면 브레멘 공항에서 트램(6번)을 타고 브레멘 중앙역에서 다시 기차를 갈아타 브레머하펜 중앙역으로 이동한 뒤, 택시나 셔틀버스 등을 이용해야 합니다(약 1시간 30분 소요).

# 네덜란드

## 암스테르담

### ① 크루즈 터미널 정보

암스테르담 크루즈 터미널은 두 곳으로 시내 중심부와 북해 근처의 펠리손(Felison)에 위치해 있습니다. 중앙역과 도보 10분 거리에 있는 암스테르담 크루즈 터미널은 접근성이 매우 좋지만, 펠리손(Felison) 터미널은 약 25㎞ 떨어져 있어 이용이 불편하니 참고하시기 바랍니다.

2019년부터 암스테르담에서는 크루즈 관광세를 부여해 많은 선사가 로테르담이나 펠리손(Felison) 터미널 등으로 모항지를 이동하고 있습니다. 펠리손(Felison) 터미널의 경우, 2022년까지 대형 크루즈 터미널을 완공할 계획입니다.

펠리손(Felison) 터미널에서 암스테르담까지는 이동하려면 382번 버스를 타고 슬로테르데이크(Sloterdijk)역에서 기차, 트램, 버스를 이용하거나 펠리손(Felison) 터미널에서 선사의 유료 셔틀버스(23유로) 또는 택시를 이용해야 합니다.

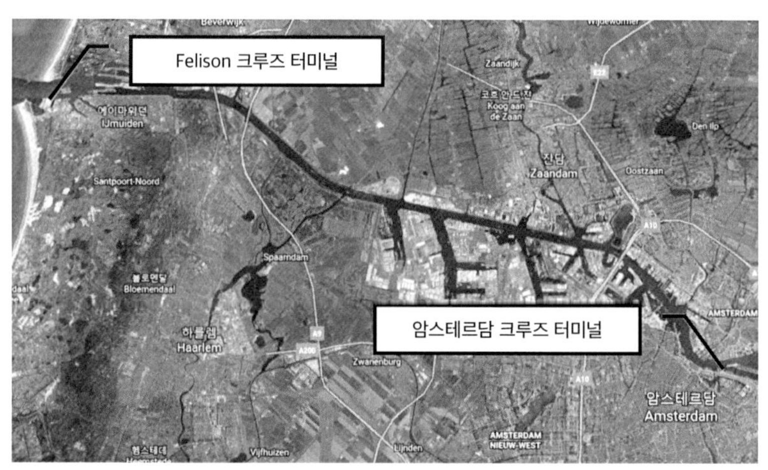


주소: Piet Heinkade 27, 1019 BR Amsterdam(암스테르담 크루즈 터미널)
2051 EC Ijmuiden(Felison 크루즈 터미널)

### ② 크루즈 터미널로 이동하는 방법

**○ 공항에서 크루즈 터미널까지 이동하는 방법**

암스테르담까지는 우리나라에서 직항 항공 노선이 있어 크루즈를 이용하기에 아주 편리합니다.

- **암스테르담 크루즈 터미널:** 암스테르담 스키폴 공항에서 암스테르담 중앙역까지 기차로 20분이면 도착할 수 있고, 크루즈 터미널은 중앙역에서 도보로 10분 거리에 위치해 있습니다.
- **펠리손(Felison) 크루즈 터미널:** 공항에서 펠리손(Felison) 크루즈 터미널까지는 암스테르담 서쪽의 슬로테르데이크(Sloterdijk)역까지 기차로 이동해 버스(382번)를 이용해야 합니다. 소요 시간은 약 1시간 30분 정도입니다. 택시나 우버로는 약 30분이 소요되며 비용은 약 60유로 정도입니다.

### ③ 암스테르담 여행 Tip

암스테르담은 자전거로 여행하기에 아주 좋은 도시로 암스테르담 크루즈 터미널에는 자전거 렌트샵이 있어 이용이 편리합니다. 또한 한국 관광객이 많이 찾는 곳이라 다양한 종류의 한국어 가이드 투어도 쉽게 이용할 수 있습니다.

## 로테르담

### ① 크루즈 터미널 정보

로테르담 크루즈 터미널은 중앙역에서 약 2.5㎞ 떨어진 곳, 에라스무스 대교 바로 옆에 위치해 있습니다. 터미널에서는 시내의 마켓 홀(Market Hall)까지 무료 셔틀버스를 제공합니다.

### ② 크루즈 터미널로 이동하는 방법

**○ 공항에서 크루즈 터미널로 이동하는 방법**

- **로테르담 공항:** 로테르담 공항에서 크루즈 터미널까지 이동하려면 공항 지

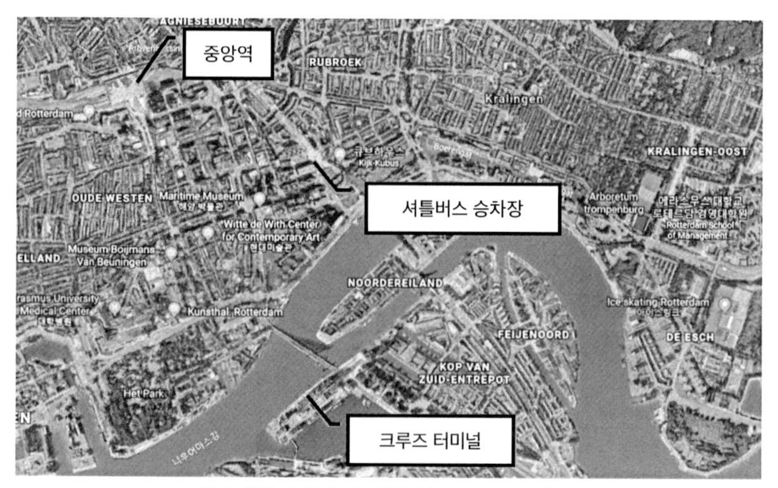

주소: Wilhelminakade 699, 3072 AP Rotterdam

하철역에서 빌헬미나플레인(Wilhelminaplein)역까지 이동(약 15분) 후 도보로 10분 정도면 크루즈 터미널에 도착할 수 있습니다.

- **암스테르담 공항**: 스키폴 공항에서 로테르담 크루즈 터미널까지 이동하려면 기차로 로테르담 중앙역까지 이동(약 1시간 소요) 후 지하철 D, E를 타고 빌헬미나플레인역까지 이동(약 5분)해 도보로 10분 정도 걸어가면 크루즈 터미널에 도착할 수 있습니다.

# 영국

## 사우스햄튼

영국의 통화는 파운드(GBP)이고 1파운드는 원화로 약 1,550원입니다.

### ① 크루즈 터미널 정보

사우스햄튼에는 메이플라워(Mayflower), 시티(City), 오션(Ocean), 퀸 엘리자베스 2(Queen Elizabeth II)까지 총 4개의 크루즈 터미널이 있습니다. 모두 대형 선박의 정박이 가능하며 시티(City) 크루즈 터미널은 로얄캐리비안이 주로 사용하고, 타이타닉호가 출항했던 퀸 엘리자베스 2(Queen Elizabeth II) 크루즈 터미널은 큐나드(Cunard)사의 전용 터미널입니다.

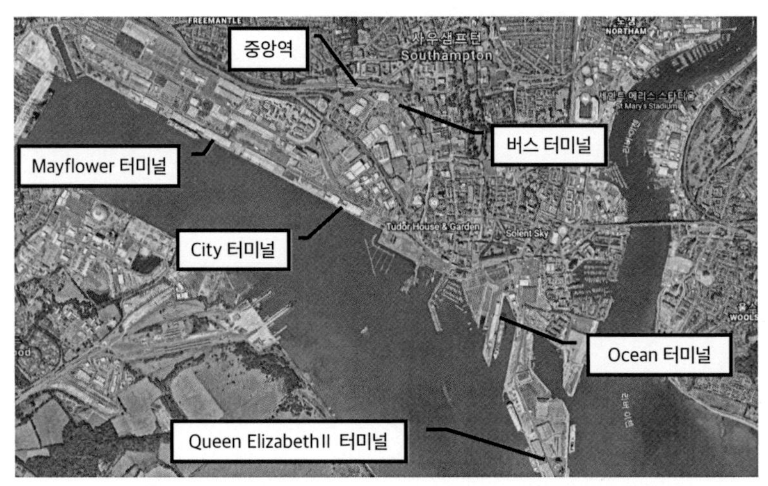


주소: Herbert Walker Ave, Western Docks, Southampton SO15 1HJ(Mayflower 터미널)
Solent Road, Western Docks, Southampton SO15 1HJ(City 터미널)
Cunard Road, Eastern Docks, Southampton SO14 3QN(Ocean 터미널)
38/39 Test Road, Eastern Docks Southampton SO14 3GG(QEII 터미널)

## ② 크루즈 터미널로 이동하는 방법

### ○ 공항에서 크루즈 터미널로 이동하는 방법

사우스햄튼 공항이나 런던의 공항에서 4개의 크루즈 터미널을 대중교통으로 가려면 모두 사우스햄튼 중앙역(버스 터미널)을 거쳐야 합니다. 메이플라워(Mayflower)와 시티(City) 크루즈 터미널은 중앙역에서 도보로 15분 정도면 도착할 수 있고, 오션(Ocean)과 퀸 엘리자베스 2(Queen Elizabeth II) 크루즈 터미널은 중앙역에서 택시(약 6파운드)를 이용하게 됩니다. 네 곳의 터미널 모두 셔틀버스를 운행하지 않으니 참고하시기 바랍니다.

- **사우스햄튼 공항:** 사우스햄튼 공항에서 각 크루즈 터미널까지는 택시를 이용하는 것이 가장 편리합니다.(약 15 파운드. 10분 소요) 기차를 이용하면 중앙역까지 10분 정도 소요됩니다.
- **히드로 공항:** 런던 히드로 공항은 우리나라에서 직항 항공편이 있어 가장 많이 이용하는 곳입니다. 이곳에서 사우스햄튼까지 이동하는 가장 편한 방법은 버스입니다(약 2시간 소요. 25파운드. www.omio.com 참조).

## ③ 사우스햄튼 여행 Tip

대부분의 승객은 사우스햄튼 공항보다 런던의 히드로 공항을 이용하기 때문에 크루즈 승·하선을 전후해 런던 여행을 하게 됩니다.

겟유어가이드(Getyourguide) 등의 OTA에서는 승선 전후 런던과 사우스햄튼을 오가며 바스, 윈저, 솔즈버리, 스톤헨지 등을 여행할 수 있는 투어를 운영하고 있습니다.

**TIP　사우스햄튼 근교 여행**

- **솔즈버리, 스톤헨지**
  사우스햄튼에서 기차로 약 30분 거리에 있는 솔즈버리에서는 솔즈버리 대성당과 스톤헨지 투어를 이용할 수 있습니다(www.thestonehengetour.info 참조).
- **바스, 윈체스터, 포츠머스, 뉴 포레스트 네셔널 고원(New Forest National Park)**
  사우스햄튼의 근교는 기차를 이용해 쉽게 갈 수 있는데, 로마시대의 온천으로 유명한 바스는 약 1시간 30분, 윈체스터는 약 20분, 포츠머스는 약 40분, 뉴 포레스트 내셔널 공원(New Forest National Park)는 약 15분이면 갈 수 있습니다.

## 2. 주요 기항지

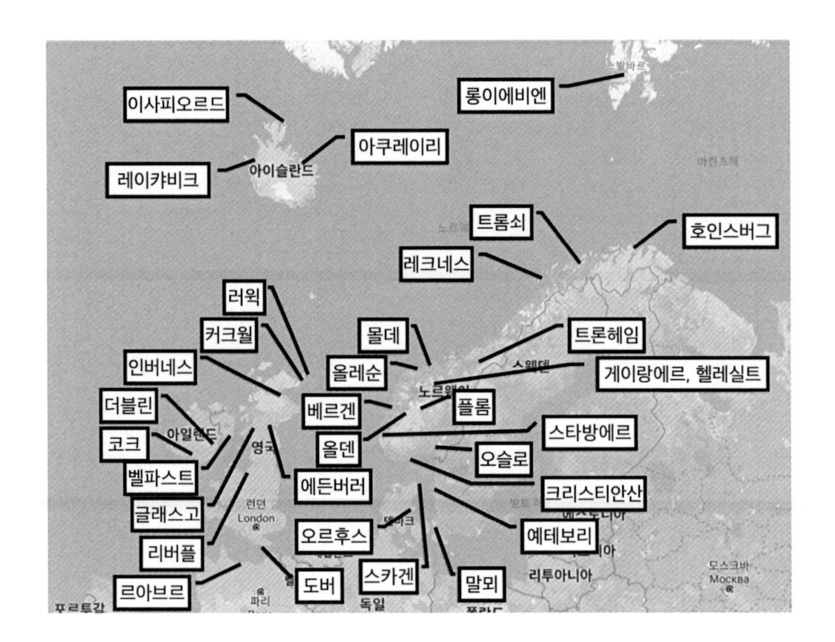
이사피오르드
롱이에비엔
아쿠레이리
레이캬비크
아이슬란드
트롬쇠
호인스버그
레크네스
러윅
커크월
몰데
트론헤임
인버네스
올레순
게이랑에르, 헬레실트
더블린
베르겐
플롬
코크
아일랜드
올덴
스타방에르
오슬로
벨파스트
에든버러
크리스티안산
글래스고
런던
London
오르후스
예테보리
리버풀
스카겐
말뫼
르아브르
도버
리투아니아
모스크바
Москва
파리
독일

# 노르웨이

노르웨이의 통화는 크로네(NOK)이고 1크로네는 원화로 약 130원입니다.

## 오슬로

오슬로는 노르웨이의 수도로 크루즈를 이용하면 스카케라크 해협에서 오슬로까지의 약 100㎞의 오슬로 피오르를 감상할 수 있습니다.

### ① 크루즈 터미널 정보

오슬로 크루즈 터미널은 시내 중심부인 시청사에서 도보로 10분 거리인 아케르후스 성 옆에 위치해 있어 접근성이 매우 좋습니다. 주요 관광지는 크루즈 터미널에서 반경 2㎞ 내에 위치해 있어 도보로 여행하기에 아주 좋습니다.

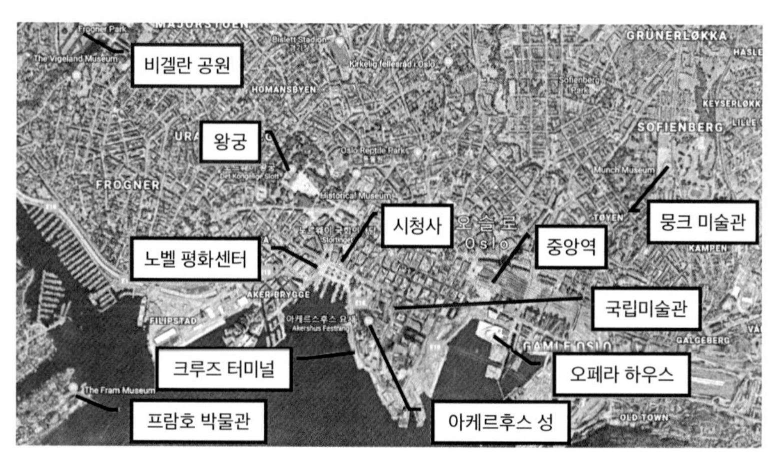


주소: Akershusstranda 19, 0102 Oslo

### ② 오슬로 여행 Tip

오슬로에서는 한국어 가이드 투어 상품을 이용할 수 있고, 선사 기항지 투어, OTA를 이용하거나 도보로 자유롭게 여행하기도 좋습니다.

스키 점프장에서 짚라인을 탈 수 있는 홀멘콜렌 스키 박물관을 가려면 시내 중심부까지 도보로 이동해 지하철 1호선을 이용하면 됩니다(약 45분 소요).

프람호 박물관, 바이킹 박물관, 콘티키 박물관, 노르웨이 민속박물관이 있는 비그되이 지구로 가려면 시내에서 30번 버스를 타거나(약 30분 소요) 시청사 선착장에서 91번 페리를 타면 됩니다.

## 크리스티안산(Kristiansand)

크리스티안산은 쇠를란데트 베스트아그데르주의 주도로 노르웨이에서 5번째로 큰 도시입니다.

### ① 크루즈 터미널 정보

크리스티안산 크루즈 터미널은 도심에서 300m 떨어진 곳에 위치해 있고 구시가지(Posebyen)까지의 거리도 1.5㎞ 미만이라 도보로 다니기에 좋습니다.

### ② 크리스티안산 여행 Tip

크리스티안산은 규모가 작아 도보로 여행하기에 아주 편합니다. 근교의 관광지로는 아름다운 해안 마을인 릴레산(Lillesand)과 증기 기관차를 탈 수 있는 세테스달스바넨(Setesdalsbanen)이 있습니다.

릴레산(Lillesand)으로 가려면 중앙역 앞의 버스 정류장에서 100, 139번 버스를 타면 되고, 소요 시간은 약 40분 정도입니다.

세테스달스바넨 증기 기관차를 타려면 선사 기항지 투어를 이용해야 합니다. 크루즈가 도착하는 날 선사에서 전세로 운영하기 때문입니다.

주소: Gravane 4 Kristiandsand

<릴레산>

## 🚢 스타방에르

스타방에르는 뤼세피오르드의 중심 도시로 노르웨이에서 네 번째로 큰 도시입니다.

### ① 크루즈 터미널 정보

크루즈 터미널은 구시가지에 위치해 있어 접근성이 아주 좋습니다. 도보로 15분이면 중앙역까지 이동할 수 있습니다.

주소: Skagenkaien 31-37, 4006 Stavanger

### ② 스타방에르 여행 Tip

스타방에르에서 가장 유명한 곳은 프레이케스톨렌으로 노르웨이를 소개하는 대표적인 명소입니다.

만약 기항 시간과 체력이 충분하다면 프레이케스톨렌 하이킹을 다녀오는 것을 추천합니다. 다만 기항시간 내에 프레이케스톨렌을 다녀오려면 자유여행보다는 선사 기항지 투어나 OTA를 이용하는 것이 좋습니다.

대중교통으로 프레이케스톨렌을 여행하는 방법은 두 가지인데 페리(약 3시간 30분 소요. 470NOK. https://rodne.no 참조)를 타고 아래에서 바라보는 방법과 펄

핏 락(Pulpit Rock)까지 올라가는 방법입니다. 하이킹을 하려면 페리(약 20분 소요)를 타고 타우로 이동해 다시 버스(약 1시간 소요)를 타고 프레이케스톨렌 입구에서부터 하이킹(왕복 약 4시간)을 해야 합니다(비용 930NOK).

소워즈 인 락(Swords in Rock)은 872년에 노르웨이 최초의 왕인 하랄드(Harald) 1세를 기념하기 위해 만든 조형물로 6번 또는 16번 버스를 타고 약 20분 정도 이동하면 도착할 수 있습니다.

<프레이케스톨렌의 Pulpit Rock>

## 베르겐

베르겐은 12세기부터 약 200년간 노르웨이의 수도였고 19세기까지 한자동맹으로 번성했던 노르웨이 제2의 도시입니다. 브뤼겐을 중심으로 한 구시가지는 유네스코 세계문화유산으로 지정되어 있습니다.

### ① 크루즈 터미널 정보

베르겐에는 2개의 크루즈 터미널이 있습니다.

먼저 스콜텐(Skolten) 크루즈 터미널은 베르겐후스 요새에 인접해 있고 브뤼겐까지 도보로 5분 정도면 도착할 수 있는 거리에 있습니다.

다음으로 도켄(Dokken) 크루즈 터미널은 주로 대형 선박이 정박하는 곳으로 중심부까지 무료 셔틀버스를 운영합니다(도보로는 약 20분 소요).

주소: Skoltegrunnskaien 1, 5003 Bergen(Skolten 크루즈 터미널)
5010 Bergen(Dokken 크루즈 터미널)

### ② 베르겐 여행 Tip

베르겐은 규모가 크지 않아 도보로 여행하기 좋은 곳이며 세그웨이 투어를 통해 보다 편리하고 효율적으로 베르겐을 여행할 수 있습니다.
베르겐의 전망을 한눈에 볼 수 있는 플뢰엔 산으로 가려면 하이킹 또는 등산열차(왕복 90NOK)를 이용하면 되고, 베르겐 시내와 피오르드 등 더 좋은 경치를 보려면 울리켄(Ulriken) 케이블카를 이용하시면 됩니다. 울리켄(Ulriken) 케이블카를 타려면 스콜텐(Skolten) 크루즈 터미널 앞에서 3번 버스를 타거나 어시장에서 2번 버스를 타고 약 15분 정도 이동하시면 됩니다.
노르웨이를 대표하는 작곡가인 그리그의 집으로 가려면 어시장이나 중앙역에서 트램(Tram)1번을 타거나 중앙역에서 67번 버스를 타면 되고, 약 30분 소요됩니다.

<울리켄 케이블카>

## 🚢 플롬

플롬은 세계에서 가장 긴 피오르드인 송네피오르드 여행의 중심이 되는 도시로 뮈르달, 스테가스타인 전망대 등 볼거리가 많은 곳입니다.

### ① 크루즈 터미널 정보

플롬 크루즈 터미널은 500m 이내에 모든 것이 있어서 굳이 지도를 첨부하지 않겠습니다. 크루즈에서 하선해 약 200m만 걸어가면 관광 안내소와 뮈르달로 갈 수 있는 기차역이 나옵니다. 크루즈로 붐비는 여름철에는 텐더 보트를 이용할 수도 있습니다.

### ② 플롬 여행 Tip

플롬 시내는 아주 작은 규모라 대부분의 승객들은 뮈르달, 구드방겐, 스테가스타인, 아울란드, 보스 등을 다녀오거나 송네피오르드에서 카약 등을 즐깁니다. 선사 기항지 투어는 현지 관광 안내소에서 취급하지 않는 프로그램을 중심으로 운영합니다.
보통 여행객들이 가장 많이 이용하는 것은 뮈르달까지 다녀오는 산악열차인 플롬바나입니다. 왕복 약 2시간 정도가 소요되며, 20㎞의 산길을 열차로 오르내리며 노르웨이의 자연을 느낄 수 있습니다. 이동 중에 키요스 폭포에서 10분간 정차하기에 멋진 사진을 담을 수 있습니다.
송네피오르드의 멋진 뷰를 보고 싶다면 스테가스타인 전망대로 가면 됩니다. 플롬에서 버스로 약 30분 정도 소요됩니다.
뮈르달 산악열차, 스테가스타인 버스 투어 등은 모두 플롬의 관광 안내소에서 구매할 수 있습니다.

<키요스 폭포>

<스테가스타인 전망대>

## 올덴

올덴은 노드피오르드를 여행하는 중심 도시로 브릭스달 빙하, 로엔 스카이리프트(Loen Skylift) 등을 여행할 수 있습니다.

### ① 크루즈 터미널 정보

올덴 크루즈 터미널은 중심부에서 약 1㎞ 북쪽에 위치해 있고, 항구 규모가 작아 일부 선박은 텐더 보트를 이용해야 합니다. 터미널이 작은 관계로 지도는 첨부하지 않았습니다.

### ② 올덴 여행 Tip

올덴에서는 유럽 대륙에서 가장 큰 빙하인 브릭스달 빙하를 구경할 수 있는데, 로엔 스카이리프트(Loen Skylift)로 해발 1,011미터까지 올라가 전망을 즐길 수 있습니다.
브릭스달 빙하로 가려면 선사의 기항지 투어나 OTA를 이용하고 로엔 스카이리프트를 타려면 크루즈 터미널 앞의 버스 정류장에서 520, 521, 703, 751번 버스를 이용하시면 됩니다. 5분 만에 도착할 수 있습니다.
www.oldenadventure.no에서는 올덴에서 출발하는 브릭스달 셔틀버스(450NOK)와 로엔 스카이리프트 상품(785NOK) 등을 예약할 수 있습니다.

## 헬레실트, 게이랑에르

크루즈를 이용하면 헬레실트와 게이랑에르로 진입하는 동안 칠자매 폭포, 구혼자 폭포 등 게이랑에르 피오르드의 절경을 편하게 감상할 수 있습니다. 대부분 헬레실트는 선사의 기항지 투어를 이용하는 승객들만 하선을 하고, 게이랑에르로 이동해 정박하는 형태로 운영됩니다. 정박할 수 있는 선박의 수가 제한적이라 텐더 보트를 이용할 수도 있다는 점 참고하시기 바랍니다.

<크루즈에서 편하게 감상하는 게이랑에르 피오르드>

### ① 게이랑에르 크루즈 터미널 정보

게이랑에르 크루즈 터미널은 중심부에 위치해 있고 정박할 수 있는 선박의 수가 제한적이라 앞서 언급한 것처럼 텐더 보트를 이용할 수도 있습니다. 시내의 주요 볼거리는 크루즈 터미널에서 도보로 15분 이내에 위치해 있습니다.

### ② 헬레실트, 게이랑에르 여행 Tip

이곳을 찾는 승객들이 가장 많이 향하는 곳은 달스니바와 이글 벤드(Eagle Bend)입니다. 게이랑에르 크루즈 터미널 앞의 관광 안내소에서 다양한 버스 투어 상품을 이용할 수 있습니다.

달스니바로 가는 버스는 중간에 플뤼달스유베(Flydalsjuvet)에서 하차해 게이랑에르와 게이랑에르 피오르드의 멋진 경치를 보고 해발 1,500m의 달스니바로 향하게 됩니다. 날씨가 좋지 않다면 구름만 볼 수 있으니, 게이랑에르에 도착한 후에는 반드시 날씨를 체크하도록 합시다.

Eagle Bend는 게이랑에르 피오르드를 조망하기 좋은 전망대로 버스를 이용해야 하고, 전망대에 오르면 칠자매 폭포를 비롯해 게이랑에르와 피오르드를 조망할 수 있습니다.

또한 관광 안내소에서는 달스니바와 이글벤드를 모두 다녀올 수 있는 버스 이용권을 구매할 수 있습니다(약 3시간 30분 소요. 480NOK).

게이랑에르 시내에서 피오르드 센터까지 트래킹을 하는 것도 좋은 경험이 될 것입니다. 게이랑에르에는 홉온 홉오프(Hop-on Hop-off) 버스가 있으나 정차하는 곳이 많지 않아 플뤼달스유베 전망대를 가는 것을 제외하고는 큰 메리트가 없습니다. 플뤼달스유베 전망대를 가려면 시내에서 211번 버스를 타면 되지만, 운행 편수가 많지 않은 것이 단점입니다.

<플뤼달스유베 전망대>

<이글 벤드>

## 올레순

올레순은 20세기 초 화재로 대부분이 소실되었으나, 새롭게 아르누보 양식으로 재건되었습니다.

### ① 크루즈 터미널 정보

올레순 크루즈 터미널은 도심의 남쪽에 인접해 있어 접근성이 아주 좋고 규모가 크지 않아 대부분 도보로 여행할 수 있습니다.

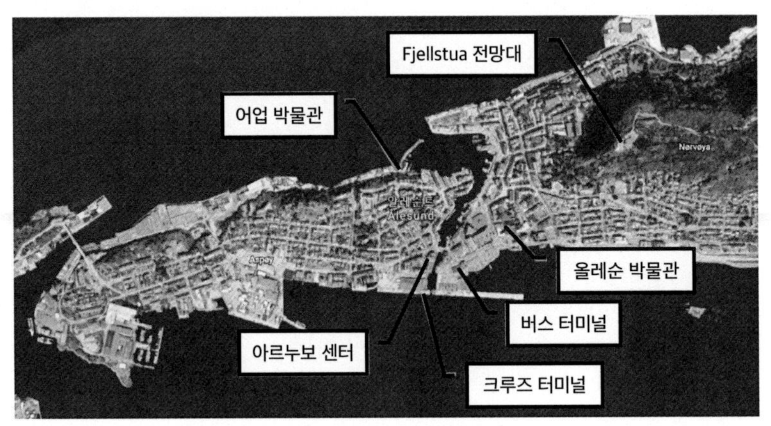


주소: Keiser Wilhelms gate 6, 6003 Ålesund

### ② 올레순 여행 Tip

올레순에서 가장 먼저 가봐야 할 곳은 아크슬라산의 푸옐스투아(Fjellstua) 전망대입니다. 정상까지 418개의 계단을 올라야 해 체력과 편한 신발은 필수이며, 전망대에 오르면 아름다운 시내 전망을 감상할 수 있습니다.
순뫼레 박물관은 중세부터 화재기간까지의 모습을 재현해 놓은 곳으로, 올레순 박물관과 함께 관람할 수 있습니다. 순뫼레 박물관으로 가려면 버스 정류장에서 440, 601, 603, 605, 623번 등 다양한 노선을 이용하면 되고, 약 10분 정도 소요됩니다.
선사 기항지 투어나 OTA를 이용하면 보다 편하게 올레순과 근교를 여행할 수 있습니다.

<프옐스투아 전망대에서 바라본 올레순>

## 몰데

몰데는 장미의 도시로 불리는 아름다운 곳으로 아르누보 양식의 건물들과 자연이 어우러져 있습니다.

### ① 크루즈 터미널 정보

몰데 크루즈 터미널은 중심부에서 약 300m 떨어져 있어 접근성이 아주 좋은 편입니다.

### ② 몰데 여행 Tip

아틀란틱 로드(Atlantic Road)는 세계에서 가장 아름다운 도로 중 하나로 314NOK의 비용을 지불하면 갈 수 있습니다. 버스터미널에서 아틀란테합스바겐(Atlanterhavsvegen)까지는 약 1시간 정도가 소요됩니다(https://visitnorthwest.trekksoft.com 참조).

몰데는 하이킹으로도 유명한 곳인데 6㎞ 정도 떨어진 발덴 뷰 포인트(Varden View Point)까지 가면 200여 개의 눈 덮인 산을 전망할 수 있습니다(왕복 약 3시간 30분). 하이킹을 하려면 관광 안내소에서 정보를 얻거나 OTA의 하이킹 투어를 이용하면 됩니다.

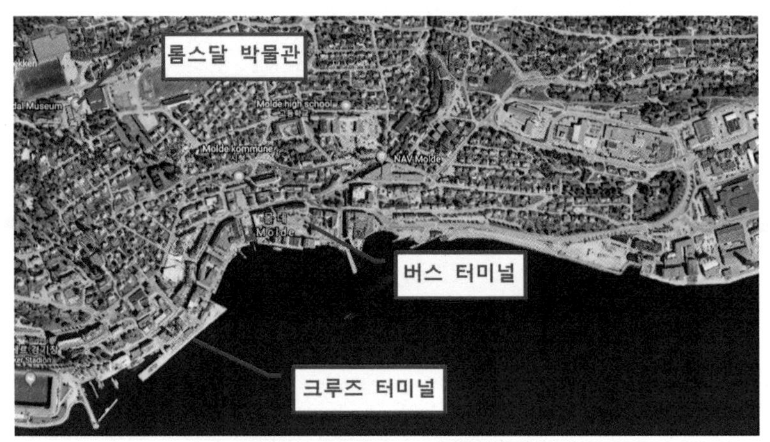


주소: Hamnegata 8, 6413 Molde

<아틀란틱 로드>

## 트론헤임

트론헤임은 노르웨이에서 세 번째로 큰 도시로 노르웨이의 첫 번째 수도였던 곳입니다. 니다로스(Nidaros) 성당, 각종 박물관과 유적지가 많아 볼거리가 풍부한 곳이기도 합니다.

### ① 크루즈 터미널 정보

크루즈 터미널은 도심에서 도보로 15분 거리에 위치해 있어 접근성이 매우 좋습니다. 일부 선사에서는 터미널과 니다로스 성당을 오가는 유료 셔틀을 제공하기도 합니다.

입항하는 크루즈가 많을 경우 텐더 보트를 이용하거나 중심부에서 약 1.5㎞ 떨어진 네드레 이라(Nedre Ila)에 정박하기도 합니다.

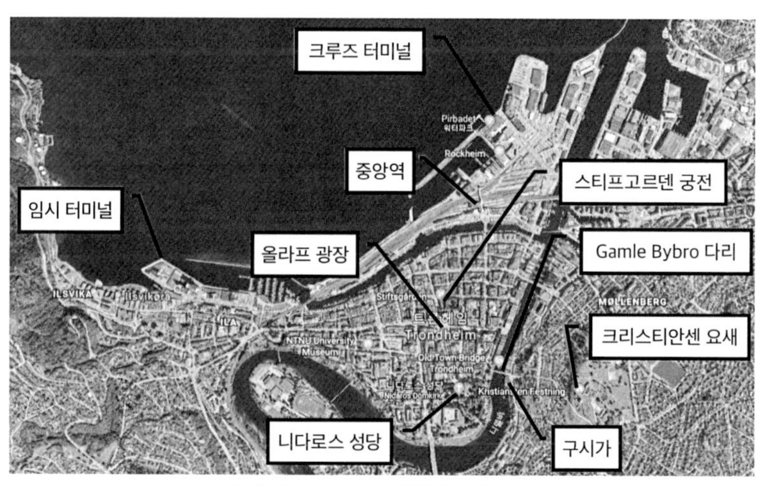


주소: Havnegata 12, 7010 Trondheim

### ② 트론헤임 여행 Tip

트론헤임은 올라프 광장을 중심으로 반경 1㎞ 이내에 볼거리들이 집중되어 있어 도보로 여행하기에 좋고, 북유럽 최초로 공공 자전거를 사용했던 곳이라 자전거로 여행하기에도 좋습니다. 특히 겜블 비브로(Gamle Bybro) 근처에서 시작하는 세계 유일의 자전거 리프트를 이용해 크리스티안센 요새에 올라 트론헤임의 전경을 감상할 수 있습니다. 또한 트론헤임에는 세계 최북단에 위치한 트램을 이용할 수 있습니다.
스베레스보그는 시내 중심부에서 약 2㎞ 떨어진 곳에 위치한 야외 박물관으로 올라프 광장에서 11번 버스를 이용하면 10분 만에 도착할 수 있습니다.
링베 음악 박물관은 노르웨이의 전통 악기를 비롯해 전 세계 2,000여 개의 악기를 소장해놓은 곳으로 중앙역에서 20번 버스를 타면 약 15분 정도 소요됩니다.
티홀트(Tyholt) 타워는 120미터의 높이로 트론헤임을 조망할 수 있는 곳인데 중앙역 건너편의 노바 키노센터(Nova Kinosenter)에서 22번 버스를 타면 약 20분 만에 도착할 수 있습니다.
조금 더 편하게 트론헤임을 여행하고 싶다면 선사의 기항지 투어나 OTA를 이용하시면 됩니다.

## 레크네스

레크네스는 노르웨이 로포텐 제도에 있는 인구 약 3,500명의 작은 도시입니다. 로포텐 제도는 세계에서 가장 아름다운 어촌으로 불리는 곳으로 각종 동식물과 만년설, 여름철 백야를 즐길 수 있는 곳이기도 합니다.

### ① 크루즈 터미널 정보

레크네스 크루즈 터미널은 도심에서 남서쪽으로 약 3㎞ 떨어진 곳에 위치해 있습니다. 레크네스로 가려면 선사의 유료 셔틀버스를 이용하거나 도보 또는 버스(자주 운행되지 않음), 택시 등을 이용해야 합니다. 남쪽으로 약 7㎞ 떨어진 발스타드(Ballstad) 어촌 마을까지도 유료 셔틀버스를 운영하고 있습니다.

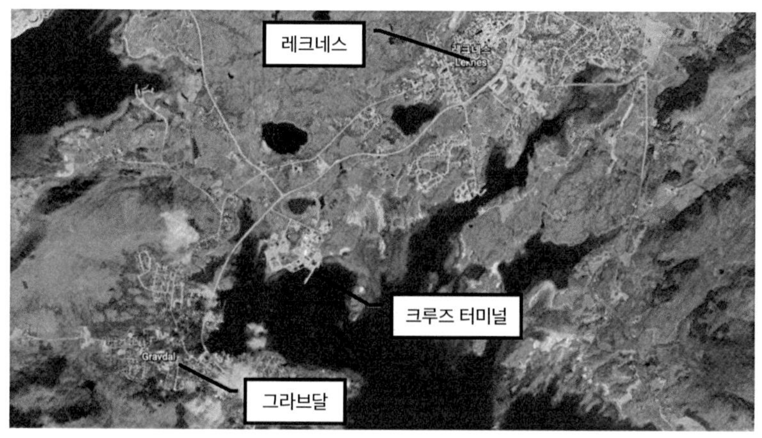


주소: Leknes Havn, 8370 Leknes

### ② 레크네스 여행 Tip

레크네스에서 가장 효율적으로 여행하는 방법은 선사의 기항지 투어입니다. 레크네스는 버스가 자주 운행하지 않기 때문이죠. 자동차로 여행하면 로포텐 제도의 주요 여행지를 모두 둘러볼 수 있어 렌터카를 이용하는 것도 좋은 방법입니다. 레크네스에서 버스를 이용하려면 https://reisnordland.no를 참조하면 되고 https://lofoten.info/shore-excursions에서는 로포텐 제도에서의 투어 정보를 찾을 수 있습니다.

## 트롬쇠

트롬쇠는 북극 탐험의 관문으로 세계 최북단의 대학과 버거킹 매장이 있는 곳입니다.

### ① 크루즈 터미널 정보

트롬쇠 크루즈 터미널은 두 곳인데 규모가 큰 선박은 북쪽으로 약 3.5㎞ 떨어진 브레이비카(Breivika) 크루즈 터미널에 정박하고, 규모가 작은 선박은 시내에 위치한 프로스트네셋(Prostneset) 크루즈 터미널에 정박합니다.
브레이비카 크루즈 터미널에서 도심까지 가려면 선사의 유료 셔틀버스 또는 시내 버스 30번 또는 42번을 이용해야 합니다.

주소: Terminalgata 609019 Tromsø(Breivika 크루즈 터미널)
Samuel Arnesens gate 5(Prostneset 크루즈 터미널)

### ② 트롬쇠 여행 Tip

트롬쇠는 크루즈 터미널과 주요 볼거리들까지의 거리가 멀어 버스를 이용하는 것이 좋습니다(버스 1일권 110NOK).
북극 성당으로 가려면 크루즈 터미널에서 10분 거리에 있는 베슬레프리크베겐크(Veslefrikkvegen) 정류장에서 20번 또는 24번 버스를 이용하면 됩니다(소요 시간은 약 20분). 프옐헤이센(Fjellheisen) 케이블카를 타려면 여기서 도보로 약 10분 정도를 걸어야 합니다.
크루즈가 도착하는 날에는 프옐헤이센 케이블카를 타러 오는 승객들이 많기 때문에 최대한 서두르는 것이 좋습니다.
폴라리아, 북극 박물관, 세계 최북단의 맥주회사(막 증류소)와 버거팅 매장 등은 도심에 있어서 도보로 이동이 가능합니다.
트롬쇠를 보다 편하게 여행하려면 선사의 기항지 투어나 OTA를 이용하는 것이 좋습니다.

<프옐헤이센 케이블카 정상>

<북극 성당>

## 호닝스보그

호닝스보그는 크랩 요리가 유명한 곳으로 유럽 대륙 최북단에 위치한 노드캅을 여행할 수 있습니다.

### ① 크루즈 터미널 정보

호닝스보그 크루즈 터미널은 인구 2,500명의 작은 도시의 도심에 위치해 있고 1개의 선박만 정박할 수 있어 대형선박이나 나머지 선박은 텐더 보트를 이용해야 합니다.

주소: Holmen 2, 9750 Honningsvåg

### ② 호닝스보그 여행 Tip

호닝스보그 크루즈 터미널에 도착하면 광장 앞에 관광 안내소가 있고, 이 주변에서 노드캅을 운행하는 셔틀버스(노드캅 입장료 포함 약 580NOK)를 이용할 수 있습니다. 관광 안내소에서도 셔틀버스 티켓이나 투어 프로그램을 이용할 수 있지만 가격이 조금 더 비싸다는 점 참고하시기 바랍니다.
선사 기항지 투어를 이용해 노드캅을 여행할 수도 있습니다.

<노드캅행 셔틀 버스>

<노드캅>

## 롱이에비엔

롱이에비엔은 북극의 스발바르 제도에 위치한 세계 최북단의 도시로 거주하는 인구보다 북극곰의 수가 많은 곳입니다.
대부분의 크루즈는 롱이에비엔 기항 후 피라미덴(Pyramiden)과 빙하가 있는 피오르 해안을 항해하게 됩니다.

<북극 빙하>

<피라미덴>

### ① 크루즈 터미널 정보

롱이에비엔 크루즈 터미널은 관광 안내소가 있는 도심에서 약 2㎞ 떨어진 곳에 위치해 있습니다. 이곳에서 도심까지는 도보로 약 30분 정도 소요됩니다.

주소: Bykaia, Port of Longyear

### ② 롱이에비엔 여행 Tip

롱이에비엔에는 대중교통이 없고 도심에는 볼 것이 많지 않으니 선사 기항지 투어나 관광 안내소의 상품을 이용하는 것이 좋습니다.

<롱이에비엔 관광 안내소>

<개썰매 투어>

# 아이슬란드

아이슬란드 통화는 크로네(ISK)로 1크로네는 원화로 약 10원 정도입니다.

## 레이캬비크

레이캬비크는 북위 64도에 위치한 세계 최북단의 수도로 도심을 비롯해 블루 라군, 골든 서클(싱베틀리르 국립공원, 게이시르, 굴포스) 등 볼거리가 풍부한 곳입니다. 일부 선사에서는 1박 이상의 오버나이트로 기항을 하기도 합니다.

### ① 크루즈 터미널 정보

레이캬비크 크루즈 터미널은 도심에서 동쪽으로 약 4㎞ 떨어진 곳에 위치해 있습니다. 도심으로 가려면 선사의 유료 셔틀버스를 이용하거나 12번, 16번 시내버스를 이용해야 합니다.

크루즈 터미널 내부에서는 터미널 입구까지 무료 셔틀버스를 운행합니다.

주소: Skarfabakki Harbour, Reykjavík

## ② 레이캬비크 여행 Tip

레이캬비크 중심부는 도보로 여행이 가능하지만, 보다 효율적으로 여행하려면 크루즈 터미널에서 출발하는 홉온 홉오프(Hop-on Hop-off)를 이용하는 것이 좋습니다.

레이캬비크에서 꼭 해야 할 것은 골든 서클 투어나 블루 라군에서 온천을 즐기는 것인데, 골든 서클 투어는 선사의 기항지 투어, OTA나 크루즈 터미널에서 현지 여행사 등을 통해 다녀올 수 있습니다.

블루 라군으로 가려면 시내의 버스 터미널에서 버스를 타야 하며, 약 한 시간 정도 소요됩니다.

<크루즈 터미널의 관광 안내소에서는 골든 서클 투어나 블루 라군 투어를 이용할 수 있다>

<게이시르 간헐천>

<굴포스>

<싱베틀리르>

## 아쿠레이리

아쿠레이리는 아이슬란드에서 두 번째로 큰 도시로 고다포스, 뮈바튼, 흐베리르 등 주변에 볼거리가 많은 곳입니다.

### ① 크루즈 터미널 정보

아쿠레이리 크루즈 터미널은 중심부인 루터 교회에서 약 1㎞ 떨어진 곳에 위치해 있어 접근성이 좋습니다.

주소: Port of Akureyri, Fiskitangi, 600

### ② 아쿠레이리 여행 Tip

아쿠레이리 시내는 규모가 작고 볼거리가 많지 않아 도보로 여행하기에 좋습니다. 대부분의 승객은 미바튼, 고다포스, 데티포스 등의 투어와 고래 관찰 선박 투어를 선택합니다.

아쿠레이리 근교를 여행하는 가장 편한 방법은 선사의 기항지 투어와 OTA입니다. 크루즈 터미널에서 현지 투어를 이용할 수도 있으나 그 수가 많지 않은 점 참고하시기 바랍니다. OTA나 현지 투어를 이용하면 고다포스, 미바튼 네이쳐 바스, 흐베리르, 딤무보르기르 등을 보다 저렴한 가격에 다녀올 수 있습니다.

<고다포스>

<흐베리르>

<미바튼 네이쳐 바스>

## 이사피오르드

이사피오르드는 인구 2,600명의 웨스트 피오르에 위치한 도시입니다.

### ① 크루즈 터미널 정보

이사피오르드 크루즈 터미널은 도심과 500m 떨어진 곳에 위치해 있습니다.

주소: Hafnarhúsið 400 Ísafjörður

### ② 이사피오르드 여행 Tip

이사피오르드 시내는 별다른 볼 것이 없어 대부분의 승객은 선사 기항지 투어를 이용해 근교의 디냔디(Dynjandi) 폭포, 북극여우 박물관, 파테이리(Fateyri), 부른가르빅(Bolungarvik) 등을 찾습니다.

현지 투어를 이용해도 되는데, 크루즈 터미널 앞과 시청 부근에서는 미니버스를 이용한 근교 투어를 다녀올 수 있습니다.

<파테이리>

## 영국

영국의 통화는 파운드(GBP)로 1파운드는 원화로 약 1,550원입니다.
영국 이외의 유럽에서 출발하는 크루즈의 경우 영국 입국 시 여권 심사를 하게 되는데, 대부분 선내에서 진행됩니다. 입국 절차는 선실별로 지정된 시간에 여권 수령(승선 시 여권을 맡겨놓았을 경우), 여권 심사(비행기로 영국 입국할 때와는 다르게 질문을 거의 하지 않습니다), 선상카드 확인(여권 심사 여부 체크용)으로 아주 간단합니다.

<선내 영국 입국 심사>

### 도버

도버는 런던에서 동남쪽으로 약 120㎞ 떨어진 곳에 위치해 있어 사우스햄튼과 함께 크루즈로 런던을 여행할 수 있는 곳 중 하나입니다.

#### ① 크루즈 터미널 정보

도버 크루즈 터미널은 도심에서 약 3㎞ 정도 떨어진 곳에 위치해 있습니다. 일부 선사에서는 크루즈 터미널에서 도심까지 유료 셔틀버스를 운영합니다.

시내로 가려면 도보로 약 10분 정도를 걸어 햄먼스 개리지(Hammon's Garage) 버스 정류장에서 61번 또는 61A번 버스를 타거나 도보(약 20분) 또는 택시(약 8파운드)를 이용해야 합니다.

주소: Lord Warden Square, Dover CT17

## ② 도버 여행 Tip

도버에서는 도버성을 제외하고 크게 볼거리가 없기 때문에 대부분의 승객은 런던, 캔터베리, 헤이스팅스, 라이 등으로 향합니다.

택시를 제외하고 도버성으로 가는 가장 편한 방법은 크루즈가 정박하는 날 마켓 스퀘어에서 셔틀(약 5파운드)을 이용하는 것이고, 시간이 충분하다면 크루즈 터미널에서 걸어가도 됩니다(약 45분 소요).

<헤이스팅스> <라이>

도버에서 런던까지는 기차로 약 1시간 30분, 캔터베리는 약 30분 걸립니다. 헤이스팅스는 애쉬포드에서 한 번 갈아타야 하며 약 1시간 30분 정도 소요됩니다. 보다 편하게 여행하려면 선사의 기항지 투어를 이용하는 것을 추천합니다.

## 에든버러(사우스 퀸스페리)

에든버러는 스코틀랜드의 수도로 에든버러성, 로열마일 등 볼거리가 풍부한 곳입니다.

### ① 크루즈 터미널 정보

에든버러에는 총 네 곳의 크루즈 터미널이 있습니다. 이중 크루즈가 가장 많이 정박하는 곳은 사우스 퀸스페리로, 에든버러에서 서쪽으로 약 15㎞ 정도 떨어져 있습니다.
사우스 퀸스페리에서는 대부분의 선박이 텐더 보트를 이용해야 하고, 텐더 보트는 포스 레일웨이 브릿지(Forth Railway Bridge) 옆의 선착장으로 향합니다.

### ② 에든버러 여행 Tip

에든버러로 가려면 선사의 유료 셔틀버스(약 15파운드)나 X99번 버스(왕복 6파운드), 기차(왕복 8파운드) 등을 이용해야 하는데, X99번은 텐더 보트 선착장에서

주소: Hawes Pier, Queensferry, Newhalls Rd

출발해 에든버러의 세인트 엔드류 광장(St. Andrew Square)까지 가장 저렴하고 편리하게 이용할 수는 교통수단입니다.
에든버러에서는 한국어 현지 투어를 이용할 수 있으나 주말에만 가능하고, 사우스 퀸스페리에서 출발하는 OTA 상품이 많지 않아 자유여행이나 선사 기항지 투어를 이용하는 것을 추천합니다.

## 인버네스(인버고든)

인버네스는 스코틀랜드 하일랜드의 주도로 네스호와 인접해 있는 곳입니다. 인버네스에는 크루즈 터미널이 없고 북쪽으로 약 20㎞ 떨어져 있는 인버고든에 정박하게 됩니다.

### ① 크루즈 터미널 정보

인버고든 크루즈 터미널은 도시의 남부 지역에 위치해 있고 대형 선박이 정박할 수 있도록 공사 중인 상태입니다. 인버네스로 가는 기차역이나 버스는 크루즈 터미널에서 도보로 10분 거리에 위치해 있습니다.

주소: Port Office, Shore Rd, Invergordon

### ② 인버고든 여행 Tip

크루즈 터미널 앞에는 하이랜드 투어를 운영하는 여행 부스가 있는데, 인원이 제한되어 있어 최대한 빨리 하선해 이용해야 합니다.

선사의 기항지 투어나 OTA에서도 인버고든에서 출발하는 하이랜드와 네스호 투어를 이용할 수 있습니다.

만약 대중교통으로 인버네스에 가고자 한다면 기차나 버스(X98)를 이용하시면 됩니다(약 1시간 소요).

<인버고든 하이랜드 투어 부스>

<네스호 박물관>

## 커크월

커크월은 스코틀랜드 오크니 제도의 수도로 성 마그누스 대성당, 싱글 몰트 위스키의 산지로 유명한 곳입니다.

### ① 크루즈 터미널 정보

커크월 크루즈 터미널은 도심에서 약 2㎞ 북쪽에 위치해 있고 도심까지는 무료 셔틀버스를 제공합니다.

### ② 커크월 여행 Tip

커크월 시내의 성 매그너스 성당, 비숍 & 얼스 팰리스, 오크니 박물관 등은 도

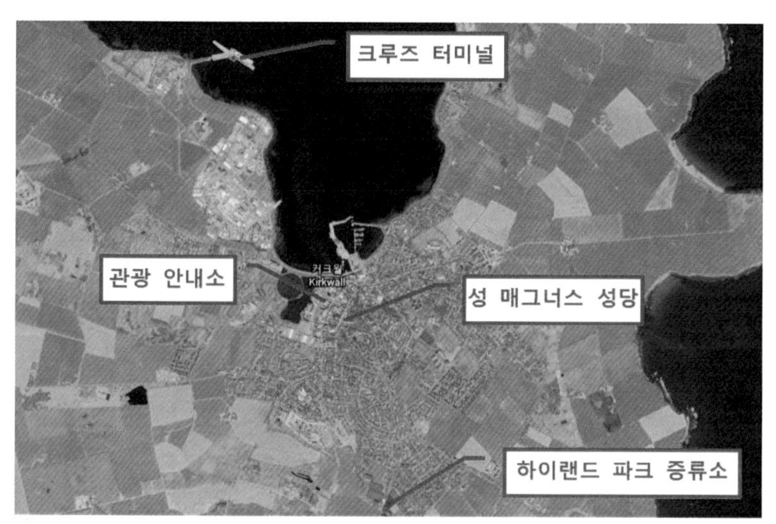


주소: Hatston Pier, Kirkwall

보로 충분히 여행할 수 있고, 조금 떨어진 하이랜드 파크 증류소까지는 걸어가거나(약 30분) 관광 안내소 앞에서 버스(X1)를 이용하면 됩니다.
신석기 유적을 볼 수 있는 스카라 브레이(Skara Brae)로 가려면 버스(8S)를 이용하면 되고 약 1시간 소요됩니다.
보다 편리하게 근교 여행을 하고 싶다면 선사 기항지 투어 이용을 추천합니다.

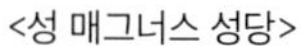

<성 매그너스 성당>

<하이랜드 파크 증류소>

## 러윅

러윅은 스코틀랜드 셰틀랜드 제도의 수도로 노르웨이와 스코틀랜드의 문화를 모두 체험할 수 있고 야생동물을 관찰하기 좋은 곳입니다.

### ① 크루즈 터미널 정보

러윅을 방문하는 대부분의 크루즈는 텐더 보트를 이용하며, 승객들은 텐더 보트를 통해 빅토리아 피어(Victoria Pier)에 도착하게 됩니다. 일부 소형 선박은 도심에서 북쪽으로 약 1㎞ 떨어진 홈스가스 피어(Homsgarth Pier)에 정박합니다. 홈스가스 피어(Homsgarth Pier)에서 빅토리아 피어(Victoria Pier)까지는 무료 셔틀버스를 운행합니다.

### ② 러윅 여행 Tip

텐더 보트 선착장 앞에서는 관광 안내소가 있어 현지 투어를 이용할 수 있습니다.

선사시대 유적인 잘쇼프(Jarlshof)는 러윅에서 남쪽으로 약 35㎞ 떨어져 있고, 선착장 근처의 버스 정류장에서 버스(6번)로 가야 하며 약 1시간 소요됩니다(그 밖에 셰틀랜드 여행에 대한 정보는 www.shetland.org를 참조.).

### 글래스고(그리녹)

글래스고는 스코틀랜드 최대 규모의 도시로 크루즈 터미널은 서쪽으로 약 35㎞ 떨어진 그리녹에 위치해 있습니다.

#### ① 크루즈 터미널 정보

그리녹 크루즈 터미널은 중앙역에서 약 1.2㎞, 버스 터미널에서 약 800m 떨어진 곳에 위치해 있어 글래스고까지 편하게 이동할 수 있습니다.

주소: Greenock Ocean Terminal, Patrick Street, Greenock

#### ② 그리녹 여행 Tip

그리녹 오션 터미널(Ocean Terminal)에서 글래스고로 가려면 터미널 입구의 버스 정류장에서 901번 버스를 이용할 경우 약 1시간 정도 소요되고, 기차(West역 또는 중앙역)를 이용할 경우 약 35분 정도 소요됩니다.

그리녹 크루즈 터미널에서는 무료 버스 투어에 참여할 수도 있으니 참고하시기 바랍니다.

## 🚢 리버풀

비틀즈와 프리미어 리그를 대표하는 리버풀FC와 에버튼FC의 연고지인 리버풀은 머지사이드 주의 주도입니다.

### ① 크루즈 터미널 정보

리버풀 크루즈 터미널은 도심의 서쪽에 위치해 있고 주요 관광지는 2㎞ 이내에 있어 도보로도 여행이 가능합니다.

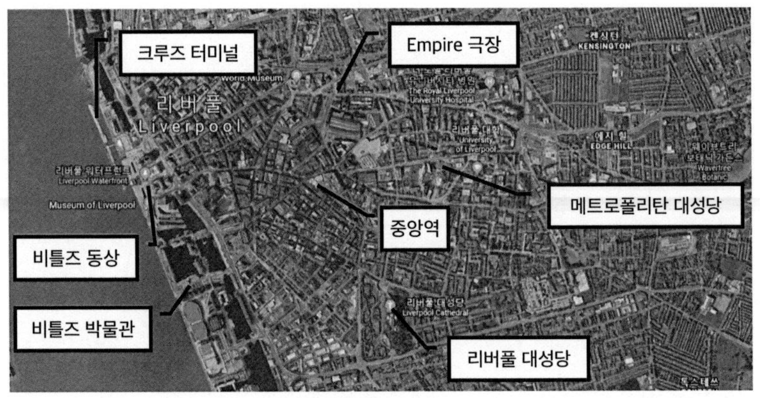


주소: Liverpool Cruise Port Terminal, Princess Parade

### ② 리버풀 여행 Tip

리버풀을 여행하는 가장 편한 방법은 홉온 홉오프(Hop-on Hop-off) 버스(약 11파운드)를 이용하는 것입니다. 홉온 홉오프 버스는 리버풀 대성당을 비롯한 도심의 주요 명소들에서 정차합니다.

맨체스터는 리버풀에서 기차로 약 1시간 거리에 있어 기항 시간이 충분하다면 두 곳을 모두 여행할 수 있습니다.

리버풀 FC의 홈구장인 안필드로 가려면 크루즈 터미널 근처의 올드 홀 스트리트(Old Hall Street) 버스 정류장에서 26번 버스를 타면 되고, 에버튼 FC의 홈구장인 구디슨 파크로 가려면 캐슬 스트리트(Castle Street)에서 19번 버스를 이용하면 됩니다.

## 벨파스트

벨파스트는 영국 북아일랜드의 수도로 타이타닉 박물관이 있는 곳으로 유명한 곳입니다.

### ① 크루즈 터미널 정보

벨파스트에는 두 곳의 크루즈 터미널이 있습니다. 벨파스트 크루즈 터미널은 2020년 이후 사용될 곳이고, 스토몬트 독(Stormont Dock) 터미널은 현재 사용하고 있는 터미널입니다.

벨파스트 크루즈 터미널은 도심과 약 5㎞, 스토몬트 독(Stormont Dock) 터미널(2)은 약 3㎞ 떨어져 있고 모두 시청 앞의 도니골 북쪽 광장(Donegall Square North)까지 셔틀버스(유료 또는 무료)를 이용하거나 택시를 이용해야 외부로 나갈 수 있습니다.

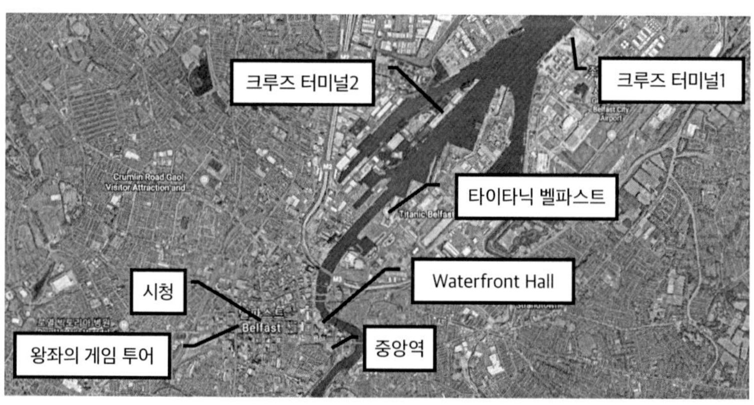


주소: 48 Airport Rd W, Belfast(터미널 1), BT3 9AG, Belfast(터미널 2)

### ② 벨파스트 여행 Tip

벨파스트 시내는 도보로도 충분히 둘러볼 수 있습니다. 셔틀버스가 도착하는 시청 건너편에는 벨파스트 웰컴 센터가 있는데, 이곳에서 지도를 얻거나 각종 투어를 이용할 수 있습니다.

기항 시간이 충분하다면 육각형의 현무암 기둥들을 볼 수 있는 자이언트 코즈웨이(Giant's Causeway)에 다녀오는 것을 추천합니다. 자이언트 코즈웨이까지는 약 80㎞ 정도 떨어져 있고, 가장 쉽게 갈 수 있는 방법은 도네갈 스퀘어에서 221번 버스를 이용하는 것입니다(약 1시간 40분 소요. 일 1~2회 운행).

벨파스트 성은 시내와 항구를 조망할 수 있는 곳으로 1a, 1b 등을 이용하면 15분 정도 소요됩니다.

벨파스트에서는 다양한 그라피티 아트를 볼 수 있고, 왕좌의 게임 촬영지 투어도 할 수 있으니 참고하시기 바랍니다.

# 아일랜드

## 더블린

더블린은 아일랜드의 수도로 기네스 맥주로 유명한 곳입니다.

### ① 크루즈 터미널 정보

더블린 크루즈 터미널은 도심에서 약 1.5㎞ 떨어진 곳에 위치해 있고 도심의 킬데어 스트리트(Kildare Street)까지 유료 셔틀버스와 크루즈 터미널 입구까지 무료 셔틀버스를 운행합니다. 터미널 입구에서 도심까지는 53번 버스나 택시를 이용합니다.

만약 크루즈 일정에 'Tendered'라고 표기되어 있다면 더블린에서 약 10㎞ 떨어진 던 레러(Dun Laoghaire) 포트에 도착하니 반드시 확인해야 합니다. 던 레러에서는 기차역까지 무료 셔틀버스를 제공하고, 여기서 더블린까지는 기차로 약 20분 정도가 걸립니다.

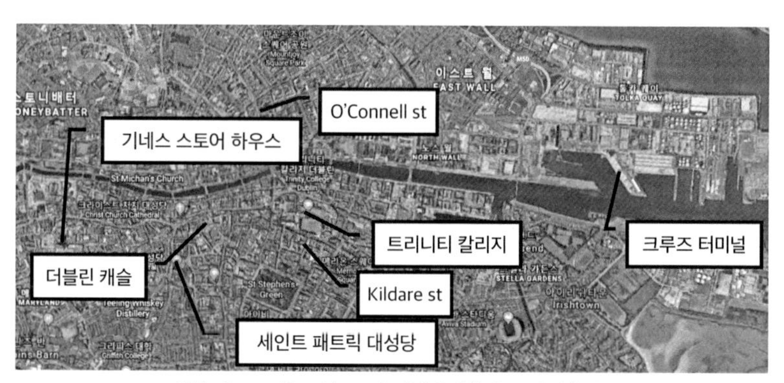


주소: Ocean Pier, Alexandra Rd, Dublin Port, Dublin 1

### ② 더블린 여행 Tip

더블린은 도보로 여행하기에는 규모가 작지 않으니 트램과 버스 등의 대중교통이나 홉온 홉오프(Hop-on Hop-off) 버스를 이용하는 것을 추천합니다(크루즈 터미널 또는 오코넬 거리-O'Connell st.-에서 이용). 홉온 홉오프(Hop-on Hop-off) 버스(약 19유로)를 이용하면 기네스 스토어 하우스, 더블린 성, 트리니티 칼리지 등 더블린의 주요 명소를 편하게 여행할 수 있습니다.
더블린에서는 한국어 가이드 투어 상품도 이용할 수 있고, 해외 OTA에서는 크루즈 터미널에서 출발하는 다양한 투어를 선택할 수 있습니다.

## 코크(코브)

코크 크루즈 터미널은 동남쪽으로 약 15㎞ 떨어져 있는 코브에 위치해 있습니다. 코브는 타이타닉호가 마지막으로 정박한 곳으로 유명하죠.

### ① 크루즈 터미널 정보

코브 크루즈 터미널은 기차역과 인접해 있어 코크로의 이동이 편합니다. 크루즈 터미널에 정박 가능한 선박은 1대이기 때문에, 그 이상의 선박이 있을 경우 텐더 보트를 이용하고 일부 소형 크루즈는 코크 중심부에 정박하게 됩니다.
2020년에는 새로운 대형 크루즈 터미널이 코브에 완공될 예정입니다.

주소: Kilgarvan, Cobh, Co. Cork

### ② 코크 여행 Tip

코브 크루즈 터미널에서 코크까지는 열차(약 10유로. 25분 소요), 선사의 유료 셔틀버스를 이용하게 됩니다. OTA나 E-Coach 투어를 이용하면 코브에서 코크를 비롯해 근교의 블라니(Blarney), 킨세일(Kinsale)까지 편하게 여행할 수 있습니다. (www.ecoach.ie 참조)

## 예테보리

예테보리는 스웨덴에서 두 번째로 큰 도시로 자동차 볼보, 립스틱 빌딩과 오페라 하우스 등의 다양한 랜드마크와 어시장으로 유명한 곳입니다.

### ① 크루즈 터미널 정보

예테보리에는 두 곳의 크루즈 터미널이 있습니다. 230미터 이상 크기의 대형 선박은 볼보 박물관이 있는 아렌달(Arendal) 크루즈 터미널을 이용하고, 그 이하의 선박은 아메리카(America) 크루즈 터미널을 이용하게 됩니다.
아렌달(Arendal) 크루즈 터미널에서 시내로 가려면 선사의 유료 셔틀버스를 이용하거나 128번 버스를 이용하면 됩니다(약 30분 소요).
아메리카(America) 크루즈 터미널은 도심에서 약 2㎞ 떨어져 있고 선사의 유료 셔틀버스나 트램 또는 버스를 이용하게 됩니다.

주소: POB. 780 Stoa, NO-4809 Arendal(아렌달 크루즈 터미널 1)
Amerikaskjulet Emigrantvägen 2 B SE-414 63 Gothenburg(아메리카 크루즈 터미널 2)

### ② 예테보리 여행 Tip

예테보리는 규모가 큰 도시로 홉온 홉오프(Hop-on Hop-off) 버스(약 240SEK)를 이용하는 것을 추천합니다. 예테보리 패스는 홉온 홉오프 버스뿐만 아니라 예테보리의 30개가 넘는 명소와 박물관을 이용할 수 있습니다.

## 말뫼

말뫼는 스웨덴 제3의 도시로 덴마크의 코펜하겐까지는 기차로 30분밖에 걸리지 않습니다.

### ① 크루즈 터미널 정보

말뫼 크루즈 터미널은 중앙역까지 500m, 도심까지 1㎞로 도보로 이동이 가능합니다.

### ② 말뫼 여행 Tip

말뫼는 도보로 주요 관광지를 둘러볼 수 있습니다. 크루즈 터미널에서 조금 떨어진 묄레봉 시장 등으로 갈 때는 버스를 이용합니다(약 20분 소요).

룬드는 스웨덴의 대학 도시로 룬드 대성당, 야외 민속 박물관(Kulturen) 등을 볼 수 있고 중앙역에서 기차로 15분 정도 소요됩니다.

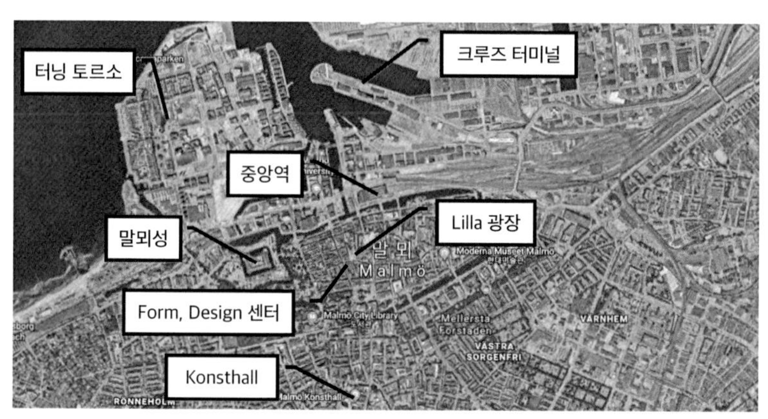


주소: Frihamnskajen 602-604

## 오르후스

오르후스는 덴마크 유틀란드 반도에 위치한 덴마크 제2의 도시로 구시가지와 대학, 대성당 등으로 유명한 곳입니다.

### ① 크루즈 터미널 정보

오르후스에는 두 곳의 포트가 있는데, 크루즈는 도심에서 도보 10분 거리의 터미널 1과 대형 크루즈선이 정박하는 컨테이너 항구의 터미널 2입니다. 각각의 컨테이너 터미널에서는 도심까지 가는 셔틀버스를 운영하고 있습니다.

주소: Vandvejen 7 DK-8000 Aarhus

### ② 오르후스 여행 Tip

오르후스는 구시가지를 비롯해 모든 곳을 도보로 여행할 수 있습니다.
어린이를 동반한 승객들은 레고랜드로 많이 향하시게 됩니다. 이때 중앙역 옆에서 버스를 이용하시면 되고 약 1시간 50분 소요됩니다.

## 스카겐

스카겐은 덴마크에서 가장 북쪽에 위치한 도시로 발트해와 북해의 경계에 위치해 있는 곳입니다.

### ① 크루즈 터미널 정보

스카겐 크루즈 터미널은 도심에서 남쪽으로 약 500m 거리에 위치해 있고 도심까지는 무료 셔틀버스를 제공합니다.

주소: Havnevagtvej 30 9990 Skagen

### ② 스카겐 여행 Tip

중앙역 앞의 관광안내소에서는 스카겐을 비롯한 근교의 투어 상품들을 이용할 수 있습니다.

1번 버스를 타면 북해와 발트해가 한눈에 보이는 그레넨(Grenen)으로 갈 수 있습니다(소요 시간 약 15분).

# 프랑스

## 르아브르

르아브르는 프랑스의 노르망디 해안에 위치한 도시로 파리와는 약 180㎞, 루앙과는 약 70㎞ 떨어져 있습니다.

### ① 크루즈 터미널 정보

르아브르 크루즈 터미널은 도심에서 남쪽으로 약 1㎞ 떨어져 있지만, 바다를 사이에 두고 있어 도보로는 이동이 매우 불편합니다. 마땅한 대중교통도 없어 택시나 선사의 셔틀버스(13유로 또는 무료. 공립 도서관까지 운행)를 이용해야 합니다. 만약 일행이 많다면 셔틀버스보다는 택시(기차역 10유로, 시내 8유로)를 추천합니다.

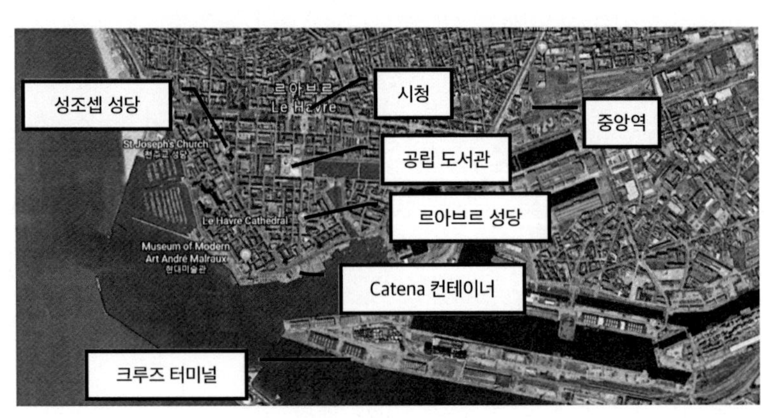


주소: Quai Roger Meunier, 76059 Le Havre

### ② 르아브르 여행 Tip

르아브르는 크루즈로 파리 여행을 할 수 있는 관문이지만, 기차나 버스를 이용해도 편도 2시간 정도 소요되기 때문에 오버나이트로 기항하지 않으면 추천하지 않습니다. 선사 기항지 투어로 파리를 여행할 수 있지만, 이동 시간 포함 10시간 정도의 시간으로는 파리를 제대로 볼 수 없으니 근교의 루앙이나 옹플뢰르, 몽생미셸 등을 돌아볼 것을 추천합니다.
르아브르에서 루앙까지는 기차로 약 1시간이 소요되고, 옹플뢰르는 공립 도서관에서 버스(20, 39. 50번)로 약 30분 소요됩니다. 옹플뢰르로 가는 또 다른 방법은 비 버스(Bee bus)를 이용하는 것인데, 테이블이 있는 버스로 편하게 옹플뢰르까지 여행할 수 있습니다(왕복 25유로).
마지막으로 몽생미셸을 여행하시고자 한다면 선사의 기항지 투어를 이용하는 것을 추천합니다.

<옹플뢰르행 비 버스>

# 유럽 대서양 연안

유럽 대서양 연안 크루즈는 많은 편수가 있지 않으나 북유럽 크루즈 시작 전후, 아메리카 대륙에서 북유럽으로의 리포지셔닝 시 주로 기항하게 됩니다.

주요 모항지는 북부 유럽의 사우스햄튼, 함부르크와 남부 유럽의 바르셀로나 등이 있습니다.

## 1. 주요 기항지

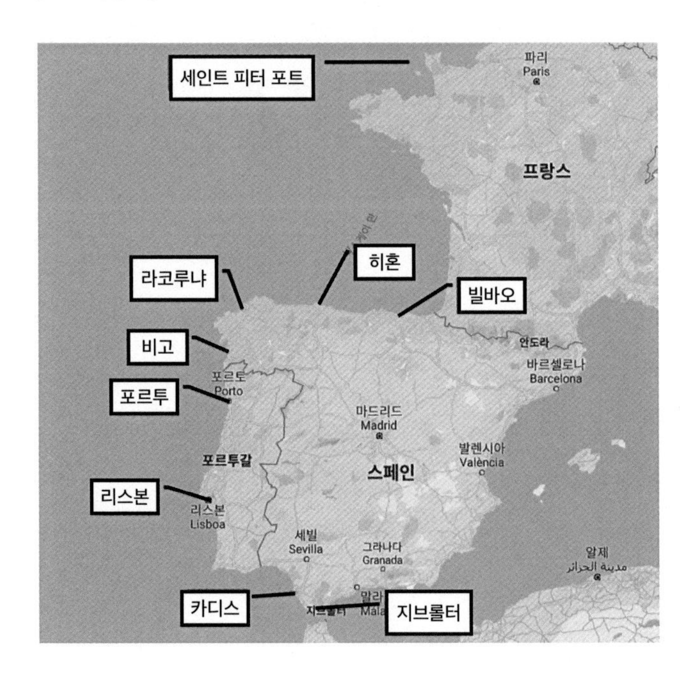

## 프랑스

### 🚢 세인트 피터 포트

세인트 피터 포트는 프랑스 건지 섬의 도시로 하얀색의 건물들과 2차 세계 대전의 흔적을 볼 수 있는 곳입니다.

#### ① 크루즈 터미널 정보

세인트 피터 포트는 별도의 크루즈 터미널이 없고 소형 선박을 제외하면 모두 텐더 보트를 이용해야 합니다. 텐더 보트 선착장인 앨버트 부두에서 주요 관광지들은 반경 1㎞안에 위치해 있습니다.

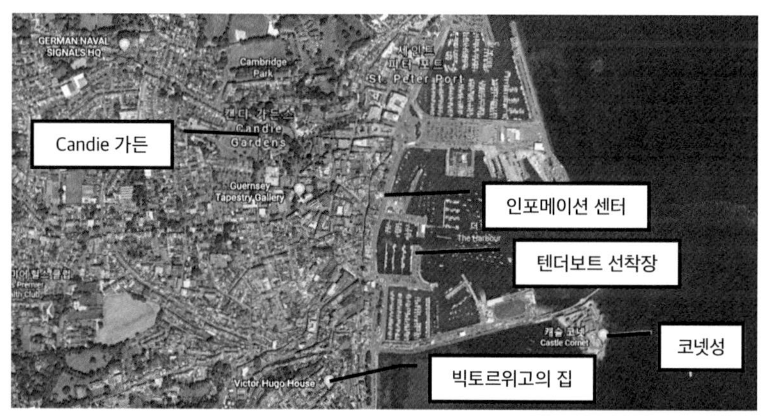


주소: Località prato del Turco, 00053 Civitavecchia

#### ② 세인트 피터 포트 여행 Tip

빅토르 위고의 집, 코넷 성, 캔디 가든 등은 모두 도보로 여행이 가능합니다. 인포메이션 센터에서는 근교로 여행할 수 있는 투어를 이용할 수 있고, 선사의 기항지 투어, OTA 등을 이용해도 좋습니다(세인트 피터 포트의 더욱 자세한 여행 정보는 www.visitguernsey.com를 참조.).

## 빌바오

빌바오는 스페인에서 다섯 번째로 큰 도시로 구겐하임 미술관을 비롯한 예술의 도시로 유명한 곳입니다.

### ① 크루즈 터미널 정보

빌바오에는 북서쪽으로 약 12㎞ 떨어진 헤트소(Getxo)에 크루즈 터미널을 운영합니다. 선사에서는 빌바오(Moyua광장 또는 Teatro Arriga Opera House)까지 유료(15유로) 셔틀버스를 제공합니다.

헤트소 터미널에서 대중교통으로 빌바오까지 가려면 도보로 15분 정도 이동해 네구리(Neguri)역에서 지하철을 타거나 알고르타코 에토브(Algortako Etorb) 17 정류장까지 도보로 10분 정도 이동해 버스(3411, 3413번)를 타면 됩니다.

주소: Muelle de Arriluce s/n, 48992 Getxo, BI

### ② 빌바오 여행 Tip

빌바오의 구겐하임 미술관, 구시가 등은 모두 2㎞ 이내에 위치해 있어 도보로 여행하기에 좋습니다.
미슐랭 맛집이 많은 산세바스티안까지는 빌바오에서 버스로 약 1시간 30분이 소요되고, 스페인 왕실의 여름 별궁인 말달레나 궁전과 휴양지로 유명한 산탄데르까지는 버스로 약 1시간 20분 정도가 소요됩니다. OTA에서는 산세바스티안을 비롯해 다양한 근교 투어를 이용할 수 있습니다.

## 히혼

히혼은 스페인 아스투리아스의 휴양도시로 해산물로 만든 요리를 맛보기에 좋은 곳이며, 아스투리아스의 고도였던 오비에도, 예술의 도시 아빌레스를 비롯해 스페인 북부의 해안 마을 등을 여행할 수 있는 도시입니다.

### ① 크루즈 터미널 정보

히혼 크루즈 터미널은 도심에서 북서쪽으로 약 6㎞ 떨어진 곳에 위치해 있습니다. 때문에 시내로 가려면 선사의 유료 셔틀버스(약 10유로)나 택시, 시내버스(El Musel 정류장에서 6번 버스 승차)를 이용해야 합니다. 셔틀버스의 경우 히혼의 구시가인 시마데빌라(Cimadevilla)까지 운행합니다.

### ② 히혼 여행 Tip

히혼을 방문하는 대부분의 승객은 오비에도로 여행을 떠납니다. 오비에도는 카스티야 왕국의 수도였고, 유네스코 세계문화유산으로 지정된 곳이며 폰탄 광장을 중심으로 볼거리들이 많습니다. 히혼에서 오비에도까지는 기차나 버스로 약 30분 정도 소요됩니다.
아빌레스는 12~14세기의 건물들을 비롯해 니에메예르 문화센터 등으로 유명한 도시이며, 히혼에서는 기차나 버스로 약 30분 정도 소요됩니다.

이 밖에도 해안의 아름다운 도시인 쿠디예로(기차로 약 1시간 10분 소요) 등 여러 해안도시를 방문하는 것도 좋은 경험이 될 것입니다.

주소: Puerto de El Muse Gijon

## 라코루냐

라코루냐는 스페인 갈리시아주의 주도로 2세기에 지어진 헤라클레스 등대를 비롯해 11, 12세기의 건축물들을 볼 수 있고, 비고와 함께 산티아고 데 콤포스텔라를 여행할 수 있는 기항지입니다.

### ① 크루즈 터미널 정보

라코루냐 크루즈 터미널은 도심에 맞닿아 있어 접근성이 매우 좋고, 크루즈 터미널에는 쇼핑센터가 있어 편의시설도 훌륭하게 갖춰져 있습니다.

중앙역까지는 도보로 약 30분 정도 걸리며, 버스(1A, 5번)로는 15분 정도 소요됩니다.

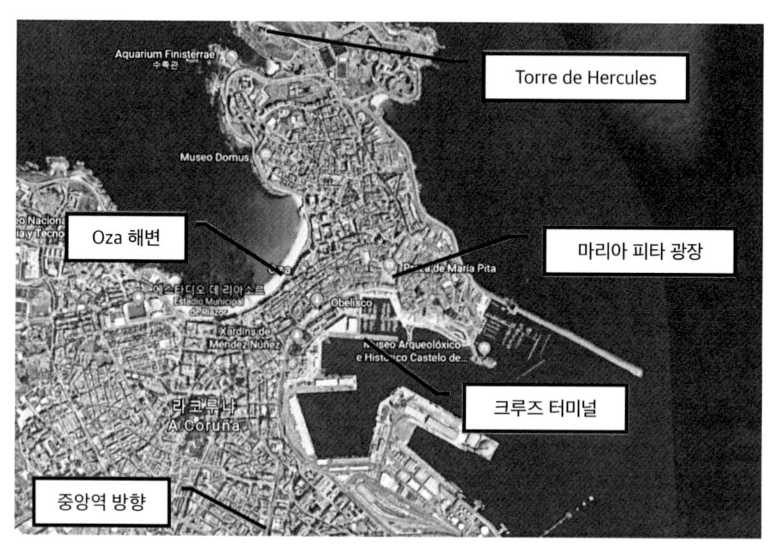


주소: Muelle Linares Rivas, La Coruna

## ② 라코루냐 여행 Tip

라코루냐에서 가장 먼저 가봐야 할 곳은 헤라클레스 등대입니다. 헤라클레스 등대까지는 도보로 약 40분 정도 걸리는데, 터미널 앞에서 3번, 5번 버스를 이용하면 그보다 빠르게 갈 수 있습니다. 라코루냐 대부분의 볼거리는 마리아 피타 광장을 중심으로 구시가지에 몰려 있어, 구시가지를 중심으로 도보로 여행하기 좋습니다.

라코루냐에 기항해 가장 많이 찾는 곳은 산티아고 데 콤포스텔라입니다. 산티아고 데 콤포스텔라까지는 기차로 약 30분 정도 소요됩니다.

## 비고

비고는 스페인 갈리시아주의 도시로 포르투갈과는 약 25㎞, 산티아고 데 콤포스텔라와는 약 75㎞ 떨어져 있는 도시입니다.

### ① 크루즈 터미널 정보

비고 크루즈 터미널은 도심과 맞닿아 있어 접근성이 아주 좋습니다. 비고에는 역이 두 군데 있는데, 모두 터미널에서 1.5㎞ 정도 떨어져 있어 먼 거리는 아니지만 우르자이즈(Urzaiz)역의 경우 오르막을 올라가야 하기 때문에 버스(C1, L28 등)를 이용하는 것을 추천합니다.

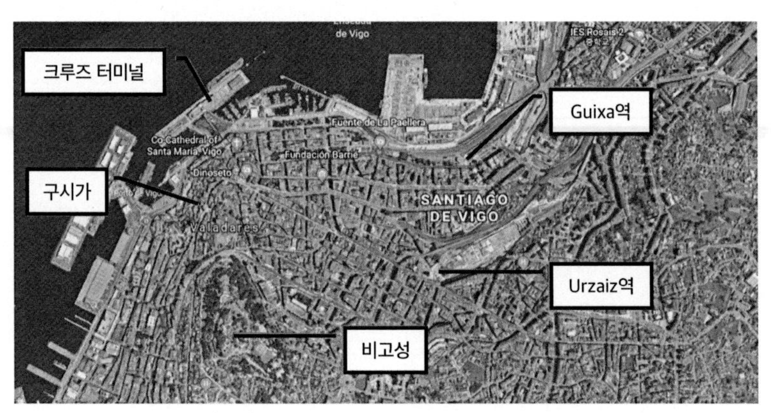


주소: Rúa Cánovas del Castillo, 5, 36202 Vigo, Pontevedra

### ② 비고 여행 Tip

비고 구시가지는 모두 도보로 여행이 가능하고, 비고성으로 올라가는 길에는 고대 로마 유적 등을 볼 수 있습니다.

산티아고 데 콤포스텔라는 우르자이즈(Urzaiz)역과 귀샤(Guixa)역에서 모두 갈 수 있지만, 귀샤역에서 출발하는 기차는 편수가 많지 않고 시간도 더 오래 걸리니 우르자이즈역에서 출발하는 것이 좋습니다(소요 시간 약 50분).

스페인과 포르투갈의 국경 마을인 발렌사로 가려면 귀샤역에서 기차로 약 40분 소요됩니다.

## 카디스

카디스는 스페인 안달루시아 카디스주의 주도로 대성당과 로마 극장 등 다양한 볼거리와 해변으로 유명한 곳이고, 크루즈로 세비야를 여행할 수 있는 기항지이기도 합니다. 이 밖에도 지브롤터, 헤레즈, 베헤르, 콘일 등 안달루시아의 아름다운 곳을 방문할 수 있습니다.

### ① 크루즈 터미널 정보

카디스 크루즈 터미널은 구시가에 위치해 있어 접근성이 아주 좋습니다. 버스 터미널과 중앙역 모두 도보로 10분내의 거리에 위치해 있어 교외로 이동이 용이한 도시입니다.

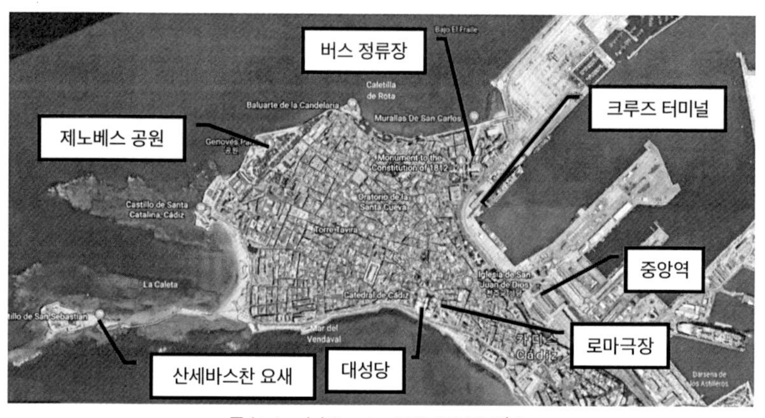


주소: Av. del Puerto, 308, 11006 Cádiz

### ② 카디스 여행 Tip

카디스 대성당, 로마 극장 등 대부분의 볼거리는 크루즈 터미널과 1.5㎞ 이내에 있어 도보로 여행해도 반나절이면 모두 돌아볼 수 있습니다.

카디스에 기항할 경우, 대부분의 승객은 세비야, 지브롤터, 헤레즈 등의 근교로 향합니다.

세비야까지는 기차나 버스로 약 1시간 30분 정도가 소요되고, 와인과 플라멩

고로 유명한 헤레즈는 기차로 약 30분 정도 소요됩니다.
스페인 최남단 도시인 타리파까지는 버스로 약 1시간 30분, 화이트 빌리지인 베헤르와 콘일까지는 버스로 약 1시간 정도 소요됩니다.
지브롤터를 여행하려면 대중교통보다는 선사의 기항지 투어를 이용하는 것을 추천합니다.

<베헤르>

<카디스 대성당>

# 포르투갈

## 리스본

리스본은 포르투갈의 수도로 대항해시대의 흔적과 오렌지색 지붕을 지닌 건물, 좁은 골목을 다니는 트램, 파두 공연 등 볼거리가 풍부한 곳입니다.

### ① 크루즈 터미널 정보

리스본에는 알칸타라(Alcantara), 호차 콘데 오비도스(Rocha Conde Obidos), 자르딤 타바코(Jardim Tabaco), 산타 아폴로니아(Santa Apolonia)까지 총 4곳의 크루즈 터미널이 있습니다.

알칸타라 터미널과 호차 콘데 오비도스 터미널은 코메르시우 광장에서 약 3.5㎞ 정도 떨어져 있고, 광장으로 가려면 트램[알칸타라(Alcantara) 터미널은 알칸타라역, 호차 콘데 오비도스 터미널은 카이스 데 호카(Cais de roca)역]을 이용해야 합니

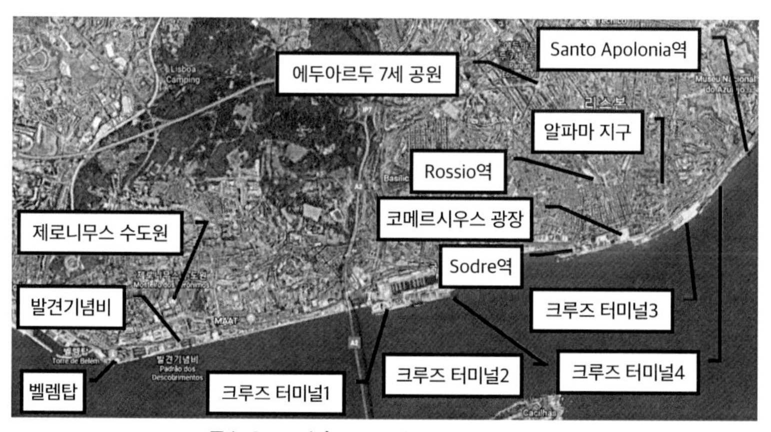


주소: Doca Alcântara, Lisboa(Alcantara 터미널)
R. Gen. Gomes Araújo 1, 1350-352 Lisboa(Rocha Conde Obidos 터미널)
Doca Jardim do Tabaco Terminal de Cruzeiros de Lisboa, Av. Infante Dom Henrique, 1100-651 Lisboa(Jardim Tabaco 터미널)
Av. Infante Dom Henrique Armazém B, Loja 8, 1900-264 Lisboa(Santa Apolonia 터미널)

다(약 25분 소요).
자르딤 타바코 터미널과 산타 아폴로니아 터미널은 알파마 지구에 위치해 있어 도심으로의 접근성이 좋은 편입니다. 코메르시우 광장과는 각각 1㎞, 2㎞ 정도 떨어져 있습니다.

### ② 리스본 여행 Tip

리스본은 규모가 큰 도시로 벨렘탑이나 제로니무스 수도원 등을 가려면 대중교통을 이용해야 하고, 중심부도 언덕이 많아 도보로 여행하는 것보다는 트램, 버스, 지하철 등을 적절히 이용하는 것이 좋습니다.
유네스코 세계문화유산에 등재된 신트라로 가려면 호시우(Rossio)역에서 기차로 40분 정도 이동해야 하고, 카스카이스까지는 소드레(Sodre)역에서 약 40분 정도 이동해야 합니다.
유럽 대륙의 서쪽 끝인 호카로 가려면 신트라나 카스카이스에서 403번 버스를 이용해야 하죠. 리스본의 호시우(Rossio)역에서 1일권(15유로)를 구매하면 신트라, 호카, 카스카이스로 가는 버스를 전부 이용할 수 있습니다.
성곽으로 둘러싸인 오비두스 마을로 가려면 산타 아폴로니아(Santa Apolonia)역에서 기차로 2시간 30분 정도 이동해야 합니다.
짧은 기항시간 동안 보다 효율적으로 여행하려면 선사의 기항지 투어나 OTA를 이용하면 좋고, 마이리얼트립에서는 다양한 한국어 가이드 상품을 이용할 수 있습니다.

## 포르투(Leixoes)

포르투는 포르투갈 제2의 도시로 포트 와인 산지로 유명한 곳입니다.

### ① 크루즈 터미널 정보

포르투 크루즈 터미널은 북서쪽으로 약 10㎞ 떨어진 곳에 있는 레이종스(Leixos)에 위치해 있습니다.
크루즈는 레이종스(Leixos)의 두 개의 터미널 중 한 곳에 정박하는데, 모두 지하철역이나 버스정류장과 멀지 않아 포르투까지 이동이 양호한 편입니다.
포르투까지 가려면 터미널 1과 가까운 마토지뉴스(Matosinhos Sul)역에서 지하철을 이용하거나(약 30분) 버스(500번. Godinho 정류장에서 약 30분)를 이용하고, 터미널 2에서도 메르카도(Mercado)역에서 지하철이나(약 33분) 상 페두르(Sao Pedro) 정류장에서 버스(500번, 약 30분)를 이용하면 됩니다.
선사의 유료 셔틀버스도 포르투까지 운영하지만, 크루즈 터미널에서 출발하는 홉온 홉오프(Hop-on Hop-off) 버스(약 18유로)와 가격 차이가 크지 않아 (홉온 홉오프Hop-on Hop-off) 버스를 이용하는 것이 낫습니다.

### ② 포르투 여행 Tip

포르투는 시내의 경우 도보로도 충분히 여행할 수 있는 규모이고, 외곽 지역은 트램이나 지하철을 이용해 이동하면 됩니다. 도심에서는 툭툭 같은 것을 이용해 다녀보는 것도 좋은 방법입니다. 이때 포트와인과 관련된 박물관이나 와인 투어는 꼭 경험해 보도록 합시다.
코임브라는 중세 포르투갈의 수도였던 도시로 대학으로 유명한 곳인데, 포르투에서 기차로 1시간 정도 이동하면 됩니다.
브라가는 포르투갈에서 세 번째로 큰 도시이자 수많은 카톨릭 성당이 있는 곳으로, 포르투에서 기차로 1시간 정도 이동하면 됩니다.
마이리얼트립에서는 포르투 한국어 가이드 투어를 이용할 수 있고, 비아터(viator)에서는 툭툭으로 시내를 돌아볼 수 있는 투어까지 이용할 수 있습니다.

주소: Rua do Godinho, Portaria junto do monumento Senhor do Padrão, 4450-208 Matosinhos

# 영국

## 지브롤터

지브롤터는 스페인에 있는 길이 약 5km의 영국 영토로, 맑은 날에는 우뚝 솟은 바위산과 함께 아프리카를 볼 수 있는 곳입니다. 이곳은 영국령이라 공식 통화는 파운드(GBP)이지만 유로도 통용됩니다.

### ① 크루즈 터미널 정보

지브롤터 크루즈 터미널은 중심부에서 약 1km 떨어진 곳에 위치해 있어 접근성이 좋습니다. 도심까지는 유료 셔틀버스를 운영하고 있습니다.

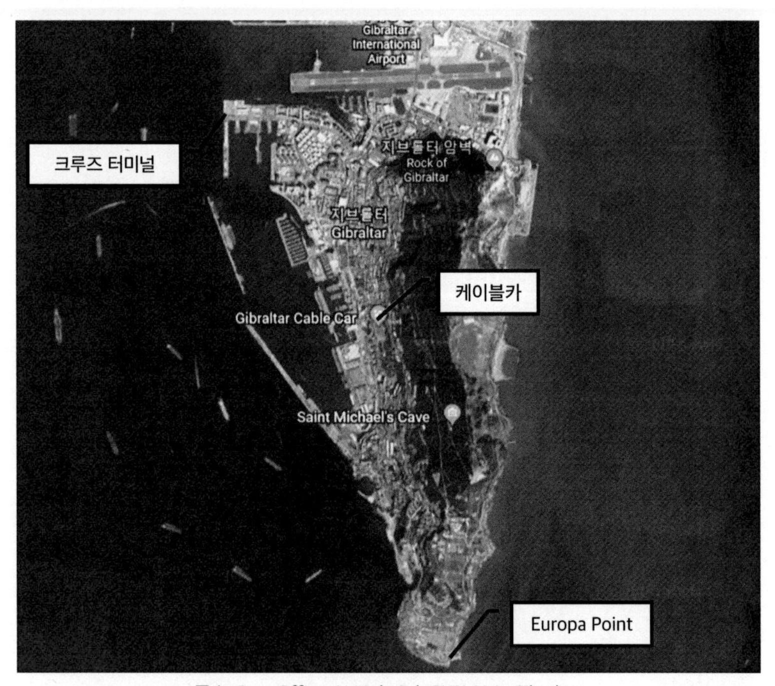


주소: Port Office, N Mole Rd, GX11 1AA, Gibraltar

### ② 지브롤터 여행 Tip

지브롤터는 규모가 작은 도시이지만 산이 많고 지형이 길게 뻗어 있어 도보보다는 대중교통이나 선사의 기항지 투어, OTA 등을 이용하는 것이 좋습니다.

케이블카를 타고 도시 중앙에 우뚝 솟은 산으로 올라가면 지브롤터 해협과 멀리 아프리카를 바라볼 수 있고, 유로파 포인트(Europa Point)에서도 아프리카를 볼 수 있습니다. 산 중턱의 시티 언더 시즈 익스히비션(City Under Siege Exhibition) 근처에서는 야생 원숭이들과 사진을 찍을 수도 있지요.

지브롤터에서는 국경을 통과해 버스를 타고 건너편의 스페인 도시인 알헤시라스에도 갈 수 있는데(약 40분 소요), 도보로 공항 활주로를 지나갈 수 있는 경험도 할 수 있습니다. 비행기가 이착륙 하면 약 20~30분 동안 통행이 금지되고 교통 체증이 발생하니 참고하기 바랍니다.

<지브롤터의 야생원숭이>

<국경에서 바라본 지브롤터와 공항 활주로>